utb 3444

Eine Arbeitsgemeinschaft der Verlage

Böhlau Verlag · Wien · Köln · Weimar
Verlag Barbara Budrich · Opladen · Toronto
facultas · Wien
Wilhelm Fink · Paderborn
Narr Francke Attempto Verlag · Tübingen
Haupt Verlag · Bern
Verlag Julius Klinkhardt · Bad Heilbrunn
Mohr Siebeck · Tübingen
Ernst Reinhardt Verlag · München
Ferdinand Schöningh · Paderborn
Eugen Ulmer Verlag · Stuttgart
UVK Verlag · München
Vandenhoeck & Ruprecht · Göttingen
Waxmann · Münster · New York
wbv Publikation · Bielefeld

Studieren, aber richtig
Herausgegeben von Theo Hug, Michael Huter und Otto Kruse

Die Bände behandeln jeweils ein Bündel von Fähigkeiten und Fertigkeiten. Das gesamte Paket versetzt Studierende in die Lage, die wesentlichen Aufgaben im Studium zu erfüllen. Die Themen orientieren sich an den wichtigsten Situationen und Formen des Wissenserwerbs. Dabei werden auch das scheinbar Selbstverständliche behandelt und die Zusammenhänge erklärt.

Weitere Bände:
Otto Kruse: Lesen und Schreiben (UTB 3355)
Klaus Niedermair: Recherchieren und Dokumentieren (UTB 3356)
Theo Hug, Gerald Poscheschnik: Empirisch Forschen (UTB 3357)
Jasmin Bastian, Lena Groß: Lerntechniken und Wissensmanagement (UTB 3779)
Melanie Moll, Winfried Thielmann: Wissenschaftliches Deutsch (UTB 4650)
Otto Kruse: Kritisches Denken und Argumentieren (UTB 4767)

Informationen, Materialien und Links: star.huterundroth.at

Gerlinde Mautner

Wissenschaftliches Englisch

Stilsicher schreiben in Studium und Wissenschaft

3., aktualisierte Auflage

UVK Verlag München

Gerlinde Mautner ist Professorin am Institut für Englische Wirtschaftskommunikation der Wirtschaftsuniversität Wien.

Bibliografische Information der Deutschen Nationalbibliothek
Die Deutsche Nationalbibliothek verzeichnet diese Publikation in der Deutschen Nationalbibliografie; detaillierte bibliografische Daten sind im Internet über http://dnb.d-nb.de abrufbar.

1. Auflage 2011
2. Auflage 2016
3. Auflage 2019: © Verlag Huter & Roth KG, 2016. www.huterundroth.at
UVK Verlag – ein Unternehmen der Narr Francke Attempto Verlag GmbH & Co. KG

Satz und Layout: Claudia Wild, Konstanz
Einbandgestaltung: Atelier Reichert, Stuttgart
Coverillustration: Graf+Zyx
Druck und Bindung: CPI – Claussen & Bosse, Leck

UVK Verlag
Nymphenburger Str. 48 · 80335 München
Telefon: 089/452174-65
www.uvk.de

Narr Francke Attempto Verlag GmbH & Co. KG
Dischingerweg 5 · 72070 Tübingen
Tel. 07071/9797-0

UTB-Band Nr. 3444
ISBN 978-3-8252-5219-9 (Print)
ISBN 978-3-8463-5219-9 (EPUB)

Inhaltsübersicht

1 Zum Auftakt 11

2 Überblick: Das Instrumentarium 21

3 Textstruktur: Von der Ouvertüre zum Finale 37

4 Der Absatz: Von Leitmotiven und Spannungsbögen 69

5 Der Satzbau: Piano, Forte, Paukenschlag 99

6 Bewertungen: Der Ton macht die Musik 137

7 Zitate: Vielstimmigkeit im Text 159

8 Das Komma: Die Kunst des Atemholens 175

Appendix: *Phrasebank* 193
Übungen 213
Lösungen 237
Literatur 251
Sachregister 261

Inhaltsverzeichnis

1 Zum Auftakt ... 11
1.1 Worum es in diesem Buch geht ... 12
1.2 Zielgruppen ... 15
1.3 Aufbau des Buches und mögliche Arten, es zu lesen ... 17
1.4 Hinweise zur Benutzung und Zeichenerklärung ... 18

2 Überblick: Das Instrumentarium ... 21
2.1 Allgemeine Grundlagen ... 22
2.1.1 Die Verantwortung des Autors für den Kommunikationserfolg, oder: *Pity the readers* ... 23
2.1.2 Linearität der Argumentation ... 24
2.1.3 Der Absatz als Sinneinheit ... 25
2.2 Die wichtigsten Bausteine ... 27
2.2.1 Begriffe klären ... 27
2.2.2 Schreiben über das Schreiben: »Metadiskurs« ... 30
2.2.3 Was Texte zusammenhält: Kohärenz und Kohäsion ... 32
2.3 *In a Nutshell* ... 34

3 Textstruktur: Von der Ouvertüre zum Finale ... 37
3.1 Grundlagen ... 38
3.1.1 Sinn und Zweck von Strukturkonventionen ... 39
3.1.2 Gliederung und Transparenzgebot ... 40
3.1.3 Textsorten ... 42
3.2 Die Makrostruktur von empirischen Zeitschriftenartikeln ... 44
3.2.1 Die AIMRaD-Formel ... 45
3.2.2 Das Abstract ... 46
3.2.3 Die Einleitung (*Introduction*) ... 54
3.2.4 Methoden (*Methods*) ... 59
3.2.5 Ergebnisse (*Results*) ... 61
3.2.6 Diskussion ... 63
3.3 *In a Nutshell* ... 67

4 Der Absatz: Von Leitmotiven und Spannungsbögen ... 69
4.1 Grundlagen ... 70
4.2 Die klassische Struktur von Absätzen ... 73
4.2.1 Am Anfang: Das Thema des Absatzes anschneiden (*topic sentence*) ... 78
4.2.2 In der Mitte: Argumente entwickeln (*supporting sentences/ elaboration*) ... 79
4.2.3 Am Ende: Der Schlusssatz (*climax sentence*) ... 80
4.2.4 Kommentiertes Textbeispiel ... 81
4.3 Die Absatzmitte: Optionen für die Gestaltung nachvollziehbarer Argumentation ... 85
4.3.1 Chronologie ... 86
4.3.2 Spezifizierung/Vertiefung ... 89
4.3.3 Gegenüberstellung ... 92
4.4 Von einem Absatz zum nächsten: *transitioning* ... 95
4.5 *In a Nutshell* ... 98

5 Der Satzbau: Piano, Forte, Paukenschlag ... 99
5.1 Grundlagen ... 100
5.1.1 Der Satzbau als strategisches Gestaltungsmittel ... 101
5.1.2 Einfache, aneinandergereihte und komplexe Sätze ... 102
5.1.3 Fragesätze und Aufforderungssätze ... 109
5.1.4 Informationsstruktur und Kohäsion ... 110
5.1.5 Satzlänge ... 114
5.2 Details ... 116
5.2.1 *Off to a good start*: Der Satzanfang ... 116
5.2.2 *All's well that ends well*: Das Satzende ... 121
5.2.3 *Cleft sentences* ... 124
5.2.4 Aktiv und Passiv ... 127
5.2.5 Wie vermeidet man den deutschen »Hauptwortstil«? ... 131
5.3 *In a Nutshell* ... 133

6 Bewertungen: Der Ton macht die Musik ... 137
6.1 Grundlagen ... 138
6.1.1 Wissenschaftsstil und »Objektivität« ... 138
6.1.2 Formen und Ebenen der Bewertung ... 140
6.2 Die Text- und Satzebene ... 142

6.3 Die Wortebene 146
6.3.1 *Hedges* 148
6.3.2 *Boosters* 148
6.3.3 *Attitude markers* 150
6.4 Die Präsenz des Autors und Lesers im Text: *self mention* und *engagement markers* 151
6.4.1 *Self mention*: Sind *I* und *we* erlaubt? 151
6.4.2 Direkte Fragen 154
6.4.3 *Directives* 155
6.5 *In a Nutshell* 156

7 Zitate: Vielstimmigkeit im Text 159
7.1 Grundlagen 160
7.2 Typen von Zitaten 161
7.3 Zitate einleiten: *reporting verbs* und andere Strukturen 165
7.4 Bewertung von zitierten Informationen 170
7.5 *In a Nutshell* 172

8 Das Komma: Die Kunst des Atemholens 175
8.1 Grundlagen zur Zeichensetzung 176
8.2 Das Komma 177
8.2.1 Wo definitiv kein Komma gesetzt wird 178
8.2.2 Wo ein Komma verwendet wird 181
8.3 Andere Satzzeichen 188
8.4 *In a Nutshell* 190

Appendix: *Phrasebank* 193
Übungen 213
Lösungen 237
Literatur 251
Sachregister 261

1 Zum Auftakt

Ah, but a man's reach should exceed his grasp,
Or what's a heaven for?
Robert Browning
(Englischer Dichter, 1812–1889)

1.1 Worum es in diesem Buch geht
1.2 Zielgruppen
1.3 Aufbau des Buches und mögliche Arten, es zu lesen
1.4 Hinweise zur Benutzung und Zeichenerklärung

Worin besteht die Herausforderung beim wissenschaftlichen Schreiben in englischer Sprache? Über welche Inhalte, welchen Aufbau und welche Gestaltungsmittel nähert sich der vorliegende Band dem Thema an? Auf welcher didaktischen Grundphilosophie baut er auf, und welche Zielgruppen sollen angesprochen werden? Das *Auftakt*-Kapitel beantwortet diese Fragen und gibt praktische Hinweise für die Benutzung des Buches.

1.1 Worum es in diesem Buch geht

Die englische Sprache wird als Medium der wissenschaftlichen Kommunikation immer wichtiger. In vielen Disziplinen ist ihre Dominanz mittlerweile ein zwar nicht unumstrittenes, aber dennoch nicht zu leugnendes Faktum. Diese Entwicklung hat dazu geführt, dass es überwiegend angelsächsische Schreibkonventionen sind, die den internationalen Publikationsbetrieb beherrschen. Das ist der Grund, warum es das Buch gibt, das Sie in Händen halten, und es ist wohl der Grund, warum Sie es gerade lesen.

Wenn Sie noch studieren, wird die Sozialisation in Ihrem Fach vermutlich bedeuten, dass Sie lernen werden, dieses Fach nicht nur in deutscher, sondern auch in englischer Sprache zu betreiben: auf Englisch zu lesen, in Seminaren zu argumentieren und Ihre Gedanken schriftlich niederzulegen. Wenn Sie bereits Wissenschaftler/in sind, haben Sie die Konsequenzen der Anglisierung der Wissenschaft längst kennengelernt – manchmal wohl auch auf eher schmerzliche Weise. Denn für Sie lautet die harsche Alternative, sich diesen Konventionen entweder anzupassen oder in den *weltweit* gelesenen *journals* und Verlagen nicht präsent zu sein. Wer sich für Letzteres entscheidet und Englisch als Publikationssprache ablehnt, hat in der Scientific Community sicher keine schlechtere, aber zwangsläufig eine leisere Stimme. Die Auswirkungen sind massiv: auf individuelle Karriereverläufe ebenso wie auf die internationale Präsenz und das Standing von nationalen Forschergemeinschaften. Auf der Makroebene sind auch ganze Sprachen betroffen, denn die Anglisierung kann dazu führen, dass Sprachen es sukzessive »verlernen«, Wissenschaftssprachen zu sein. Zu den solcherart bedrohten Sprachen gehört – zumindest in manchen Disziplinen – eindeutig auch das Deutsche. Diese Situation ist weder gut noch gerecht; eine Tatsache ist sie allemal.

Vor diesem Hintergrund erläutert das vorliegende Buch zentrale Aspekte des englischen *academic writing*. Dabei wird die Wissenschaftskommunikation auch als eine rhetorische Herausforderung begriffen: nicht im Sinne der oberflächlichen und bisweilen unlauteren Überredungskunst von Medien, Politik und Werbung, sondern als bewusste, systematische und nachvollziehbare Überzeugungsarbeit. Das Buch geht davon aus, dass anspruchsvolle Studierende und Wissenschaftler/innen beim Schreiben in der Fremdsprache nicht bloß »irgendwie« kommunizieren möchten, sondern sehr wohl den Wunsch haben, den passenden Stil und die richtige Rhetorik zu beherrschen, d.h. möglichst effektiv, gewandt und nuancenreich zu argumentieren. Denn wer in Bezug auf die Qualität der wissenschaftlichen *Substanz* hohen Standards entsprechen will, wird sich bei der *Form*, in der die

Inhalte vermittelt werden, wohl kaum mit gerade noch akzeptablen Minimalstandards zufrieden geben.

Wenn wissenschaftliches Schreiben einfach nur das »Aufschreiben« von Theorien, Methoden und Ergebnissen wäre, dann müsste man um das Thema nicht allzu viel Aufhebens machen. Als Hilfestellungen würden ein Grammatikbuch, Vokabeltrainer, Wörterbuch und Spellchecker reichen, und deutsche Texte würden sich Wort für Wort und Satz für Satz ins Englische übertragen lassen. Das Problem ist, dass beim *academic writing* erheblich mehr geschieht als das bloße »Fixieren« der Realität. Selbst bei größtem Bemühen der Autor/inn/en um Objektivität schiebt sich die Sprache unweigerlich als Filter vor die Inhalte. Dieses Phänomen an sich gilt für Sprache ganz allgemein; der Unterschied zwischen Sprachen besteht also nicht darin, dass die einen die Realität filtern und die anderen nicht, sondern dass ihre Filter anders sind – wie etwa Siepmann (2006) für das Englische, Französische und Deutsche klar herausgearbeitet hat. Dazu kommen noch die ebenfalls prägenden Konventionen von Wissenschaftsdisziplinen, die ebenfalls ihre eigenen Diskurswelten aufbauen. Dazu Hyland (2000):

> In academic fields [...] texts embody the social negotiations of disciplinary inquiry, revealing how knowledge is constructed, negotiated and made persuasive. Rather than simply examining nature, writing is actually seen as helping to create a view of the world. This is because texts are influenced by the problems, social practices and ways of thinking of particular social groups (Kuhn, 1970; Macdonald, 1994). In other words, discourse is socially constitutive rather than simply socially shaped; writing is not just another aspect of what goes on in the disciplines, it is seen as *producing* them.
> (Hyland 2000, 3; Kursivschrift im Original)

Wissenschaft zu betreiben bedeutet daher, sich am Kreuzungspunkt von sowohl regional als auch fachlich bestimmten Wissenschaftskulturen zu verorten (Gruber, Huemer & Rheindorf 2009, 64). Der einzelne wissenschaftliche Text wiederum ist einerseits ein Produkt dieser Kulturen, trägt andererseits aber auch zur Reproduktion der Strukturen bei, die ihn hervorgebracht haben.

Was bedeutet nun eine solche konstruktivistische Sichtweise für die Praxis? Die wichtigste Konsequenz ist, dass man die Vorstellung aufgeben muss, der Wechsel zwischen Deutsch und Englisch würde nur die sprachliche Oberfläche berühren. »Outwardly comparable texts in English and German«, erinnern uns auch Siepmann et al. (2011, 20), »have very different internal properties, arising from differences in ›intellectual style‹ and educational traditions«. In dem Augenblick also, wo wir zu den etwas tiefer liegenden Ebenen der Text- und Informationsstruktur und zu Fragen der Autor-Leser-Beziehung vordringen, wird offensichtlich, dass der Wechsel zwischen den Sprachen auch substanzielle Folgen hat. Inhalt und Form sind nicht so eindeutig zu trennen, wie man auf den ersten Blick vielleicht meint. Sie sind wechselseitig bedingt. Natürlich bringt ausgezeichnetes Englisch für das Fortkommen im Studium oder in der beruflichen Laufbahn dann nichts, wenn die Inhalte mangelhaft sind. Umgekehrt kann ausgezeichneter Inhalt nicht zur Geltung kommen, wenn das Englisch zu sehr von der Norm abweicht, Erwartungshaltungen der Leser/innen nicht erfüllt werden und man ihnen für das Verstehen der Texte mehr Mühe aufbürdet als nötig.

Eine weitere, mit dem eben Gesagten durchaus in Zusammenhang stehende Herausforderung ist der beim wissenschaftlichen Schreiben ständig notwendige Balanceakt zwischen Konvention und Kreativität. Murray und Moore (2006, 7) sprechen vom »originality versus convention paradox«. Auch das gilt im Deutschen und Englischen gleichermaßen, nur dass sich eben die Konventionen, denen sich die Originalität anpassen muss, in den beiden Sprachen in einigen wesentlichen Bereichen unterscheiden. Autor/inn/en, die sowohl im Deutschen als auch im Englischen »zuhause« sein wollen, müssen lernen, je nach Situation der einen oder der anderen »Hausordnung« zu folgen. Auch für die Gewöhnung an diese spezielle, sehr tiefgreifende Form der Zweisprachigkeit will das vorliegende Buch einige Anstöße liefern.

Auf dem Weg zum stilsicheren englischen Schreiben gibt es leider keinen *quick fix*. Die häufig zitierte Sentenz, dass es zum Erfolg keinen Fahrstuhl gibt, sondern man schon die Treppe nehmen muss, trifft in ganz besonderem Maße auf die Kompetenz in Fremdsprachen zu. *Ein* Kurs, *eine* Coaching-Einheit und auch nicht die Lektüre *eines* Buches kann im Handstreich alle Kenntnisse und Fertigkeiten liefern, die man braucht, um in der Fremdsprache kompetent und »stressfrei« zu agieren. Es bedarf immer eines Bündels von Lerninitiativen: Wissenserwerb, Reflexion, Imitation und Training; manches kopfgesteuert und systematisch, anderes spielerisch und spontan. Je fester und kontinuierlicher all diese Aktivitäten in den Studien- und Arbeitsalltag integriert werden, desto spürbarer und tragfähiger wird der Erfolg sein und das Schreiben in englischer Sprache zu einer ganz natürlichen Facette wissenschaftlicher Tätigkeit werden.

Der vorliegende Band will Studierenden und Wissenschaftler/inne/n bei der Bewältigung dieser sprachlichen Herausforderungen helfen: durch Informationen, Erklärungen, praktische Tipps und authentische Beispiele aus der englischsprachigen Fachliteratur vieler verschiedener geistes-, sozial- und naturwissenschaftlicher Disziplinen. Es hat ambitionierte Leser/innen vor Augen, die *native-speaker*-Normen im wissenschaftlichen Englisch als für sich relevant akzeptieren, und die *best-*

practice-Vorbilder nicht als Einschränkung empfinden, sondern als formgebenden und zugleich inspirierenden Rahmen, durch den die eigene Kreativität erst voll zur Geltung kommt. Das Buch teilt somit die folgende, in Siepmann et al. (2011, 4) vertretene didaktische Grundphilosophie:

> There is [...] a very weak case for norm infringements. Once you start turning a blind eye to them, it is difficult to say where to draw the line. But there is also a pedagogic reason for our uncompromising stance on conformity to the norms applied by native users. This is the age-old insight that the lower you set your sights, the less you will ultimately achieve; if we abandon the aim of attaining (near-)nativeness and full idiomaticity, competence levels will continue to slide downwards.

Gewiss ist die primäre Zielsetzung des Buches, ein für die Leser/innen nützlicher Ratgeber zu sein. Gleichzeitig hat es als weiteres Anliegen, nicht nur einen rein zweckorientierten Zugang zum Englischen zu vertreten, sondern den Blick der Leser/innen auch zu weiten: hin zur rhetorischen Kraft der englischen Sprache, ihren stilistischen Feinheiten, ihrem Rhythmus und ihrem Klang: eine Sichtweise, die von den musikalischen Metaphern, die sich wie ein roter Faden durch die Titel der Kapitel ziehen, unterstützt werden soll.

1.2 Zielgruppen

Das Buch richtet sich an Sie, wenn Ihr persönliches Profil einen oder mehrere der folgenden Faktoren umfasst:

- Deutsch ist Ihre Muttersprache und/oder Sie haben bislang hauptsächlich in einem deutschsprachigen Umfeld gelebt, studiert oder gearbeitet;
- Sie müssen im Studium oder in Ihrer akademischen Tätigkeit wissenschaftliche Texte in englischer Sprache schreiben (Seminar-, Bachelor- oder Masterarbeit, Dissertation, Habilitation, *journal*-Artikel, Buchbeitrag, Monographie oder Antrag zur Forschungsförderung);
- Sie müssen in Ihrer außeruniversitären beruflichen Tätigkeit wissenschaftsnahe Texte schreiben (Berichte, Dokumentationen, Gutachten);
- Sie haben bereits eine solide Grundausbildung in der englischen Sprache durchlaufen und haben etwa Level B2 nach dem europäischen Referenzrahmen erreicht, sodass Sie mit Grammatik und Vokabular schon recht gewandt umgehen können;

- Sie geben sich im Englischen mit einem minimalistischen Qualitätsverständnis nicht zufrieden (»irgendwie den Inhalt rüberbringen reicht auch«): Sie möchten nicht »BSE« (*Bad Simple English*) schreiben, sondern Englisch, das auch englisch klingt – und bei dem Sie darauf vertrauen können, dass nicht nur der Inhalt in dem von Ihnen intendierten Sinn vermittelt wird, sondern auch Ihre Identität als fachlich kompetente/r Autor/in;
- auch wenn Ihr Ausgangsniveau in der Fremdsprache schon sehr hoch ist, sind Sie ein nimmermüder »Optimierer« und sehen sich in der Fremdsprache, nicht anders als in Ihrem Fach, als engagierter *lifelong learner.*

Gewiss können hohe Ambitionen in der Fremdsprache schwierig umzusetzen sein, wenn die Zeit knapp ist, der Abgabetermin für die Bachelor- oder Masterarbeit naht oder die Herausgeber/innen eines *journal* auf eine Deadline pochen. Angesichts einer unmittelbaren Schreib- und Publikationsaufgabe, die vor einem liegt, kann die Beschäftigung mit den Feinheiten der englischen Wissenschaftskommunikation wie ein unwillkommener Zeitfresser wirken, der einen von der »eigentlichen Arbeit« abhält; kurzum: etwas, das man »gerade noch gebraucht hat«. Langfristig gedacht sieht die Sache schon ein wenig anders aus. Das Kapital an Zeit und Mühe, das man in die eigene Kompetenz im Englischen investiert, kommt mit Zinsen zurück: und zwar nicht nur in Form einer vagen ästhetischen Befriedigung, »schönes Englisch« gesprochen und geschrieben zu haben, sondern sehr handfest in Form von besseren Begutachtungen, breiter rezipierten veröffentlichten *Papers* und produktiveren Dialogen auf wissenschaftlichen Tagungen.

Überblick

Fragen, die Ihnen dieser Band beantwortet

- Wie sind englische Wissenschaftstexte aufgebaut?
- Wie können Sie als Autor sicherstellen, dass das Interesse Ihrer Leser geweckt und aufrecht erhalten wird?
- Mit welchen sprachlichen Mitteln können Sie Leser/innen durch die Argumentation führen und von Ihren Gedanken und Perspektiven überzeugen?
- Wie strukturiert man englische Sätze, damit sie nicht nur grammatikalisch korrekt, sondern auch rhetorisch wirkungsvoll sind?
- Wie integriert man die Stimmen anderer Wissenschaftler/innen gut in den Text, wie baut man Zitate ein?
- Worin besteht die Bedeutung der Zeichensetzung, und wie kann sie dazu beitragen, englische Texte leichter lesbar zu machen?

1.3 Aufbau des Buches und mögliche Arten, es zu lesen

Die Struktur sowohl des Bandes als auch der einzelnen Kapitel ist so angelegt, dass den Leser/inne/n unterschiedliche Pfade durch den Text offenstehen:

- Die lineare Route führt von einem Überblick über die wichtigsten Charakteristika der englischen Wissenschaftskommunikation (Kapitel 2) zu drei Kapiteln, die sich von den größeren zu den kleineren Texteinheiten »vorarbeiten«: Anhand einer zentralen Textsorte, des wissenschaftlichen Zeitschriftenartikels, behandelt Kapitel 3 Fragen der Textstruktur; Kapitel 4 erklärt den Aufbau von Absätzen, und Kapitel 5 befasst sich mit dem Satzbau und dem rhetorischen Potenzial, das in Variationen sowohl der Satz- als auch der Informationsstruktur liegt. Die Kapitel 6, 7 und 8 haben »Querschnittsthemen« zum Gegenstand, die auf verschiedenen sprachlichen Ebenen zum Tragen kommen: Bewertungen durch Sprache (Kapitel 6), den Umgang mit Quellen (Kapitel 7) und die Zeichensetzung (Kapitel 8), hier speziell das Komma. Ein Appendix mit einer Sammlung nützlicher Wörter und Formulierungen (*Phrasebank*) sowie Übungen und Lösungen runden die Darstellung ab.
- Auch ein modularer Zugang zu den Kapiteln ist möglich. Es sind ausreichend Redundanzen eingebaut, um die Kapitel auch für sich genommen lesbar zu machen. Wer vorhat, einzelne Kapitel direkt anzusteuern, sollte allerdings vorweg vielleicht doch Kapitel 2 lesen, in dem für die speziellen Themen das allgemeine Fundament gelegt wird.
- Auch innerhalb der Kapitel steht die Wahl zwischen linearem und modularem Lesen offen. Letzteres wird ermöglicht durch (a) deutliche Gliederung in Abschnitte, (b) Inhaltsverzeichnisse mit Seitenzahlen und Kurzbeschreibungen des jeweiligen Inhalts auf den Titeldeckblättern und (c) die Zusammenfassungen an den Kapitelenden (*In a Nutshell*).
- Ein weiterer, eher unkonventioneller Zugang zum Text wäre jener, der direkt zu den Beispielsätzen führt, also den vielen wörtlichen Zitaten aus wissenschaftlichen Zeitschriften, Buchbeiträgen und Monographien. Insbesondere für sehr fortgeschrittene Leser/innen kann diese Form der Rezeption sinnvoll sein: Wem die sprachlichen Strukturen und Konventionen des wissenschaftlichen Englisch grundsätzlich schon vertraut sind, dem ist zur Erinnerung und Reflexion vielleicht hauptsächlich an authentischen Textbeispielen gelegen. Um die Beispiele von dem sie umgebenden Text unabhängiger zu machen, sind sie alle mit einer kurzen erläuternden Überschrift versehen, die klarstellt, welches sprachliche Phänomen der jeweils nachfolgende Text konkret illustriert.

Das kompakte Format der Buchreihe, in die sich der vorliegende Band einfügt, machte es notwendig, einige Themen nur zu streifen oder gänzlich auf sie zu verzichten. So konnten zum Beispiel die wissenschaftstheoretischen, wissenschaftssoziologischen und allgemeinen methodischen Fragen, die das Thema *academic writing* immer wieder tangential und manchmal sogar substanziell berührt, hier nicht vertieft werden. Darüber hinaus wurden auch die folgenden Bereiche weitgehend ausgeklammert:

(1) Detailaspekte, die entweder primär oder ausschließlich für die wissenschaftlichen Texte einzelner Disziplinen charakteristisch sind oder die über die verbale Argumentation hinausgehen (z. B. die Darstellung von mathematischen Formeln oder das Zitieren von Gesetzen und Gerichtsurteilen).

(2) Die rein formale Seite der Manuskripterstellung, von Seitenrändern und Schriftgrößen bis zum exakten Format von Fußnoten und Einträgen in Literaturlisten – also all das, was im Englischen als *the mechanics of style* bezeichnet wird. Diese Informationen sind ohnehin in *Style Manuals* wie dem *Chicago Manual of Style* oder dem *Publication Manual of the American Psychological Association* (APA) bzw. in den Formvorschriften, die Institute für die Arbeiten von Studierenden als verbindlich festlegen, genau dokumentiert.

(3) Praktische Anleitungen zum Schreiben an sich und zum Projektmanagement rund um die wissenschaftliche Arbeit (z. B. Zeitplanung, Strategien im Umgang mit *journal*-Herausgeber/inne/n und Verlagen, Heranziehen konventioneller und Internet-basierter Hilfsmittel, Überwinden von Schreibblockaden, Tipps für effizientes Korrekturlesen etc.).

(4) Die systematische Darstellung der englischen Grammatik und des akademischen Basis-Wortschatzes; denn auch dafür gibt es andere einschlägige Quellen (Huntley 2006; McCarthy & Dell 2008; Mautner 2014; Murphy 2010).

1.4 Hinweise zur Benutzung und Zeichenerklärung

Der Fließtext wird durch Zitate und gerahmte Boxen unterschiedlichen Inhalts aufgelockert:

- Längere **Zitate** aus der Primärliteratur, die Merkmale und Techniken des *academic writing* illustrieren, sind pro Kapitel im Dezimalsystem durchnummeriert und vom Fließtext durch einen linken Einzug und Wechsel der Schriftart abge-

setzt. Enthält eine Beispielbox Textstellen aus unterschiedlichen Quellen, so wird der Beginn jedes Zitats mit dem Symbol ▷ markiert. Kürzere Zitate sind stärker in den Fließtext integriert und nicht durchnummeriert, aber ebenfalls durch ▷ gekennzeichnet.
- In ***Food for Thought*** finden Sie Passagen aus der Sekundärliteratur, die den Fließtext ergänzen und zur weiteren Reflexion anregen.
- Boxen mit ***Tipps*** geben Ratschläge für die Schreibpraxis.
- Die mit ***In a Nutshell*** betitelten Abschnitte am Ende der Kapitel enthalten Zusammenfassungen.

Für die Wiedergabe der Beispielsätze aus der Primärliteratur gelten folgende Konventionen:

- Drei **Punkte in eckigen Klammern** zeigen an, dass im wörtlich zitierten Beispiel etwas ausgelassen wurde. Erläuterungen der Autorin stehen ebenfalls in eckigen Klammern.
- Die **Quellenangaben** stehen nach der zitierten Passage in runden Klammern und folgen dem Format »Autor Jahreszahl, Seitenzahl«. Die zu diesen Kurzformen gehörenden Quellenangaben sind für die Beispielsätze im ersten Teil der Literaturliste enthalten (»Quellen von Beispielen«), für Zitate aus der Sekundärliteratur im zweiten Teil (»Ratgeber und wissenschaftliche Literatur zum *academic writing*«).
- **Literaturhinweise *innerhalb* von Textbeispielen** werden in der Literaturliste am Ende des vorliegenden Buches nicht angeführt (sehr wohl aber natürlich in der Literaturliste des zitierten Werks). Sollten sich Leser/innen für eine in einem Primärzitat erwähnte Quelle näher interessieren, müssten sie ihr im jeweiligen Originaltext nachgehen.
- Bei **Zitaten aus dem Internet** ist die jeweilige URL in Klammern angegeben, ohne dass sie in der Literaturliste wiederholt wird. Als Zeitpunkt des Zugriffs auf die Websites und somit als Referenzpunkt für die Verfügbarkeit der zitierten Version gilt der 16. August 2018.
- In den Textbeispielen wird – der allgemeinen Zitierkonvention entsprechend – die **Orthographie des Originals beibehalten**. In manchen Beispielen folgt die Rechtschreibung daher den britischen, in anderen den US-amerikanischen Regeln. Fehler im Original sind durch *[sic]* markiert.
- Wenn nicht anders angegeben, ist der **Fettdruck** in den Textbeispielen **hinzugefügt**.

Literaturtipps

Die im vorliegenden Band zitierten Bücher und Aufsätze zum Thema *academic writing* sind im zweiten Teil des Literaturverzeichnisses, unter dem Titel »Zitierte Literatur zum wissenschaftlichen Schreiben«, angeführt. Zur Begleitung, Ergänzung und Vertiefung sind insbesondere zu empfehlen:

Jordan, Robert R. (1999): *Academic Writing Course. Study Skills in English*. 3. Aufl. Harlow: Longman.

McCarthy, Michael & O'Dell, Felicity (2008): *Academic Vocabulary in Use. 50 Units of Academic Vocabulary Reference and Practice.* Cambridge etc.: Cambridge University Press.

Zwei gut strukturierte Übungsbücher, die einen Lösungsteil haben und daher auch zum Selbststudium geeignet sind.

Siepmann, Dirk, Gallagher, John D., Hannay, Mike & Mackenzie, J. Lachlan (2011): *Writing in English: A Guide for Advanced Learners* (= utb 3124). 2. Auflage. Tübingen & Basel: A. Francke.

Ein ansprechend geschriebenes, wissenschaftlich fundiertes Lehrbuch. Mit fast 450 Seiten und hohem Detaillierungsgrad ist es kein Vademecum für Einsteiger/innen, dafür umso wertvoller für all jene, die sich in die Materie vertiefen möchten.

2 Überblick: Das Instrumentarium

Beim Text muss sich einer quälen, der Absender oder der Empfänger. Besser ist, der Absender quält sich.
Wolf Schneider
(Journalist und Sprachkritiker, * 1925)

2.1. Allgemeine Grundlagen
  2.1.1 Die Verantwortung des Autors für den Kommunikationserfolg, oder: *Pity the readers*
  2.1.2 Linearität der Argumentation
  2.1.3 Der Absatz als Sinneinheit
2.2. Die wichtigsten Bausteine
  2.2.1 Begriffe klären
  2.2.2 Schreiben über das Schreiben: »Metadiskurs«
  2.2.3 Was Texte zusammenhält: Kohärenz und Kohäsion
2.3. *In a Nutshell*

Das vorliegende Kapitel legt das Fundament für das Buch, indem es die Grundlagen und elementaren Bausteine guten englischen Wissenschaftsstils skizziert. Es zeigt, wie Autoren ihren Lesern dabei helfen, der Argumentation zu folgen und macht den »Mehrwert« guten Wissenschaftsstils deutlich: »The best papers are a joy to read« (McKercher et al. 2007, 467).

2.1 Allgemeine Grundlagen

Als ersten Einstieg will der vorliegende Abschnitt in groben Umrissen die Frage beantworten, worin denn die »Essenz« von gutem englischem Schreibstil eigentlich besteht. Wie soll man die Informationsvermittlung im Englischen am besten »anpacken«, um wirkungsvoll zu kommunizieren?

Siepmann et al. (2011) heben bei ihrer Beschreibung der »typical properties of texts written in English« insbesondere die folgenden drei Leitprinzipien hervor:

> (a) the assumption that it is primarily the writer's rather than the reader's responsibility to ensure that the text succeeds in imparting information and ideas, for example by being very explicit about the coherence and overall structure of the text;
> (b) the tendency for the writer in English to pursue a single line of argument [...];
> (c) a preference for a particular type of paragraph structure, which almost always starts with a topic sentence announcing the scope of each paragraph.
> (Siepmann et al. 2011, 20)

Insbesondere das erste der drei Leitprinzipien mag verwundern, klingt es doch wie eine Selbstverständlichkeit, die man auch für das Deutsche nicht eigens betonen müsste. Natürlich würden auch Anleitungen zum deutschen wissenschaftlichen Schreiben es nicht als Norm formulieren, dass der Leser und nicht der Autor für die erfolgreiche Kommunikation von Textinhalten verantwortlich ist. Im Gegenteil: »Leserbezogen schreiben« wird auch in deutschen Lehrbüchern als Anspruch hochgehalten (z.B. Esselborn-Krumbiegel 2008, 163–190). In der Praxis jedoch ist es sehr wohl so, dass manch ein in deutscher Sprache publizierender Wissenschaftler es als eine besondere Tugend ansieht, möglichst schwer verständlich zu schreiben. Intellektueller Anspruch wird nicht selten mit stilistischer Intransparenz verwechselt. Gewiss kommt diese Haltung in der angelsächsischen Wissenschaftskultur gelegentlich auch vor – sie wird aber in Lehrbüchern vehement kritisiert und von den *gatekeepers* des Publikationsbetriebs, also Gutachtern und Herausgebern, massiv sanktioniert. Norm und Praxis klaffen daher im englischen Wissenschaftsstil weniger stark auseinander.

Die drei genannten Leitprinzipien werden uns in den nachfolgenden Kapiteln noch wiederholt begegnen – dem Absatz als Sinneinheit ist sogar ein eigenes Kapitel gewidmet. Zur kompakten Vorbereitung, und gleichzeitig als »Minimalprogramm« für besonders eilige Leser, die sich für die Detailkapitel vielleicht keine Zeit nehmen können, werden im Folgenden zu jedem Leitprinzip nun einige zentrale Punkte schon hier skizziert.

Tipps

Leitprinzipien für das wissenschaftliche Schreiben in englischer Sprache (Siepmann 2011, 20):

- Für den Kommunikationserfolg ist primär der Autor verantwortlich und nicht der Leser. Der Autor soll den Leser durch den Text führen.
- Es wird hauptsächlich linear argumentiert, d. h. der Autor geht mit dem Leser von A nach B, von B nach C usw., ohne größere Abschweifungen, Exkurse und dergleichen. Diese schrittweise nach vorne gerichtete Dynamik wirkt auf der Ebene des Satzes, des Absatzes und des gesamten Texts.
- Die lineare, dem Leser verpflichtete Argumentation wird in Absätze verpackt, die jeweils einen Hauptgedanken entwickeln und an deren Beginn zumeist ein sogenannter »Themensatz« steht.

2.1.1 Die Verantwortung des Autors für den Kommunikationserfolg, oder: *Pity the readers*

Die Ermahnung *pity the readers* stammt zwar von einem Literaten, dem US-amerikanischen Schriftsteller Kurt Vonnegut (1981), trifft aber auch im Bereich des wissenschaftlichen Schreibens ins Schwarze. Wer »Mitleid mit den Lesern« hat,

- setzt selbst bei einer fachkundigen Leserschaft im Zweifelsfall eher weniger als mehr Vorkenntnisse voraus;
- stellt sicher, dass in Argumentationsketten keine Glieder fehlen, nur weil sie ihm, dem Autor, selbstverständlich vorkommen;
- geht nicht davon aus, dass jeder Leser zu jedem Zeitpunkt mit höchster Aufmerksamkeit bei der Sache ist, und baut daher Zusammenfassungen und Wiederholungen – also strategische Redundanzen – gezielt in den Text mit ein.

In vielen Fällen ist das gelebte Mitleid mit dem Leser aus der Sicht des Autors auch eine Sache des Eigennutzes: überall dort nämlich, wo der Leser ein für den Autor mitunter folgenschweres Urteil abgeben muss, sei es nun, weil der Text eine zu benotende Hausarbeit im Rahmen des Studiums ist, oder weil es sich um ein Manuskript handelt, das in einer wissenschaftlichen Zeitschrift veröffentlicht werden soll. Wenn Leser zugleich Gutachter sind, die über das weitere Schicksal des Texts (und manchmal des Autors) entscheiden, lohnt es sich ganz besonders, ihren Leseaufwand zu minimieren. Sie sollen immer auf Anhieb verstehen, worum es geht; sollen keinen Satz und keinen Absatz zweimal lesen müssen; sollen auch beim

»Diagonallesen« genug Haltepunkte im Text finden, die ihnen die Orientierung erleichtern und die Gesamtbedeutung erschließen. Und sie sollen, zumindest im Idealfall, den Text auch noch mit einem gewissen Vergnügen lesen.

Der letztgenannte Anspruch mag auf den ersten Blick überzogen wirken, insbesondere aus der Sicht von *non-native speakers* bzw. *writers*, die sich nicht wie Anglisten sozusagen hauptberuflich mit der Qualität ihres Englisch auseinandersetzen. Es sollte allerdings zu denken geben, dass auch Wirtschaftswissenschaftler wie zum Beispiel McKercher et al. (2007, 467), die in einem Aufsatz mit dem Titel »Why Referees Reject Manuscripts« eine Reihe von Qualitätskriterien erläutern (siehe Kasten), unter anderem auch sehr kategorisch feststellen: »The best papers are a joy to read.«

Food for Thought

Academic writing is no different from any other form of nonfiction writing. The work must have a central thesis and follow a clear and logical plot line from introduction to conclusion. There can be no gaps in content or flaws in the logic. Each of the component sections must form a part of the whole, and each must also function as discrete complete sections in their own right. Journal articles follow a prescribed formula of introduction, literature review, method, results, and discussion and/or conclusions for a reason. Each of the sections sets the stage for the following section, and collectively as a whole, they contribute to form a cohesive piece of research. The writing of manuscripts must, therefore, be carefully planned to ensure that the desired story is told in a consistent manner. The best papers are a joy to read. The worst are little more than a rambling stream of conscious thoughts [sic] with no point. (McKercher et al. 2007, 467)

2.1.2 Linearität der Argumentation

Sowohl die geschriebene als auch die gesprochene Sprache sind in unerbittlicher Weise linear. Während es in der visuellen Kommunikation – z. B. in gemalten Bildern, Fotografien oder technischen Schaubildern – möglich ist, viele verschiedene Informationen gleichzeitig zu präsentieren und aufzunehmen, muss man in der verbalen, also wortgebundenen, Kommunikation als Textproduzent Entscheidungen über die Reihenfolge treffen, in der man Informationen anordnet. Als Textrezipient muss man sich der vom Autor gewählten Ordnung grundsätzlich fügen. (Dass Leser/innen in einem geschriebenen Text sehr wohl »herumspringen« können, wenn sie möchten, tut dabei nichts zur Sache, denn mit selbst gewählter Nicht-Linearität des Lesevorgangs gehen Zusammenhänge und damit auch Information in einer Weise verloren, für die der Autor wiederum nicht verantwortlich ist.) Ganz simpel ausgedrückt: Man kann nur eines nach dem anderen sagen und nur eines nach dem anderen hören oder lesen. Gerade weil dieser Grundsatz so einfach klingt – und fast zu banal für ein Buch zum wissenschaftlichen Schreiben! –, mutet es paradox an, dass er alles andere als einfach umzusetzen ist; generell nicht, und erst recht nicht in einer Fremdsprache. In den Folgekapiteln werden wir immer wieder auf Beispiele für den bewussten Umgang mit erzwungener Sequenzierung treffen.

Natürlich ist Linearität an sich nichts speziell »Englisches«, sondern gilt für Sprache(n) im Allgemeinen. Worin sich das Englische und das Deutsche aber unterscheiden, ist die Art und Weise, wie sie mit dieser »Zwangsjacke« umgehen. Im Englischen fügt man sich den Vorgaben stärker, akzeptiert die eingeschränkte Bewegungsfreiheit und entwickelt die Gedanken so, dass sie ins lineare Schema passen. Im Deutschen hingegen ist es für Autoren eher möglich und wird gern praktiziert, sich der strengen Sequenzierung da und dort zu widersetzen und von der geraden Argumentationslinie, die den Leser ohne Umschweife von A nach B führen würde, abzuweichen. Dazu Clyne (1987, 213): »›digressiveness‹ [...] is of functional importance in texts of the German tradition« und: »the *Exkurs* has become institutionalized«. Da dieser Zugang dem Englischen fremd ist, ist es auch nicht allzu überraschend, dass man in der englischen Wissenschaftssprache kaum Exkurse antrifft und es auch keine naheliegende und gebräuchliche Übersetzung für den Begriff gibt. So meint Clyne (1987, 213–214): »The *Exkurs* has neither a conceptual equivalent nor a translation equivalent in English«. Im Grunde sind es diese Dinge, die den Wechsel zwischen den Sprachen so schwer machen können und die das 1:1-Übersetzen oder Produzieren von fremdsprachlichen Texten oft scheitern lassen. Und wenn sie es schon nicht »scheitern lassen«, so können sie doch dazu führen, dass der Text trotz makelloser englischer Grammatik und Idiomatik immer noch allzu »deutsch« klingt und deshalb für den Leser Verständnisbarrieren aufbaut.

Die gute Nachricht ist, dass der Zwang zur Linearität im Englischen auch eine Quelle der rhetorischen Kraft ist (mehr dazu in Kapitel 5). Denn: Nur weil es der Autor in der Hand hat, mithilfe sprachlicher »Tricks« Informationen erst mit Verzögerung preiszugeben, kann er Spannung aufbauen und sowohl einzelne Sätze als auch ganze Argumentationsketten zu einem kräftigen Finale führen. Das hält die Leser/innen »bei der Stange« und erhöht das Gewicht der vorgebrachten Argumente.

2.1.3 Der Absatz als Sinneinheit

Im Englischen sind Absätze (*paragraphs*) nicht nur typographische Einheiten, also durch Einrückung der ersten Zeile abgesetzte Textblöcke, sondern auch Sinneinheiten und wichtige Träger der Argumentation. Im Folgenden werden einige Grundzüge vorgestellt; mit den Details zur Absatzgliederung befasst sich Kapitel 4.

Ein gelungener Absatz zeichnet sich dadurch aus, dass er

- nur einen Hauptgedanken entwickelt;
- mit einem Themensatz (*topic sentence*) beginnt;
- innere Einheit besitzt, die auch durch sprachliche Mittel verdeutlicht wird;
- geschickt zum jeweils folgenden Absatz überleitet.

Diese Vorgaben zu erfüllen ist nicht eine bloße Formalität, sondern spielt eine ganz zentrale Rolle bei der Umsetzung der beiden anderen Leitprinzipien, die wir in diesem Abschnitt schon kennengelernt haben: Linearität und Leserfreundlichkeit. Der Absatz ist zum einen der Rahmen, in dem der Autor die lineare Entwicklung der Argumente entfaltet. Der *topic sentence* kündigt das Thema an, das in der Absatzmitte weiterentwickelt wird und dann mithilfe des Schlusssatzes mit dem jeweils folgenden Absatz verknüpft wird. Zum anderen liefert der gut gegliederte Absatz den Lesern Informationen in überschaubaren Portionen und »trägt« sie von einem Glied der Argumentationskette zum nächsten. Die Relevanz für den Grundsatz *pity the readers*, den wir zuvor kennengelernt haben, liegt auf der Hand. Ihrer Fürsorgepflicht gegenüber den Lesern kommen Autoren ganz wesentlich auch dadurch nach, dass sie gut strukturierte Absätze schreiben. Wie bedeutsam das gekonnte *paragraphing* für den Bezug zum Leser ist, sieht man auch am folgenden Auszug aus der Website des Online Writing Lab der Purdue University in Indiana/USA. Von der Hilfe für Leser ist hier die Rede (*greatly assists your readers*) und davon, dass man sie »verliert« (*you will lose your readers*), wenn man seine Gedanken nicht in entsprechend gut organisierter Form präsentiert:

> A paragraph is a collection of related sentences dealing with a single topic. Learning to write good paragraphs will help you as a writer stay on track during your drafting and revision stages. Good paragraphing also greatly assists your readers in following a piece of writing. You can have fantastic ideas, but if those ideas aren't presented in an organized fashion, you will lose your readers (and fail to achieve your goals in writing). https://owl.purdue.edu/owl/general_writing/academic_writing/paragraphs_and_paragraphing/on_paragraphs.html

2.2 Die wichtigsten Bausteine

In Abschnitt 2.1 haben wir drei Leitprinzipien des wissenschaftlichen Englisch kennengelernt: die Verantwortung des Autors für die Sicherung des Verständnisses, die Linearität und die Absatzstruktur. Was die drei Grundsätze verbindet, ist das Bedürfnis nach intersubjektiver Transparenz der Argumentation: Es reicht eben nicht, dass sich der Autor oder eine kleine Schar von vollständig »eingeweihten« Lesern im Text zurechtfindet. Zwar hat *academic writing* selten den Anspruch, für ein Laienpublikum verständlich zu sein; sehr wohl sichern sollte man allerdings die Verständlichkeit über die engsten Grenzen von Teilspezialisierungen hinaus. Um dieses Transparenzgebot umzusetzen, bedarf es einer Vielzahl von Elementen, die wir in nachfolgenden Kapiteln sukzessive beleuchten werden. Drei besonders wichtige sollen aber bereits jetzt angesprochen werden: Begriffsklärung, Metadiskurs und Textkohäsion.

2.2.1 Begriffe klären

Zur Transparenz gehört ganz wesentlich die stringente Begriffsklärung. Der Leser muss erfahren, »wovon hier überhaupt geredet wird«, wie zentrale Fachtermini verstanden werden, und an welche Traditionen der jeweiligen Begriffsgeschichte die Arbeit »andockt«. Häufig ist ein definitorisches Problem für sich genommen ein Thema, an dem sich wissenschaftliche Diskussionen und Kontroversen entzünden. All das sollte man dem Leser explizit sagen, statt es ihn einfach erahnen (oder, noch schlimmer, erraten) zu lassen. Weil sich Begriffsklärungen für den Rest des jeweiligen Texts prägend auswirken, sind sie standardmäßig in der Einleitung zu finden (siehe auch Kapitel 3).

Es ist eine der zentralen wissenschaftlichen Tugenden – in den Worten Hegels – sich der »Anstrengung des Begriffs zu unterziehen«, und auch das natürlich nicht nur im Englischen. Aber auch hier gilt, dass die konkrete Ausprägung im Englischen tendenziell etwas anders ist als im Deutschen. Dazu erläutert Clyne (1987) – auf der Basis einer empirischen Untersuchung – dass englisch sozialisierte Autoren ihre zentralen Begriffe nicht nur häufiger, sondern auch eher am Beginn des jeweiligen Texts definieren:

> Where a main term is explained, which is more probable in a text by an English speaker than in one by a German, this is far more likely to take place at or near the start of the text if the author is English-educated.
> (Clyne 1987, 229)

Begriffsklärungen in englischen wissenschaftlichen Texten sind in aller Regel also relativ früh im Text positioniert und an eher auffälliger Stelle, etwa am Beginn oder am Ende eines Absatzes. Häufig fügen Autoren auch hinzu, warum sie sich für eine bestimmte Definition entschieden haben, an welche Quellen sie sich dabei anlehnen und innerhalb welchen Bezugsrahmens (z.B. *for the purposes of this article*) sie die Definition als gültig erachtet wissen wollen:

Beispiele 2.1

Begriffsklärung:

▷ It is important at the outset to **be explicit about what is meant by** *theory* with respect to pragmatism and administrative law. (Tennert 2006, 1345; Kursivschrift im Original)

▷ Because the SCF [Survey of Consumer Finances] includes a considerable number of high-wealth households with low or negative incomes, for the purposes of this article **we define** poverty as having income below the federal poverty line and having less than $100,000 in nonhousing wealth. (Castronova & Hagstrom 2004, 306)

Begriffe werden also einerseits mit der nötigen Differenzierung definiert, aber andererseits auch kompakt, ohne große Umschweife und mit jener Direktheit, die auf im Deutschen sozialisierte Autoren oft zu simpel wirkt.

Innerhalb dieser generellen Anforderungen gibt es im Englischen eine recht große Bandbreite stilistischer Unterschiede und daher auch nicht *ein* »allein selig machendes« Vorbild. Die beiden folgenden Beispiele zeigen, wie verschieden der Zugang sein kann. Im Auszug aus Bell (2004, 131) steht die Definition von *police* am Ende des Absatzes, der zugleich der erste Absatz des gesamten Buchbeitrags ist. Die Autorin tritt eher hinter ihren Text zurück und verwendet für die Begriffsklärung statt »Ich«-Formen das Passiv (z.B. *a traditional definition is used*) bzw. ein intransitives (d.h. objektloses) Zustandsverb (*»the police« include those individuals authorized by …*). Als Handelnde treten statt der Autorin unpersönliche Subjekte auf (*this chapter; most of the discussion*). Der Quellenverweis nach der Definition signalisiert, an welche bestehende Literatur die Autorin mit der gewählten Definition »andockt«. Zu beachten ist auch, dass die Autorin in diesen ersten Absatz auch die Eingrenzung ihres Themas verpackt und uns sagt, was sie in ihrem Beitrag tun wird und was nicht (*Though this chapter briefly explores …; most of the discussion concerns …*).

Beispiel 2.2

Problematisierung eines Begriffs in eher unpersönlichem Stil:

> In its barest sense, »policing« requires that individuals have the ability to use force to regulate behavior and control public order. While those who engage in policing may not need to use physical force to control behavior in most cases, they have the ability to do so. Around the world, there are many groups of individuals who do not fit traditional notions of what we consider to be »police«, but nonetheless may use force to control public order – Immigration and Nationalization Service officers in the United States, private security guards, vigilantes, and samurai warriors in Japan. Though this chapter briefly explores private nonstate policing and alternative policing, most of the discussion concerns public police whose authority stems from the state. To focus this discussion of the police, **a traditional definition is used**. In this chapter, »the police« include those individuals authorized by the group of which they are members to use physical force in order to regulate relations among group members (Bayley, 1985: 7). (Bell 2004, 131. NB: *the police include* ist korrekt, da *police* zu jenen Hauptwörtern gehört, die Personengruppen bezeichnen und daher mit Verben im Plural verwendet werden.)

Im nächsten Beispiel (Ponder, 2005) werden zwei vielschichtige, für die betreffende Arbeit zentrale Begriffe – *autonomy* und *capacity* – ebenfalls in der Einleitung definiert (wenngleich etwas später, am Anfang des dritten Absatzes). Im Vergleich zum letzten Beispiel stellt sich der Autor stärker in den Vordergrund. Durch die Positionierung des »Ich« gleich zu Beginn, gefolgt von sechs weiteren Vorkommen im gleichen Absatz, verleiht er seiner Stimme eine gehörige Portion Autorität. Nicht jeder Autor oder jede Autorin wird diesen selbstbewussten Tonfall als für das eigene Schreiben passend empfinden; eine Option ist er jedenfalls, wenngleich eine, deren Angemessenheit mit Vorsicht zu beurteilen ist. Ob man die Option nützt, wird wohl zum Teil eine Frage der Persönlichkeit sein und zum Teil vom (tatsächlichen oder empfundenen) Grad der akademischen Seniorität abhängen.

Beispiel 2.3

Definition und Problematisierung eines Begriffs in sehr persönlichem Stil:

> **I define** autonomy and capacity in the rest of this essay as follows. Autonomy is the freedom for political leaders to take purposive action even when those actions diverge from the interests of dominant societal forces. It follows, then, that autonomy to act

> coupled with the ability to effectuate change are necessary albeit not sufficient conditions for leadership (indeed, **as I argue below**, capacity **as I conceptualize it** is a necessary condition for autonomy). Therefore, **when I discuss** the development of each, **I mean to imply** much about prospects for dynamic presidential leadership in the United States. **I certainly do not claim** to resolve the issue of state autonomy in America, but **I do argue** that an institutionalized presidency implies autonomous leadership with the capacity to follow through. If the presidency can be considered autonomous in some sphere, then it is likely the case that the American polity can be said to possess some degree of autonomy as well. To be sure, the presidency is not the government in the United States, but as [sic] a single dominant figure; what he can and cannot accomplish tells us much about the nature of state autonomy, conditions under which we may speak of autonomous institutions exercising capacities to govern and lead, and the conditions under which presidents and the state apparatus are constrained from acting autonomously. (Ponder 2005, 532)

Was ihre unterschiedliche Handhabung des »Ich« betrifft, sind die beiden Beispiele im Übrigen zugleich ein Vorgriff auf die häufig gestellte Frage, »ob man denn in akademischen Texten ›ich‹ verwenden darf«, auf die es wie so häufig nur die recht unbefriedigende Antwort gibt: »das hängt davon ab …«. Wovon es im Einzelnen abhängt, darauf werden wir in Kapitel 6 noch zurückkommen.

2.2.2 Schreiben über das Schreiben: Metadiskurs

→ Übung 1, S. 213

In englischen Wissenschaftstexten werden häufig Sprachhandlungen eingesetzt, in denen die Autoren quasi über das Schreiben schreiben – deshalb der Begriff »Metadiskurs« (griechisch *meta* = »über«): Wenn es zum Beispiel heißt, *the first section explains …*, *our main concern is to show …* oder *this paper explores why.* Metadiskursive Elemente spielen eine ganz zentrale Rolle für das Herstellen von Transparenz. Sie sind *organisers*, die eine Vielzahl von Funktionen haben können: Sie werden zum Beispiel eingesetzt,

- um den Aufbau von Arbeiten zu erklären (z. B. *our article is divided into five sections*);
- um explizit zu machen, welchen Argumentationsschritt man gerade vollzieht (z. B. *we are proposing a model which explains why …*);
- um im Text zurück- und vorauszublicken (z. B. *having discussed X, we can now turn to Y*);
- um die Einstellung des Autors zu signalisieren (z. B. *preferably, surprisingly, understandably*).

Selbstverständlich kennt das Deutsche solche Formulierungen grundsätzlich auch, sie werden aber vergleichsweise seltener eingesetzt. Ein so konsequenter Gebrauch wie etwa im folgenden Beispiel ist im Deutschen schwer vorstellbar: In vier aufeinanderfolgenden Absätzen findet sich je ein metadiskursives Signal, und zwar in prominenter Position – ganz am Ende des ersten Absatzes und ganz am Beginn der drei nachfolgenden Absätze:

Beispiel 2.4

Metadiskurs:

> **Our task now is** to assess the empirical meaning and theoretical logic of these phenomena. [Absatz 1, letzter Satz] [...]
>
> **We begin with** a scrutiny of some simple statistical measures of employment in the cultural economies of US cities. [Absatz 2, erster Satz] [...]
>
> With these reservations in mind, **we now examine** employment patterns in selected sectors of the cultural economy. [Absatz 3, erster Satz] [...]
>
> **Three main points now need to be made.** [Absatz 4, erster Satz].
>
> (Scott 1997, 327–328)

Diese *organisers* bereiten fortgeschrittenen Lernenden beim *Lesen* keine Probleme. Gerade weil weder die Satzstruktur noch die Vokabel darin besonders schwierig sind, werden solche Phrasen von *non-natives* mitunter wohl komplett »überlesen«. Beim *Schreiben* jedoch, so zeigt die Erfahrung aus dem Sprachtraining, kommen metadiskursive Ausdrücke in Texten von Autoren mit deutscher Muttersprache sehr selten vor, und zwar auch, wenn die Autoren in Bezug auf Grammatik und Vokabular schon ein sehr hohes Niveau erreicht haben. Zu dem im Deutschen und Englischen unterschiedlichen Gebrauch speziell von *advance organisers*, also den vorausblickenden Meta-Kommentaren, merkt Clyne an:

> English-educated scholars are more likely than German-educated colleagues to use advance organizers which explain the path and organization of a paper, and to place them at the start of it. (Clyne 1987, 229)

Dieser Unterschied zwischen den Sprachen sorgt dafür, dass ein englischsprachiger Text, in dem nur so viele metasprachliche *organisers* vorkommen, wie sie aus deutscher Sicht natürlich wirken, vermutlich zu wenige davon enthält. Der Effekt bei dem an englische Textkonventionen gewöhnten Leser ist im besten Fall leichte Desorientierung – weil sich Fragen aufdrängen wie »Was hat der Autor eigentlich vor?«, »Worum geht es hier?«, »Was erwartet mich?« –, im schlechtesten Fall Verwirrung und Irritation. Es kommt also zu Reaktionen, die der Informationsaufnahme ebenso abträglich sind wie der Freude am Lesen.

Literaturtipp

Eine ausführliche Studie zu diesem Thema ist *Metadiscourse* von Hyland (2005a). Der aussagekräftige Untertitel bringt die Funktion von Metadiskurs auf den Punkt: *Exploring Interaction in Writing.*

2.2.3 Was Texte zusammenhält: Kohärenz und Kohäsion

→ Übung 1, S. 213

Das »Führen« des Lesers hängt entscheidend von der guten Verbindung zwischen Sätzen und zwischen größeren Textblöcken ab. Man sollte dem Leser schließlich einen schönen, ebenen Pfad durch die Argumentation bahnen und nicht wahllos ein paar Trittsteine legen, zwischen denen er dann mühsam herumspringen muss, um irgendwie zum Ziel zu gelangen.

Man unterscheidet zwischen Kohärenz und Kohäsion. *Kohärenz* ist eine semantische Relation, also eine Beziehung, die auf der Bedeutung von Textteilen beruht. Zwischen zwei Teilen in einem Text besteht Kohärenz, wenn sie inhaltlich »zusammenpassen«. Wenn dieses Zusammenpassen dann auch noch an der Oberfläche *markiert* ist, spricht man von *Kohäsion.* Die Sätze *Ich fahre im Juli immer nach Grönland* und *Die Sommerhitze in Wien ist nicht aushaltbar* lassen sich ohne weiteren Zusatz als *kohärent* lesen. In der Sprachverarbeitung sind wir ja darauf »programmiert«, zwischen Äußerungen Zusammenhänge zu vermuten – nicht zuletzt deshalb, weil wir erwarten, dass unsere Interaktionspartner an der Verständigung interessiert sind und nicht isolierte Sätze wirr aneinanderreihen. (Der Sprachphilosoph Paul Grice hat diesen Grundsatz als »kooperatives Prinzip« formuliert.) Die semantische Relation zwischen den beiden Sätzen wird aber verdeutlicht, wenn wir zusätzlich zu der Kohärenz, die sie verbindet, auch noch Kohäsion herstellen, indem wir in beiden Sätzen dasselbe Subjekt verwenden und ein Bindewort einfügen: *Ich fahre im Juli nach Grönland, weil ich die Sommerhitze in Wien nicht aushalte.*

Um einen der wesentlichsten Unterschiede zwischen deutschen und englischen Wissenschaftstexten auf den Punkt zu bringen: deutsche Texte haben nicht weniger *Kohärenz* als englische, aber meist weniger *Kohäsion.* In »logischer« Hinsicht passen die Phrasen, Sätze, Absätze und Teiltexte in deutschen Arbeiten nicht weniger gut zusammen als in englischen, aber die Leser/innen werden auf diese Zusammenhänge nicht so häufig »mit der Nase« gestoßen wie das im Englischen der Fall ist.

Wie entsteht Kohäsion im Text? Sie lässt sich u.a. dadurch erzeugen, dass

- Wörter in gleicher oder nur leicht veränderter Form wiederholt werden;
- man sich mit einem Pronomen (z.B. *she* oder *this*) auf ein Hauptwort in einem (meist unmittelbar) davor liegenden Satz bezieht;
- ein Bindewort (z.B. *because, although, after*) oder Konjunktionaladverb (z.B. *however, consequently, furthermore*) den Konnex zwischen Satzteilen oder Sätzen herstellt;
- man Beziehungen zwischen Wörtern als bindende Kraft einsetzt. So eine Beziehung kann z.B. die Relation der Über- bzw. Unterordnung sein (*vehicle/car*), die Zugehörigkeit zur gleichen Wortfamilie (*criticism/criticise/critic*) oder zum gleichen Wortfeld (*investigation/study/inquiry/survey/research*).

Wie diese verschiedenen Bindemittel zusammenwirken können, zeigt Beispiel 2.5. Fettgedruckt sind die Konnektoren; unterstrichen einige jener Wörter (*change[s], challenge[s], organization[s]*), die für den gesamten Aufsatz zentral sind, die schon den hier abgedruckten ersten Absatz von Anfang bis Ende durchziehen und ihn so wie ein Gerüst stützen. Wer sich aus dem Deutschunterricht vielleicht noch daran erinnert, welches schlechte Image »Wortwiederholungen« hatten, sollte angesichts dieses Befundes wohl ein wenig umdenken. Zentrale wissenschaftliche Fachbegriffe *dürfen* nicht nur, sie *müssen* wiederholt werden, und zwar sowohl wegen der begrifflichen Präzision als auch wegen der textbildenden Wirkung, die das Wiederaufnehmen von Begriffen hat. Beides reduziert den Verarbeitungsaufwand für den Leser – womit wir wieder beim Grundsatz *pity the readers* wären. Die lexikalische Kohäsion wird unterstützt von den im Beispiel fett markierten Konnektoren: einer kausalen Präpositionalgruppe mit *because of* und den zwei Satzadverbien *however* (zur Markierung eines Gegensatzes) und *in fact* (zur Präzisierung und Verstärkung).

Beispiel 2.5

Kohäsion in einem Absatz:

> Effectively managing change is one of the most critical challenges organizations face today. History shows that organizations that continually and consistently rise to meet that challenge are those that are most successful. According to McNabb and Sepic (1995, p. 370), change is the process of »altering people's actions, reactions, and interactions to move the organization's existing state to some future desired state.« **Because of** the constant changes confronting employees, some degree of adjustment

> and improvement can and should occur continuously. Often, **however**, changes result in dissatisfied or distressed employees. When anxiety is high, performance is lowered and job satisfaction is reduced. Staff resistance to the desired change is often excessive and immediate (McNabb & Sepic, 1995). **In fact,** it is often suggested that it may be easier, at times, and less costly to start a completely new organization than it is to change the culture of an existing one. McNabb and Sepic (1995, p. 372) purported that a key goal of a company is to »introduce desired changes, while keeping anxiety, resistance, and subsequent stress to an absolute minimum.« Many of these change challenges reflect complicated human dynamics between individuals, departments, and even with outside organizations and the environment (Backer, 1995).
> (Madsen, Cameron & Miller 2006, 93; Fettdruck und Unterstreichung hinzugefügt)

Das Vorkommen von drei oder mehr Konnektoren in einem Absatz, wie in diesem Beispiel, ist im Übrigen keine Seltenheit. Glauben Sie daher nicht den in *non-native communities* immer wieder auftretenden Gerüchten, man solle Konnektoren nicht verwenden, und wehren Sie sich, wenn ein selbst nicht allzu erfahrener Autor diese Wörter aus Ihrem Text streichen will. (Die beste Verteidigung sind Beispiele wie das hier zitierte, die sich in guten *journal*-Artikeln leicht finden lassen.) Womit allfällige Kritiker natürlich recht haben, ist, dass Konnektoren nicht übertrieben häufig eingesetzt werden dürfen und dass sie fehlenden logischen Zusammenhalt von Gedankensträngen nicht wettmachen können. Ein kausaler Konnex entsteht nicht allein durch das Einfügen von *therefore*, und einen Gegensatz, den es nicht gibt, kann man mit *however* nicht herbeizaubern. Wenn der logische Zusammenhalt aber stimmt, dann sind Konnektoren wichtige, für die Leser/innen wirklich hilfreiche Signale.

2.3 *In a Nutshell*

Beim wissenschaftlichen Schreiben in englischer Sprache sollten Sie Folgendes beachten:

- Als Autor/in tragen in erster Linie *Sie* die Verantwortung für das Verständnis seitens der Leser/innen.
- Setzen Sie auch bei einer sehr fachkundigen Leserschaft eher weniger als mehr Insiderwissen voraus. Selbst Expert/inn/en können Ihr Untersuchungsdesign, Ihre Daten und Resultate nicht kennen – und erst recht nicht Ihre Gedanken lesen.

- Haben Sie Mitleid mit Ihren Leser/inne/n (*pity the readers*) und reduzieren Sie den Aufwand, den diese brauchen, um Ihrem Text zu folgen.
- Verpacken Sie Ihre Gedanken und Argumente in gut strukturierte Absätze. Als Faustregel gilt: ein Hauptgedanke/-argument pro Absatz.
- Beginnen Sie Absätze mit einem Themensatz (*topic sentence*), der deutlich sagt, worum es in dem Absatz geht. Entwickeln Sie den Kerngedanken im Inneren des Absatzes weiter, aber schweifen sie nicht ab. Schließen Sie den Absatz so, dass eine klare und harmonische Überleitung zum nächsten Absatz zu sehen ist.
- Klären Sie die für Ihre Arbeit zentralen Begriffe möglichst früh im Text.
- Fachbegriffe dürfen nicht nur, sondern *müssen* in identischer Form wiederholt werden. Das allgemeine Vokabular im Text darf dann wiederholt werden, wenn die Wiederholung der Textkohäsion dient.
- Führen Sie die Leser/innen durch den Text, indem Sie explizit erklären, welche Argumentationsschritte Sie gerade vollziehen (»Metadiskurs«).
- Stellen Sie sicher, dass die Sätze innerhalb eines Absatzes gut miteinander verbunden sind. Jeder Satz soll nachvollziehbar und harmonisch zum nächsten überleiten. Entscheidend dafür sind sowohl die semantischen Beziehungen zwischen Wörtern (*lexical cohesion*) als auch die Präsenz von Bindewörtern.
- Pfad statt Trittsteine: Bereiten Sie dem Leser einen gut ausgeschilderten Weg, auf dem er durch den Text geleitet wird, statt nur lose und versteckte Trittsteine zu legen, über die er im Text nur mit Mühe vorwärts kommt.

3 Textstruktur: Von der Ouvertüre zum Finale

The time to begin writing an article is when you have finished it to your satisfaction. By that time you begin to clearly and logically perceive what it is you really want to say.

Mark Twain
(Amerikanischer Schriftsteller, 1835–1910)

3.1 Grundlagen
- 3.1.1 Sinn und Zweck von Strukturkonventionen
- 3.1.2 Gliederung und Transparenzgebot
- 3.1.3 Textsorten

3.2 Die Makrostruktur von empirischen Zeitschriftenartikeln
- 3.2.1 Die AIMRaD-Formel
- 3.2.2 Das Abstract
- 3.2.3 Die Einleitung (*Introduction*)
- 3.2.4 Methoden (*Methods*)
- 3.2.5 Ergebnisse (*Results*)
- 3.2.6 Diskussion

3.3. *In a Nutshell*

Für die Struktur englischer Wissenschaftstexte gibt es allgemein anerkannte Konventionen. Auch wenn sie einigen Spielraum für Variationen lassen, so werden sie doch in einer Weise befolgt, die den Erwartungen der Leser/innen entspricht und es ihnen erleichtert, der Argumentation zu folgen. Anhand der Textsorte »empirischer Zeitschriftenartikel« werden in diesem Kapitel die wesentlichsten Elemente der Makrostruktur besprochen. Der schematische Aufbau führt vom *Abstract* und der *Introduction* über *Methods* und *Results* bis zur abschließenden *Discussion*. Die einzelnen Abschnitte von *papers* werden einerseits so gestaltet, dass sie für sich stehen können, andererseits aber auch in vielfältiger Weise verknüpft sind, sodass der Text insgesamt eine durchkomponierte Einheit bildet.

3.1 Grundlagen

Wissenschaftliches Schreiben ist stark von Konventionen geprägt. Man sollte nicht einfach »drauflos schreiben« und meinen, die Qualität der zugrundeliegenden Forschung spräche quasi für sich. Um die musikalische Analogie aufzunehmen: Wissenschaftliche Texte sind klassische Symphonien, kein Free Jazz. (Experten für Free Jazz mögen über das unzulässige Klischee, im Free Jazz gäbe es keine Regeln, großzügig hinwegsehen.) Missachtet man als Autor diese Konventionen, so antwortet die *scientific community* mit ihrer härtesten Sanktion: der Nicht-Veröffentlichung (oder, im Studium, mit einer schlechten Benotung). Denn wie immer der Bewertungsprozess bei einer bestimmten Textsorte oder in einer bestimmten Disziplin auch aussehen mag, eines ist universell: Mächtige *gatekeepers* wachen darüber, dass die Konventionen gewahrt bleiben – Prüfer im Studium, Herausgeber von Zeitschriften, Gutachter. Diese Personen sind somit »Türhüter« für die Qualität der Forschung nicht nur im *inhaltlichen*, sondern auch im *formalen* Sinne.

In Zeiten des globalisierten Wissenschaftsbetriebs sind diese Schlüsselpositionen keineswegs ausschließlich englischen *native speakers* im engeren Wortsinn vorbehalten. Sehr wohl kann man aber davon ausgehen, dass man Herausgeber oder Gutachter bei einer international rezipierten Zeitschrift nur dann wird, wenn man die angelsächsischen Publikationskonventionen selbst verinnerlicht hat – denn nur dann macht man wiederum genau jene wissenschaftliche Karriere, die zur Besetzung einer solchen Schlüsselposition führt: Das System reproduziert sich selbst.

Dabei sollte man nicht übersehen, dass es sich bei diesen verfestigten Vorstellungen davon, in welcher Form der geschriebene wissenschaftliche Diskurs zu führen ist, in der Tat nur um Konventionen handelt, also um soziale Übereinkünfte darüber, was als sinnvoll erachtet wird. Sie sind historisch bedingt und keine Naturgesetze; sie werden tagtäglich dadurch aufrecht erhalten, dass Menschen sie befolgen und – von Institutionen wie Universitäten gestützt – dafür sorgen, dass andere das auch tun. Dass »internationale Konventionalisierung« de facto »Anglisierung« bedeutet, ist erst recht keine »natürliche« Gegebenheit, sondern das Resultat vielschichtiger geopolitischer Bedingungslagen. Diese Spielregeln muss man nicht vorbehaltlos gutheißen, um sie letztlich doch zu akzeptieren, und sei es auch nur mit einer Mischung aus Realismus und Resignation. Das *publish-or-perish*-Prinzip ist hinlänglich bekannt; angesichts der genre- und sprachspezifischen Konventionen, die wir in diesem Kapitel und im Rest des Buches behandeln, ist dem ein weiterer Grundsatz vorzuschalten: *adapt or you won't get published.* Den Syllogismus zu vervollständigen, überlasse ich dem Leser.

3.1.1 Sinn und Zweck von Strukturkonventionen

Bei aller Verpflichtung zur kritischen Betrachtung der mittlerweile weltweit wirksamen Prozesse der Konventionalisierung muss man gleichzeitig zugestehen, dass diese Mechanismen auch Vorteile haben. Ganz pragmatisch betrachtet, bedeutet die Vereinheitlichung der wissenschaftlichen Textsorten, dass etwa der *journal*-Artikel eines thailändischen Fachkollegen ebenso gut und direkt zu einem internationalen Fachpublikum spricht wie jener des finnischen oder brasilianischen. Deutsche und österreichische Wissenschaftler/innen, die sich daran anpassen, steigen ebenfalls direkt in diesen Wissenschaftsdiskurs ein und spielen in einer Liga mit, in der man seine Forschung nicht nur lokaler, sondern auch internationaler Kritik aussetzt. Vor dem Hintergrund von Savignys bekanntem Diktum, »Publikation ist in erster Linie nicht Mitteilung von Ergebnissen, sondern Aufforderung zum Angriff« (1976, 7), heißt Internationalisierung schlicht und einfach, dass man den Kreis der möglichen »Angreifer« vervielfacht. Dies als Plus zu sehen statt als Minus ist typisch für den akademischen Habitus.

Ein weiterer Vorteil der Konventionalisierung betrifft das Lesen und Verstehen wissenschaftlicher Texte. Man öffnet den Zeitschriftenband – bzw. klickt auf den Link zum pdf in der elektronischen Datenbank – und weiß, was einen wo erwartet. Die Formalia sind vertraut, können daher in den Hintergrund treten und belasten die Textrezeption nicht, sodass man sich als Leser/in direkt und ungefiltert um den Inhalt kümmern kann. Was konventionalisierte und explizit (etwa durch Überschriften) markierte Strukturen für die Textrezeption leisten, kann man sich mit einem etwas paradoxen Gedankenexperiment vergegenwärtigen: Stellen Sie sich vor, Kriminalromane würden grundsätzlich einem wie in der Wissenschaft üblichen, transparenten Strukturschema unterliegen. Man würde das Buch öffnen und sähe auf einen Blick die deutlich markierten und in allen Krimis identischen Abschnitte, »der Tatort«, »das Ermittlerteam«, »die Verdächtigen«, »der Täter«. Statt sich wie beim normalen Lesen eines Krimis durch ineinander verwobene Handlungsstränge und unzählige, absichtlich ausgelegte falsche Fährten zu wühlen, und sich noch dazu bei jedem neuen Krimi auf die stilistischen Eigenheiten des Autors einzustellen, könnte man zielgerichtet auf die essenzielle Frage – »Wer ist der Täter?« – zugehen. Als Krimilektüre würde das keinen Spaß mehr machen. Nur: genau das ist der Punkt der paradoxen Analogie. Die Lektüre wissenschaftlicher Texte soll uns eben gerade *nicht* als Lektüre an sich fordern, sondern einzig und allein durch die Inhalte. Im Krimi und in anderen Literaturgattungen hingegen will der Autor Spannung oft gerade dadurch erzeugen, dass er den Verarbeitungsaufwand der Leser/innen bewusst erhöht – ja sie vielleicht sogar gezielt verwirrt, sie von einem zum nächsten Kapitel auch einmal »in der Luft« hängen lässt usw. Im wissenschaftlichen Schreiben ist es unangebracht und kontraproduktiv, den Lesern all das zuzumuten; ungeübte Autoren (ganz gleich ob *native* oder *non-native authors*) tun aber genau das.

Die »Kunst« besteht nun darin, den Verarbeitungsaufwand der Leser/innen zu reduzieren und trotzdem so etwas wie Spannung zu erzeugen; die starren Konventionen zu befolgen und dennoch ein gewisses Maß an Lesevergnügen aufkommen zu lassen. Ob dies gelingt, ist ganz wesentlich eine Frage des gekonnten Umgangs mit den sprachlichen Mitteln, über die die englische Sprache verfügt und an welche die Kapitel 4, 5 und 6 eine Annäherung bieten.

Schließlich sei als »Trost« für all jene, die mit wissenschaftlichen Genres noch nicht vertraut sind, angemerkt, dass die Regeln für die Textstruktur – anders als viele anderen sozialen und diskursiven Regeln – keine »ungeschriebenen Gesetze« sind. Die Regeln sind gut dokumentiert und können in Lehrbüchern wie diesem und anderen studiert werden. Auch auf den Homepages vieler Verlage sind sie detailliert erläutert, meist unter Menüpunkten wie *Author's Guide, Instructions for Contributors* oder *Manuscript Guidelines* (z. B. von Sage, unter https://uk.sagepub.com/en-gb/eur/manuscript-submission-guidelines). Es geht also um das kognitive Erlernen von Techniken, nicht das meditative Erspüren eines geheimen Codes.

3.1.2 Gliederung und Transparenzgebot

Guter englischer Wissenschaftsstil zeichnet sich durch Transparenz aus: Sowohl die Forschungsfragen als auch der Prozess ihrer Erschließung sind offen zu legen, Untersuchungsdesigns Schritt für Schritt darzulegen, Ergebnisse in nachvollziehbarer Form zu präsentieren. Die Leser/innen möchten wissen:

- Was wurde untersucht und warum?
- In welcher wissenschaftlichen Tradition stehe ich mit der Arbeit?
- Wie definiere ich zentrale Begriffe?
- Welches Ziel verfolge ich mit der vorgestellten Studie?
- Wie will ich zu diesem Ziel kommen?
- Welches Material habe ich untersucht?
- Welche Resultate ergab die Untersuchung?

Jede dieser Kernfragen entspricht im wesentlichen einem deutlich identifizierbaren Textteil: einem separaten Abschnitt (wie zum Beispiel *Methods* oder *Results*) oder zumindest einem Absatz innerhalb eines Abschnitts (wie zum Beispiel der Einleitung, die sich meist sowohl mit der Einordnung in eine bestimmte Forschungstradition als auch mit Begriffsdefinitionen befasst).

Natürlich werden Forschungsfragen nicht in allen Wissenschaftsdisziplinen in gleicher Weise gestellt, und für unterschiedliche Textsorten sind unterschiedliche Teiltexte relevant; je nachdem, ob es sich zum Beispiel um einen primär empirischen oder theoretischen Zeitschriftenartikel handelt. In jeder Disziplin und jeder Textsorte ist die Beantwortung solcher Kernfragen aber untrennbar mit den methodischen Prinzipien der Intersubjektivität und Nachprüfbarkeit verbunden. Sie zu befolgen obliegt natürlich auch dem in deutscher Sprache schreibenden Wissenschaftler. Für das Englische charakteristisch ist jedoch die stärkere Tendenz – wie bereits in Kapitel 2 angeklungen –, das Beantworten und sehr oft auch schon das Stellen der Fragen explizit zu machen; das heißt, sie in Form von sogenanntem »Metadiskurs« (also mittels Sprache, die über Sprache spricht) an die Leser/innen heranzutragen.

Immer wieder liest man in Gutachten für englischsprachige Fachzeitschriften, dieses oder jenes Problem sei im *paper* zwar durchaus behandelt, aber »it needs to be spelled out more clearly«. *Spelling out* ist also gefordert, dieses genaue Erklären, Auf-den-Punkt-Bringen und Verdeutlichen, das es den Leser/inne/n leichter macht, der Argumentation zu folgen. Dabei geht es nicht um eine Vereinfachung im engeren Sinne oder um das *dumbing down*, wie es für populärwissenschaftliche Texte üblich ist. Auch der gebildete, oftmals im gleichen Fach wie der Autor hochspezialisierte Leser soll in die Lage versetzt werden, den Text mit möglichst wenig Anstrengung zu rezipieren.

Dieser Anspruch ist eng mit dem konventionalisierten Aufbau von Texten verbunden; dieser wiederum ist eng an bestimmte sogenannte »Textsorten« bzw. »Textgenres« gekoppelt (vgl. dazu auch Kruse 2010, 71–77). Der Leser kennt das betreffende Genre – also zum Beispiel »Seminararbeit« oder *research article* – und ruft die mit dem Genre verknüpften Konventionen ab, die dann seine Erwartungen an den Text steuern. Werden die Erwartungen erfüllt, ist es für den Leser einfacher, den Text zu verstehen. Dann es ist dem Autor gelungen, wie es Siepmann et al. (2011, 63) formulieren, den Leser »auf eine intellektuelle Reise mitzunehmen« (siehe *Food-for-Thought*-Box).

Food for Thought

The ordering of the sections should create a sense of *forward dynamics*. The reader should be, as it were, taken along on an intellectual journey, leading from the starting-point of the thesis statement to the destination guaranteed by the prospect of the Conclusion. The journey may not always follow a straight path, but the reader should never lose the sense that s/he will ultimately arrive. For this reason, the route should be properly signposted. Among the signposts that you should erect are well-chosen section headings that capture the essential content of their section, an indication at the end of each section of the direction to be taken in the next and/or a few words at the beginning of the next section on how it relates to the previous one. (Siepmann et al. 2011, 63; Kursivschrift im Original)

3.1.3 Textsorten

Der geschriebene wissenschaftliche Diskurs wird über eine Vielzahl unterschiedlicher Genres, auch Textsorten genannt, abgewickelt. Kruse (2010, 71–77) nennt Seminar-/Hausarbeit, kritischen Essay, Thesenpapier, Handout, Exposé, Praktikums-/Exkursions-/Hospitationsbericht, Power-Point-Folien, Portfolio, Forschungsartikel, Literaturbericht, annotierte Bibliographie, Poster und Klausur. Ergänzen ließe sich noch der Antrag zur Forschungsförderung (*grant proposal*). Für jedes Genre gelten zum Teil eigene Konventionen, zum Teil gibt es Überschneidungen in den Anforderungen (insbesondere im Bereich der großen Leitprinzipien, die wir in Kapitel 2 kennengelernt haben). Im Folgenden werden wir uns schwerpunktmäßig mit dem Forschungsartikel (*research article*) näher auseinandersetzen. Diese Wahl ist damit begründet, dass es sich dabei um eine Textsorte handelt, die in allen Wissenschaftsdisziplinen wichtig ist und in vielen Disziplinen – allen voran den Naturwissenschaften – mittlerweile die wichtigste Textsorte überhaupt darstellt.

»Wichtigkeit« ist in diesem Zusammenhang sowohl ein disziplineninternes als auch -externes Kriterium. Intern sind *journal*-Artikel heutzutage vielfach das Forum, in dem sich die wissenschaftliche Diskussion und damit auch der Fortschritt »abspielen«. Die Monographie – also das klassische wissenschaftliche Buch – ist nicht verschwunden, hat aber in vielen Disziplinen eher Überblickscharakter und primär didaktische Funktion bekommen. Plakativ und provokant könnte man formulieren: Mit Artikeln macht der Wissenschaftler Karriere, mit Büchern beweist er im Nachhinein, dass er Karriere gemacht hat.

Aus externer Sicht sind *journal*-Artikel insbesondere für jüngere Wissenschaftler deshalb so wichtig geworden, weil an vielen Universitäten weltweit der Publikationserfolg einerseits an der Zahl der veröffentlichten Artikel und andererseits an der Qualität der Zeitschriften, in denen die Artikel erschienen sind, gemessen wird. Selbst die Habilitation als das Zugangsregulativ zur »Zunft« schlechthin wird vielerorts kumulativ, also durch Artikel statt durch eine monographische Habilitationsschrift, abgewickelt.

Als Maßstab für die Qualität von Zeitschriften gelten sogenannte »Zeitschriftenrankings« (für die Wirtschaftswissenschaften wären zwei Beispiele für *journal rankings* jenes des Verbands der Hochschullehrer für Betriebswirtschaft, http://vhbonline.org/, und jenes der *Association of Business Schools*, http://www.the-abs.org.uk/). Bei der Aufnahme in Rankings ist ein zentrales Qualitätskriterium die internationale Positionierung und Rezeption der jeweiligen Zeitschrift – eben die Frage, wieviele potenzielle »Angreifer« sie im Sinne von Savigny auf den Plan ruft. Da sich in der internationalen Scientific Community Englisch als Verkehrssprache etabliert hat, sind die in den Rankings gut platzierten *journals* meist solche, die in englischer Sprache erscheinen.

Zweifellos ist die ständig zunehmende Fixierung auf *research articles* nicht ganz unproblematisch. Allein schon wegen seiner Kompaktheit erlaubt das Format dieser Textsorte kaum tiefergreifende Theorie- und Methodenreflexion. Wer nur in diesem Genre arbeitet, wird – anders als die Autoren von Büchern – selten dazu angehalten, in die Breite *und* Tiefe zu gehen und ein vielschichtiges Thema von verschiedenen Seiten zu beleuchten. In den besten *journal*-Artikeln mag auch das gelingen; die Norm ist es aber wohl nicht. Wenn in stark fokussierter Form auf die Essenz einer hochspezialisierten empirischen Studie zugegangen werden muss, kann der breitere wissenschaftliche Kontext leicht auf der Strecke bleiben. Ungeachtet dieser unerwünschten Nebenwirkungen ist die faktische Bedeutung des *research article* für den Wissenschaftsbetrieb so hoch, dass er in einem Studienbuch zum wissenschaftlichen Schreiben in englischer Sprache einfach eine zentrale Rolle spielen muss.

Innerhalb der Textsorte des *journal*-Artikels gibt es eine Reihe von Sub-Genres, die wiederum je nach Wissenschaftsdisziplin unterschiedliche Bedeutung haben und unterschiedlich ausgeprägt sein können. Bei manchen Zeitschriften muss man bereits mit der Einreichung des Artikels deklarieren, zu welchem Subgenre er gehört (z. B. bei www.emeraldinsight.com). Das *Publication Manual of the American Psychological Association* (oft kurz als »APA Style Manual« bezeichnet), eine der gebräuchlichsten Handreichungen zu wissenschaftlichen Formvorschriften, nennt die folgenden vier Sub-Genres:

(1) Reports of empirical studies
(2) Review articles
(3) Theoretical articles
(4) Methodological articles

Die beiden häufigsten und zugleich wichtigsten Typen sind wohl (1) und (3). In *reports of empirical studies*, auch *research papers* genannt, wird empirische Arbeit auf Basis quantitativer und/oder qualitativer Methoden dokumentiert. Die *theoretical articles*, auch als *conceptual papers* bezeichnet, entwickeln theoretische Fragestellungen weiter. Der Vorteil einer Zuordnung besteht für den Autor nicht zuletzt in dem Wissen, dass das *paper* nach den spezifischen Kriterien des gewählten Sub-Genres gemessen wird und so die Gutachter (*reviewers*) nicht etwas als ein Defizit anmerken, das die Genre-Konventionen des betreffenden Artikel-Typs gar nicht fordern.

3.2 Die Makrostruktur von empirischen Zeitschriftenartikeln

Im Folgenden werden die standardisierten Teile eines empirischen *research article* behandelt: *Introduction, Methods, Results (and) Discussion*, kurz *IMRaD*. Berücksichtigt man auch das standardmäßig vorgeschaltete Abstract, entsteht das Akronym *AIMRaD* (Cargill & O'Connor 2009, 9–13). Obwohl diese Strukturformel dem naturwissenschaftlichen Forschungsparadigma entstammt und meist nur dort in ihrer vollen Strenge umgesetzt wird, ist sie dennoch auch für andere Disziplinen relevant, insbesondere für jene, die sich in ihrer empirischen Forschung an naturwissenschaftlichen Methoden orientieren. Aber selbst in anderen Disziplinen und für theoretische Artikel ist es lohnend, sich mit dieser Form der Makrostruktur einmal auseinanderzusetzen. Denn zumindest drei ihrer fünf Elemente, nämlich *Abstract, Introduction* und *Discussion* haben auch in vielen sozial- und geisteswissenschaftlichen Artikeln sowie in *conceptual papers* eine tragende Funktion. Ebenso können Studierende davon profitieren, da auch die Qualität von Seminar-, Bachelor- und Masterarbeiten zweifelsohne steigt, wenn sie sich an anerkannten Gliederungsmustern orientieren. Von alldem abgesehen steht hinter der AIMRaD-Formel noch eine ganz allgemeine Botschaft, nämlich dass englischsprachige Artikel auf jeden Fall eine nachvollziehbare, gut erkennbare Struktur aufweisen müssen, ganz gleich wie diese in bestimmten Disziplinen, Artikel-Genres und Zeitschriften nun im Detail aussehen mag.

3.2.1 Die AIMRaD-Formel

In der angelsächsischen Literatur hat sich *AIMRaD* als eine Art *default*, also Standardvariante, der Makrostruktur entwickelt. Das schon erwähnte *Style Manual* der APA (American Psychological Association) nimmt darauf Bezug, ebenso Studienbücher wie Cargill und O'Connor (2009) oder das International Committee of Medical Journal Editors (ICMJE), auf dessen Website es heißt:

> The text of articles reporting original research is usually divided into Introduction, Methods, Results, and Discussion sections. This so-called »IMRAD« structure is not an arbitrary publication format but a reflection of the process of scientific discovery. Articles often need subheadings within these sections to further organize their content. Other types of articles, such as meta-analyses, may require different formats, while case reports, narrative reviews, and editorials may have less structured or unstructured formats.
> (http://www.icmje.org/recommendations/browse/manuscript-preparation/preparing-for-submission.html)

Graphisch darstellen lässt sich die AIMRaD-Struktur in Form einer Sanduhr (»hourglass shape« nach Cargill & O'Connor 2009, 10):

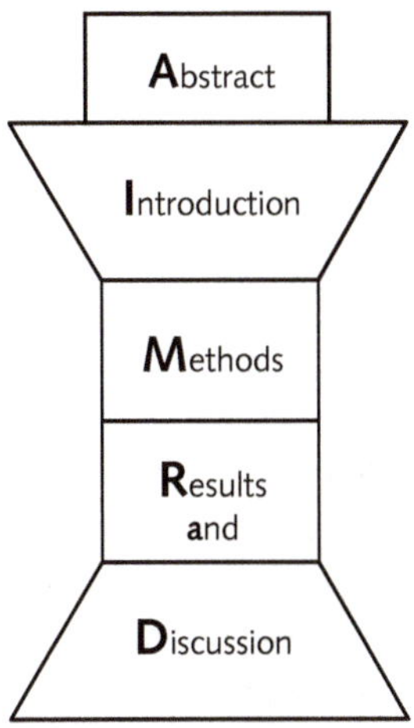

Abb. 3.1: Die AIMRaD-Strukturformel für empirische Zeitschriftenartikel

Das Bild der Sanduhr soll verdeutlichen, dass die Darstellung mit einer breiter angelegten Einleitung beginnt, sich dann auf das konkrete Forschungsthema hin verengt, um sich im Schlussteil wieder zu weiten, wenn der Blick auf den größeren

Kontext gerichtet wird, in dem die Arbeit verankert ist, interdisziplinäre oder gesamtgesellschaftliche Perspektiven eröffnet werden und dergleichen mehr. Der *Discussion*-Abschnitt soll dabei jene Fragestellungen, die in der *Introduction* aufgeworfen wurden, wieder aufnehmen, sodass *Introduction* und *Discussion* eine Art Klammer rund um eine spezialisierte Studie bilden. Dazu Cargill und O'Connor (2009):

> The Introduction begins with a broad focus. The starting point you select for your Introduction should be one that attracts the lively interest of the audience you are aiming to address: the international readers of your target journal. [...]
>
> The Discussion begins with the same breadth of focus as the Results – but it ends at the same breadth as the starting point of the Introduction. By the end, the paper is addressing the broader issues that you raised at the start, to show how your work is important in ›the bigger picture‹.
>
> (Cargill & O'Connor 2009, 10)

Trotz des recht hohen Grads an Formalisierung kommt es also auch darauf an, zu Beginn beim Leser »lebendiges Interesse« zu erwecken, wie es Cargill & O'Connor formulieren, und ihn am Ende mit einem Blick auf das größere Ganze zu entlassen. Selbst inmitten der Zwangsjacke einer Strukturformel steht die Rücksicht auf den Leser im Mittelpunkt.

Im Folgenden wenden wir uns nun den fünf in der AIMRaD-Formel enthaltenen Teiltexten zu.

3.2.2 Das Abstract

Das Abstract ist eine sehr universelle wissenschaftliche Textsorte, die weit über ihren Anwendungsbereich im Rahmen von *journal*-Artikeln von Bedeutung ist. Jede Teilnahme an einer Konferenz beginnt damit, dass man ein Abstract an die Organisatoren schickt, und auch vor jedem Gastvortrag wird man angehalten, ein Abstract zu schreiben. Kleinere Variationen je nach Kontext mag es geben, die generellen Anforderungen an Abstracts lassen sich aber verallgemeinern. In jedem Fall haben Abstracts Überzeugungsarbeit zu leisten – »to persuade readers that the article is worth reading« (Hyland 2000, 64).

Bedeutung und Funktion

Die Bedeutung von Abstracts liegt ganz wesentlich darin, dass sie häufig über das »Schicksal« der Langversion des Texts entscheiden: Denn ein ansprechendes und aussagekräftiges Abstract erhöht die Chance, dass der Herausgeber der Zeitschrift vom Potenzial der Arbeit überzeugt genug ist, um das *paper* in den Begutachtungsprozess einzuschleusen; dass die Gutachter mit Interesse weiterlesen, oder dass ein Vortrag für eine Konferenz angenommen wird. Davon abgesehen hilft das Schreiben eines Abstracts dem Autor selbst, Klarheit über die Themenstellung zu gewinnen. Diese Funktion kann ein Abstract auch dann erfüllen, wenn das betreffende *paper* als studentische Qualifizierungsarbeit geschrieben wird und daher gar nicht für eine »richtige« Publikation vorgesehen ist. Zusammenfassend kann man somit Belcher (2009, 54) zustimmen, wenn sie Abstracts als »a tool for success« bezeichnet und ihre Funktion mit den folgenden fünf Schlagwörtern umreißt:

- ***Solving problems*** (als Hilfe für den Autor im Denk- und Schreibprozess)
- ***Connecting with editors*** (um die Chancen zu erhöhen, zum Begutachtungsprozess zugelassen zu werden)
- ***Getting found*** (von Suchmaschinen und in elektronischen *journal*-Datenbanken)
- ***Getting read***
- ***Getting cited***

Form

Nach Hyland (2000, 67) lassen sich in Abstracts fünf verschiedene Typen von Sprachhandlungen (*moves*) feststellen: *Introduction, Purpose, Method, Product* und *Conclusion.* Die Funktionen der fünf *moves* beschreibt er wie folgt:

Introduction:	Establishes context of the paper and motivates the research or discussion.
Purpose:	Indicates purpose, thesis or hypothesis, outlines the intention behind the paper.
Method:	Provides information on design, procedures, assumptions, approach, data, etc.
Product:	States main findings or results, the argument, or what was accomplished.
Conclusion:	Interprets or extends results beyond scope of paper, draws inferences, points to applications or wider implications.

(Hyland 2000, 67)

Natürlich ist es kein Zufall, dass wir darin die IMRaD-Struktur wiedererkennen: Im Idealfall ist ein Abstract tatsächlich der Artikel *en miniature*. Die Kompaktheit des Formats bringt es jedoch mit sich, dass nicht notwendigerweise alle Elemente enthalten sind. Entscheidend ist, ob das Abstract insgesamt so gestaltet ist, dass es seine Überzeugungsarbeit leisten kann.

In Beispiel 3.1 sind die fünf Strukturelemente gut identifizierbar.

Beispiel 3.1

Abstract zu Hadley, Brewis & Pike (2009):

(Zur Erleichterung der Querverweise in den Randbemerkungen sind Satznummern hinzugefügt.)

1. Understanding the determinants of health is a central objective of human biology and related fields. **2.** Female autonomy is hypothesized to be an important determinant of women's health as well as demographic outcomes. **3.** The literature relating women's health to their everyday autonomy has produced conflicting results, and this may be due in part to the application of different measures of autonomy and different measures of health. **4.** Using secondary data from a large nationally representative study, this study examines the relationship between multiple measures of female autonomy and three measures of wellbeing among women living in Uzbekistan (*n* = 5,396). **5.** The multivariate results show that women's autonomy related to freedom of movement is associated with lower levels of depression symptomatology and lower systolic blood pressure. **6.** Respondents who assert that women should have control over their bodies also had lower odds of high depression symptoms and lower diastolic blood pressure. **7.** In contrast, women with greater decision-making autonomy were more likely to be classified as having high depressive symptomatology and higher diastolic blood pressure. **8.** Building on recent work, we suggest that these associations might reflect varying levels of agreement between men and women, and we provide

Satz 1 und 2: ***Introduction***.

*Satz 3: Aufzeigen einer Forschungslücke, die Anlass für die Studie gibt. Daraus ergibt sich indirekt der Zweck (**Purpose**) der Studie.*

Satz 4: ***Method***

Satz 5–7: ***Product****, die Zusammenfassung der wichtigsten Resultate.*

Satz 8–10: ***Conclusion***

Satz 8: Interpretation der Resultate

some limited evidence to support this. **9.** This study stands as a theoretical and methodological cautionary note by suggesting that the relationship between autonomy and health is complex. **10.** Further, if differences in gender agreement underlie differences in the predictive accuracy of autonomy scales, then human biology researchers will need to begin collecting identical data from men and women.

Satz 9: Beitrag der Studie zum größeren Forschungskontext; Satz 10: Implikationen für zukünftige Forschung.

In manchen *journals* wird die Entscheidung über den Aufbau des Abstract dem Autor ganz aus der Hand genommen; dann nämlich, wenn ein sogenanntes *structured abstract*, mit fix vorgegebenen Zwischenüberschriften, gefordert ist. Der Verlag Emerald Publishing zum Beispiel, der *journals* aus einem großen Spektrum von Disziplinen herausgibt – von der Mikroelektronik bis zur Wirtschaftsgeschichte – ist vollständig zu diesem System übergegangen. Laut Website des Verlags (http://emeraldgrouppublishing.com/products/journals/author_guidelines.htm?id=dat#16) sind in *structured abstracts* vier Strukturelemente obligatorisch:

- *Purpose*
- *Design/Methodology/Approach*
- *Findings*
- *Originality/Value*

Drei weitere sind optional:

- *Research Limitations/Implications*
- *Practical Implications*
- *Social Implications*

Der Unterschied zwischen freien und vorstrukturierten Abstracts ist im Grunde nur ein formaler, denn ein gutes freies Abstract sollte sich eigentlich so lesen, als ob es ein strukturiertes wäre, aus dem die vorgeschriebenen Überschriften entfernt wurden. Dies kann man sich für das Schreibtraining durchaus zunutze machen. Selbst wenn für einen bestimmten Anlass kein *structured abstract* im formalen Sinn gefordert ist, kann es nützlich und hilfreich sein, nach dem eben zitierten Schema vorzugehen und dann einfach die Zwischenüberschriften zu entfernen. So stellt man sicher, dass alle obligatorischen Elemente auch tatsächlich vorhanden sind.

Hat man große Mühe, eines der Pflichtelemente mit Inhalt zu füllen, dann hat das für sich genommen einigen diagnostischen Wert. Solche Schwierigkeiten beim Schreiben eines Abstracts weisen nämlich mit großer Wahrscheinlichkeit auf eine strukturelle Schwäche des Artikels insgesamt hin.

Praxistipp

Schreiben Sie Abstracts als *structured abstracts*, mit den fix vorgegebenen Überschriften der vier »Pflichtteile« (1) *Purpose*, (2) *Design/Methodology/Approach*, (3) *Findings* und (4) *Originality/Value* sowie ggf. auch den drei optionalen Teilen (5) *Research Limitations/Implications*, (6) *Practical Implications* und (7) *Social Implications*. Wenn ein freies Abstract gefordert ist, entfernen Sie die Zwischenüberschriften. Das Resultat sollte in jedem Fall ein gut strukturierter Text sein.

Der erste Satz

Bei dem Bestreben, mit dem Abstract beim Leser *lively interest* hervorzurufen, kommt dem ersten Satz naturgemäß besondere Bedeutung zu. Interessanterweise sind auch bei sehr spezialisierten Fachartikeln, die sich ausschließlich an ein Expertenpublikum richten, diese ersten Sätze oft sehr allgemein und haben wenig Angriffsflächen. Man bereitet nur den Boden für den inhaltsreicheren Rest des Abstract, indem man dem Leser in neutraler Form mitteilt, worum es in groben Zügen gehen wird. Häufig ist der erste Satz daher ein »uncontentious opener« (Murray 2008, 52), also eine nicht kontrovers diskutierte, in Fachkreisen im Großen und Ganzen akzeptierte Aussage. Dabei handelt es sich um einen geschickten rhetorischen Schachzug, meint Murray (»[a] clever rhetorical device«), denn: »The opening sentence problematizes an issue without drawing too much fire« (Murray 2008, 52). Eine weitere häufig gewählte Alternative ist ein metadiskursiver Beginn nach dem Muster *This article explores … / This paper examines … / We investigate …* usw. Einige Beispiele für typische »erste Sätze« sind in Beispiel 3.2 enthalten.

Beispiele 3.2

Der erste Satz in Abstracts:

▷ The past several decades have witnessed the rapid globalization of consumption markets and widespread diffusion of information and communication technologies. (Westjohn et al. 2009)

▷ Parental age at child's birth – which has increased for U. S. children in the 1992–2000 birth cohorts – is strongly associated with an increased risk of autism.
(Liu, Zerubavel & Bearman 2010)

▷ This paper sets out a conceptual framework for studying the conditions under which presidential leadership in the United States can be thought of as autonomous.
(Ponder 2005)

▷ We investigate the evolution of health over the life-cycle.
(Halliday 2008)

Kohäsion im Abstract-Text

Auch in Abstracts ist es wichtig, dem Text inneren Zusammenhalt zu geben. Erzielt wird die Textkohäsion mit den in Kapitel 2 beschriebenen Mitteln, also im Wesentlichen durch Wiederholungen, Pronomina (*he, she, they* etc.), durch das Verbinden von Teilsätzen mithilfe von Bindewörtern (z. B. *because, while*) und durch die vielfältigen semantischen Beziehungen zwischen Wörtern, wie z. B. Über- und Unterordnung. Eine weitere sehr häufig eingesetzte sprachliche Konstruktion ist der Partizipialsatz (siehe »Language Focus« im Kasten). Beispiel 3.3 enthält gleich zwei davon, einmal den *-ed*-Typ (*based on …*) und einmal den *-ing*-Typ (*attending to …*).

Beispiel 3.3

Kohäsive Mittel in einem Abstract:

A great deal of research has now established that <u>written</u> <u>texts</u> embody <u>interactions</u> between <u>writers</u> and <u>readers</u>. A range of linguistic <u>features</u> have been identified as contributing to the <u>writer's</u> projection of a <u>stance</u> to the material referenced by the <u>text</u>, and, to a lesser extent, the <u>strategies</u> employed to presuppose the active role of an <u>addressee</u>. As yet, **however**, there is no overall typology of the <u>resources</u> <u>writers</u> employ to express their positions and connect with <u>readers</u>. **Based on** an analysis of 240 published research articles from eight disciplines and insider informant interviews, I attempt to address <u>this gap</u> and consolidate much of my earlier work to offer a framework for analysing the linguistic <u>resources</u> of intersubjective positioning. **Attending to** both <u>stance</u> and engagement, the model provides a comprehensive and integrated way of examining the <u>means</u> by which <u>interaction</u> is achieved in academic argument and how the discoursal preferences of disciplinary communities construct both <u>writers</u> and <u>readers</u>.

(Hyland 2005b; Zur Verdeutlichung wurden die Konnektoren fett markiert und die wichtigsten Schlüsselwörter, deren laufende Wiederaufnahme lexikalische Kohäsion herstellt, unterstrichen.)

Language Focus

Partizipialsätze

Sätze, die mit Partizipien beginnen, verbinden und verdichten Aussagen und bringen Abwechslung in die Gestaltung von Satzanfängen. Aus

Our study uses material from three countries and focuses on …
The paper is based on empirical data and develops a new typology of …

wird mithilfe von Partizipialkonstruktionen (der *-ing-* und *-ed-*Variante):

Using *material from three countries, our study focuses on …*
Based *on empirical data, the paper develops a new typology of …*

Der stilistische Effekt ist eine Mischung aus Flüssigkeit und Kompaktheit, sodass diese Konstruktion für *academic writing* im Allgemeinen und Abstracts im Besonderen sehr gut geeignet ist. Fortgeschrittene *non-native speakers* mit deutschem Hintergrund haben meist keine Schwierigkeiten, Partizipialsätze zu *verstehen*, verpassen aber viele Gelegenheiten, sie auch aktiv zu *verwenden*. Ein Grund dafür mag sein, dass es die Partizipialkonstruktion im Deutschen zwar grundsätzlich gibt, sie aber sehr abgehoben klingt: *Diese Daten verwendend, konzentriert sich unsere Studie auf …* ist (gerade noch) im Bereich der rein grammatikalischen Möglichkeiten, akzeptabel ist es de facto nicht. Im Deutschen würden wir viel eher auf eine Präpositionalphrase mit einem Hauptwort im Zentrum zurückgreifen, etwa *auf der Basis von empirischen Daten*. Englische Partizipialsätze sind daher auch ein wichtiges Mittel zur Vermeidung des typisch deutschen »Hauptwortstils« (siehe Abschnitt 5.2.5). Zusätzliche Informationen und Übungen zu den Partizipialkonstruktionen sind in Mautner (2014, 116–124) zu finden.

Der Einsatz von expliziten Konnektoren ist in Abstracts umso bemerkenswerter, als die Zahl der zulässigen Wörter in dieser Textsorte meist streng limitiert ist. 150 Wörter sind für *journal*-Abstracts der Normalfall, und bei *conference papers* sind es meist 300 (die exakte Zahl ist der Website der jeweiligen Zeitschrift bzw. dem *Call for Papers* für die Tagung zu entnehmen). Trotzdem wird auf das deutliche Markieren logischer Zusammenhänge nicht verzichtet, denn das hieße – so die englische »Philosophie« dahinter –, am falschen Ort zu sparen. In *structured abstracts* sind meist etwas weniger Konnektoren enthalten, weil die zwingend vorgegebenen Zwischenüberschriften die Hauptlast der Kohäsion tragen; Konnektoren fehlen aber auch dort nicht völlig.

Zitate und Literaturangaben

Eine häufig gestellte Frage in Zusammenhang mit Abstracts betrifft Zitate und Literaturangaben. Soll man im Abstract andere Autoren zitieren, soll man Sekundärliteratur angeben, oder muss man es sogar? Eine pauschale und allgemein gültige Antwort darauf gibt es nicht. Fest steht allerdings, dass direkte Zitate – also wörtlich wiedergegebene, in Anführungszeichen gesetzte Passagen – in Abstracts sehr selten vorkommen. Auf indirekte Zitate, die Gedanken in nicht wörtlicher Form wiedergeben, trifft man zwar schon, sie sind aber immer noch erheblich seltener als im Fließtext von *papers*. Ausnahmen bestätigen auch hier die Regel, wie Beispiel 3.4 zeigt.

Beispiel 3.4

Zitate im Abstract:

> In the economics literature, labor market segregation is typically assumed to arise either from prejudice (Becker 1971) or from group differences in human capital accumulation (Benabou 1993; Durlauf 2006; Fryer 2006). Many sociological studies, by contrast, consider social network structure as an embodiment of various forms of social capital, including the creation of obligations, information channels, and enforceable trust (Coleman 1988; Portes and Sensenbrenner 1993). When firms hire by referral, social network segregation can lead to labor market segregation (Tilly 1998). Various social network structures may arise from the actions of self-interested individuals (Watts and Strogatz 1998; Jackson 2006); by incorporating concepts of social capital into an economic framework of profit-maximizing firms, this article develops a model of labor markets in which segregation arises endogenously even though agents are homogeneous and have no dislike for each other.
> (Barr 2009; Auszug aus dem Abstract)

Dem Standard entspricht es eher,

- in Abstracts die Quellenangaben stark zurückzunehmen und auf Fälle zu beschränken, wo sie für die Anbindung einer Arbeit an die bestehende Forschung oder die Definition eines Begriffs unerlässlich sind (wie etwa in den Beispielen in 3.5),
- oder die Quellenangaben wegzulassen und sie erst im Haupttext des *papers* (dann aber verlässlich!) nachzuliefern. In Beispiel 3.6 (einem Auszug aus Beispiel 3.3) ist das der Fall. Dieser Satz, der erste des Abstracts, wäre im Haupttext

ohne Literaturangaben undenkbar, im Abstract ist er jedoch zulässig. Das Weglassen von Quellenangaben ist selbstverständlich nur bei *indirekten* Zitaten möglich. Bei *direkten*, also wörtlichen, Wiedergaben sind Quellenangaben auch in Abstracts zwingend und ihr Fehlen würde ein Plagiat bedeuten.

Beispiele 3.5

Quellenangaben in Abstracts:

▷ This study investigated the relationship between an employee's readiness for change and his or her margin in life (MIL). MIL is based on McClusky's (1963) theory of margin and is a theory of adult potential that is based upon the balance adults seek between the amount of energy needed to live and learn and the amount actually available.
(Madsen, John & Miller 2006)

▷ This article explores the phenomenon of »hyperopia,« or an aversion to indulgence, as introduced by Kivetz and Keinan (2006) and Kivetz and Simonson (2002).
(Haws & Poynor 2008)

Beispiel 3.6

Hinweis auf bestehende Forschung ohne Quellenangaben (N. B.: Nur in Abstracts zulässig):

A great deal of research has now established that written texts embody interactions between writers and readers.
(Hyland 2005b)

3.2.3 Die Einleitung (*Introduction*)

Für Einleitungen englischer wissenschaftlicher Texte, insbesondere von Zeitschriftenartikeln, haben Swales und Feak (1994, 175) drei zentrale Sprachhandlungen (*moves*) identifiziert:

- ***Establishing a research territory:*** Hinweis auf Relevanz des Themas, Überblick über bestehende Arbeiten zum Thema, Verortung des eigenen *papers* im Fach.
- ***Establishing a niche:*** Identifizieren der Forschungslücke, die mit dem *paper* geschlossen werden soll.

- ***Occupying the niche:*** Ziele des aktuellen *papers* umreißen, Thema eingrenzen, eventuell Ausblick auf zentrale Ergebnisse der Arbeit, Vorschau auf die Struktur des *paper*.

Durch diese *moves* sollen die Leser/innen in das Thema eingeführt und zum Weiterlesen angeregt werden. Im Rahmen unserer musikalischen Analogie sind Einleitungen insofern »Ouvertüren«, als sie den Tenor der wissenschaftlichen Arbeit anklingen lassen und die zentralen Motive vorstellen. Sie sollen genug preisgeben, um Interesse zu erwecken aber nicht so viel, dass die Leser/innen vorzeitig abschalten.

In Beispiel 3.7 sind die drei *moves* etwas abgewandelt umgesetzt, sind aber im Großen und Ganzen gut zu erkennen. Die ersten zwei Absätze grenzen das *research territory* ein, der dritte, beginnend mit *typically*, weist auf eine Forschungslücke hin (*rarely are the social-psychological dimensions of transactions taken into account* ...). Der vierte Absatz erläutert, worin das Besondere am *paper* liegt, worauf es fokussiert und wie es die identifizierte Lücke schließen will (*In contrast ... we argue that* ...). Der fünfte rechtfertigt den gewählten Fokus. Der sechste und letzte Absatz ist das, was Siepmann et al. (2011, 61) einen »organization paragraph« nennen, der dem Leser einen Überblick über den zu erwartenden Inhalt und die Gliederung gibt. Wenn wir uns nun in einem kurzen Vorgriff auf Kapitel 4 in Beispiel 3.7 noch die Absätze genauer ansehen, so stellen wir fest, (a) dass sie alle ähnlich lang sind (mindestens drei, maximal fünf Sätze), wodurch die in den Absätzen realisierten *moves* zumindest einmal in quantitativer Weise sehr ausgewogen präsentiert werden, und (b) dass vier der sechs Absätze mit einem Adverb beginnen. Drei davon wiederum sind sogenannte *stance adverbials*, mit denen Autoren ihren Standpunkt zum Gesagten signalisieren bzw. das Gesagte organisieren: *typically, in contrast, certainly*.

Beispiel 3.7

Die Gliederung einer *Introduction*:

Introduction

»Justice,« says John Rawls (1971, p. 3), »is the first virtue of social institutions.« Since that statement was made over 30 years ago, the field of institutional economics has made great strides in describing the nature of transaction costs and their consequences for institutional governance. Surprisingly, this work has largely been devoid of reference to this first virtue of institutions. However, critics like Victor Nee (1998) have argued that it is precisely the discussion of the role and relationship of informal norms like justice to formal structures that has been lacking in the work of institutional economics. [...] [Es folgt ein längeres direktes Zitat aus Nee (1998)].

In this article, we argue that governance design will fail if it does not take into account the relationship between informal norms like justice and formal structures. [...] [Es folgen vier Sätze.]

Typically, economists define transaction costs as search, bargaining, monitoring, enforcement, and other costs not directly related to the production of goods or services. [...] [Es folgen drei Sätze.]

In contrast, building on the work of Ouchi (1980), we argue that substantial and significant transaction costs can also derive from the difficulty of evaluating the fairness of a specific exchange of goods and services. [...] [Es folgen vier Sätze.]

Certainly, economic features of transactions such as asset specificity and the difficulty of performance measurement are important, but they are important primarily because they affect the ability of the transactors to make evaluations of the fairness of the exchange (Ouchi 1980). [...] [Es folgen fünf Sätze.]

The paper is divided into three parts. The first explores the work of Ouchi (1980) and explains how and why organizational justice is relevant to transaction-cost economics. The second part of the paper examines how perceptions of fairness affect the formal aspects of economic transactions and proposes a model of the relationship of the different forms of organizational justice with transaction costs. Finally, the conclusion reviews the contributions that justice theory can make to organizational economics and offers some suggestions for future research and development of an organizational economics that incorporates justice concepts more explicitly.
(Husted & Folger 2004, 719–720)

Laut Swales und Feak (1994, 174) ist es auf einen doppelten Wettbewerb zurückzuführen, dass Einleitungen der dreiteiligen *move*-Stuktur folgen: »competition for research space and competition for readers«. Diese Sichtweise deckt sich mit jener von Siepmann et al. (2011, 60), die neben der kognitiven auch eine rhetorische Funktion von Einleitungen beschreiben (siehe *Food for Thought*). Noch eindringlicher formuliert Leonhard (2002, 99) diesen Gedanken, wenn sie ihre Aufzählung der Funktionen von Einleitungen mit den Worten: »attracts and holds the reader's attention (*hooks the reader*)« beginnt. Der Konnex zur *captatio benevolentiae* der antiken Rhetorik ist offensichtlich.

Es ist schon bezeichnend, wie stark die persuasive Komponente in ganz verschiedenen Lehrwerken zum *academic writing* betont wird. So wichtig also die nüchternen Aufgaben, die Einleitungen zu erfüllen haben, auch sein mögen – das Resümieren der wichtigsten Literatur, die Verortung des eigenen *paper* in einem

Food for Thought

The Introduction is also an invitation to the reader to enter the discourse world evoked by your text. This means that you are well advised to start from shared knowledge, leading your reader gradually into new territory. In this way you will help your reader to get used to your point of view. It will also make your reader more willing to accept the purpose of your text as a valid one – even though it may be a purpose s/he personally disagrees with. This means that an Introduction has both a *cognitive* function, in providing the information that the reader will need to make sense of your argument, and a *rhetorical* function in persuading your reader to be interested in your point of view and in whetting his/her appetite for the intellectual fare on offer.
(Siepmann et al. 2011, 60; Kursivschrift im Original; *whet* = »schärfen«)

bestimmten Forschungsfeld und innerhalb bestimmter Theoriegebäude, das Aufzeigen der Lücke, die bearbeitet werden soll, das Formulieren von Hypothesen: Sehr weit oben auf der Liste der funktionalen Prioritäten steht eben auch das »Einfangen« des Lesers (*hooking the reader*). Und um diese Aufgabe erfüllen zu können, lohnt es sich, Zeit und Mühe auf das Erarbeiten der stilistischen Nuancen zu verwenden, die die englische Sprache zu bieten hat.

Hypothesen formulieren

In empirischen *papers* ist eine der sachlichen Aufgaben, die meist in der *Introduction* abgearbeitet werden, das Formulieren von Hypothesen, also von Aussagen zu der vermuteten Beziehung zwischen Variablen. Sie können in die Einleitung integriert sein, einen separaten (Unter-)Abschnitt bilden oder Teil von Abschnitten sein, die den Titel von Teilstudien tragen (»Study 1«, »Study 2« usw.). Wie Hypothesen im Einzelnen gestaltet werden sollen, hängt stark von der jeweiligen Themenstellung ab. Dass sie klar und kompakt formuliert sein sollen, gehört aber sicher zu den Anforderungen, die sich verallgemeinern lassen. Die in 3.8 zitierten Hypothesen (hier als *propositions [P]* bezeichnet) sind dafür ein Beispiel:

Beispiel 3.8

Formulierung von Hypothesen (*hypotheses/propositions*):

P_2: Customer satisfaction is an antecedent of perceived service quality.
P_3: Consumer satisfaction has a significant impact on purchase intentions.
(Cronin & Taylor 1992, 59)

Wichtig ist in jedem Fall, dass aus den Hypothesen bzw. den sie umgebenden Erläuterungen deutlich hervorgeht, ob eine kausale Beziehung zwischen den Variablen angenommen wird (A hat eine Auswirkung auf B, wie in Beispiel 3.8) oder nur eine korrelative (zwischen A und B besteht ein Zusammenhang, der aber nicht ursächlich sein muss; eine Korrelation kann nämlich auch aus anderen Gründen vorliegen, etwa wenn A und B einander nicht bedingen, aber eine gemeinsame Ursache haben). Häufig wird es zweckmäßig sein, Hypothesen nicht nur zu verbalisieren, sondern die Beziehungen zwischen Variablen auch in Form eines Flussdiagramms zu visualisieren: dann nämlich, wenn nicht einzelne, separate *one-to-one*-Beziehungen, sondern multivariate Beziehungen (Hypothesensysteme) vorliegen.

Wie im folgenden Beispiel 3.9 illustriert, ist auch die Klärung der in den Hypothesen enthaltenen Begriffe von zentraler Bedeutung. Im Textbeispiel wird nach H2 die Variable *nutritional status* definiert und in diesem Zusammenhang unmittelbar relevante Literatur referiert. Auf dieser Basis wird mithilfe des Konnektors *thus* zu H3 übergeleitet. Selbst in so stark formalisierten Textteilen wie der Hypothesenformulierung kann es also Einschübe geben, die erklären, argumentieren und bei denen die Prinzipien der Textkohäsion beachtet werden.

Beispiel 3.9

Hypothesen mit eingeschobener Begriffsklärung:

> Under these conditions, we hypothesized that:
> H1: Children who (a) spend more time working and (b) retain earned money for discretionary purchasing will have better nutritional status compared to other children in the sample.
> H2: Children who allocate more time to child care and household chores will have worse nutritional status compared to children who spend proportionally less time in childcare and household chores.
>
> By better or worse nutritional status, we mean weight- and height-for-age, weight-for-height, and skinfolds, as well as dietary quality and diversity. However, we would expect to see greatest advantage in short-run measures of nutritional adequacy, specifically the dietary scores, weight-for-height and skinfolds, rather than longer-run measures, such as height-for-age. In testing these hypotheses, we also considered how the children's gender and birth order might act to shape the adaptive contexts of their work. Ecology and gender shape if and at what age a child becomes a net-producer in the household (Bock 2002, Hames and Draper 2004, Kramer 2004, Kaplan et al. 2000, Miles 1993, Yamanaka and Ashworth 2002). Drawing on the idea of ›helpers at the nest,‹ (Crogneir et al. 2001, Hames and Draper 2004, Kramer 2005,

> Niewenhuys 1996, Turke 1988), we can also propose that their work could provide dietary/resource benefits that accrue to siblings. Thus:
> H3: Children's increased cash contributions to the household and allocation of time to working and to child care will predict better nutritional status of younger siblings.
> (Brewis & Lee 2010, 61)

Wenn ein wissenschaftliches *paper* mit Hypothesen arbeitet, dann müssen die Ergebnisse ihrer Überprüfung im *Results*-Abschnitt referiert und exakte Rückbezüge zu den Hypothesen hergestellt werden. Wie die Autorinnen des in 3.9 zitierten *papers* diese Bezugnahme sprachlich umsetzen, werden wir in Abschnitt 3.2.5 sehen.

3.2.4 Methoden (*Methods*)

Das *M* in der AIMRaD-Formel steht für *Methods*, oder *Materials and Methods.* Auch *Experimental Procedure* ist ein möglicher Abschnittstitel. Welche Überschrift im Einzelnen auch gewählt wird, die Funktion des Abschnittes im Rahmen eines *research paper* ist klar: dem Leser zu sagen, was man getan hat, um zu den Resultaten zu kommen; wie man eine bestimmte Forschungsfrage untersucht und Hypothesen überprüft hat, welches Datenmaterial und welche Messinstrumente man eingesetzt hat. »In some ways«, meint Belcher (2009, 192), »this is an easy section to write – you just describe what you did.«

Wie genau dieses *what you did* aussieht, ist natürlich disziplinen- und themenspezifisch und kann in einer übergreifenden Darstellung wie dem vorliegenden Buch nicht im Detail referiert werden. Generell relevant sind allerdings zwei sprachliche Charakteristika von *Methods*-Abschnitten, nämlich der häufige Einsatz der *Past Tense* (*we collected/analysed/measured* etc.) und des Passiv, um Anhäufungen von *I* oder *we* zu vermeiden. Zwar sind *I* und *we* in englischen Wissenschaftstexten keinesfalls mehr generell tabu (mehr dazu in Kapitel 6), aber eine rasche Abfolge von *I* oder *we* in Subjektposition *(We did this and then we did that and finally we did something else …)* würde doch rasch zu sehr nach einem (schlechten) Schulaufsatz klingen.

Das Zusammenwirken beider sprachlicher Features, der *Past Tense* und des Passivs, sieht man deutlich in Beispiel 3.10 (hier fett markiert), einem Auszug aus der *Methods Section* von Anderson et al. (2010). Kleinere Abweichungen vom grammatikalischen Grundmuster können selbstverständlich jederzeit gerechtfertigt sein, so auch in Beispiel 3.10: Für die Inhaltsbeschreibung einer methodisch relevanten

Publikation ist natürlich die *Present Tense* zu verwenden (Zeile 4–5: *This includes*). Wenn in Relation zu der Zeitstufe, auf der die *Past Tense* angesiedelt ist, noch weiter zurückgeblickt werden soll, dann ist die *Past Perfect Tense*/Vorvergangenheit notwendig (z. B. Zeile 11–12: *in-patients that had been administered methadone*). An zwei Stellen wird vom Passiv ins Aktiv gewechselt und der Agens genannt: *we* in Zeile 28 und *the local research ethics committee* in Zeile 29; auch das eine völlig natürliche Variation.

Beispiel 3.10

Past Tense und Passiv in einem *Methods*-Abschnitt:

Methods

Local standards on the management of opiate dependence for in-patients **were developed** based on the basic guidelines stated in the Department of Health 1999 publication *Drug Misuse and Dependence*: *Guidelines on Clinical Management (1999)*. This includes confirmation of drug taking through a detailed drug history, urine drug screen, physical examination, assessment of physical health problems, appropriate management on the ward and follow up plans. An audit form **was devized** [sic] based on these standards. This audit **was carried out** in a teaching general hospital that covers both city and rural populations and over two separate one-year periods.

The first cycle of audit **was carried out** during the period of July 2000 to June 2001. The »Controlled Drugs« book kept on each ward **identified** in-patients that had been administered methadone. The following wards **were excluded**: psychiatric and maternity as they already had a liaison service and protocol; A&E as the study included only patients which had been admitted; paediatrics and care of the elderly as the methadone prescriptions were likely to be very small; and oncology, where it is likely that patients would be prescribed methadone for symptom relief of pain or cough rather than opiate dependence. The case notes of each of the patients identified **were reviewed and audited** using the audit form. For patients with more than one admission one form **was completed** per admission.

A local guideline with a flow chart on managing opiate dependence for hospital in-patients in general hospital **was developed and agreed** by a local steering group and the clinical governance department of the general hospital. This **was implemented** in May 2004. The second audit cycle **was repeated** from November 2004 to October 2005 with the same method as the first one.

The results **were analyzed** using SPSS 9.0. Categorical data **was analyzed** by chi-squared tests and Fishers Exact tests (FE test) where appropriate. Continuous data **was analyzed** by Mann Whitney U Tests. In order to compensate for the possibility of

false positive results due to multiple testing, **we set** the level of statistical significance at 0.01. The local research ethics committee **approved** this study. [...].
(Anderson et al. 2010, 13–14)

Language Focus

Das Passiv zur Beschreibung von Untersuchungsdesigns in empirischen *research papers*:

In aktiven Sätzen steht der Ausführende einer Handlung, auch *Agens* genannt, in der Subjektposition: *The Japanese team analysed four data sets.* Im Passiv rückt das Objekt (hier: *four data sets*) in die Subjektposition (*Four data sets were analysed*). Das frühere Agens kann zwar mit einer »by«-Phrase angeschlossen werden (*Four data sets were analysed by the Japanese team*), in der Praxis ist das aber eher selten und nur unter bestimmten Bedingungen (mit denen wir uns in Kapitel 5 noch näher auseinandersetzen werden) der Fall. Wenn der Ausführende wichtig ist, greift man in erster Linie zum Aktiv. Umgekehrt ist das Passiv genau dann eine gute Wahl, wenn das Agens unbekannt, unwichtig oder selbstverständlich ist: In *she was treated in hospital* zum Beispiel muss *by doctors and nurses* nicht erwähnt werden, da es ohnehin klar ist. Diese Begründung ist es auch, die den häufigen Einsatz des Passiv in *Methods*-Abschnitten erklärt: Dass die Ausführenden die Forscher/innen sind, die den Artikel schreiben, versteht sich schließlich von selbst. Auf Aktivformulierungen greift man meist nur dann zurück, wenn das Passiv ohne Agens zu Missverständnissen darüber führen könnte, wer denn was getan hat.
Ausführlicher zum Passiv: Mautner (2014, 75–84)

3.2.5 Ergebnisse (*Results*)

Der Abschnitt *Results* referiert die Ergebnisse empirischer Untersuchungen, möglichst kompakt formuliert und häufig unter Zuhilfenahme von Tabellen (*tables*) und Graphiken (*charts*). Besonders wichtig ist der direkte Bezug zu den in der Einleitung aufgeworfenen Fragestellungen und den Hypothesen. So mahnt Belcher (2009) ganz zu Recht:

> **Be choosy**. Any study has more results than can be presented in one article. Don't use the results section as a data dump. Present only those results that relate to your argument or hypothesis.
> (Belcher 2009, 194, Fettdruck im Original)

In Beispiel 3.11 sieht man, wie die in 3.9 wiedergegebenen Hypothesen aus Brewis und Lee (2010) in deren *Results Section* wieder aufgenommen werden. Mit einem einfachen Rückverweis ist es hier nicht getan. Obwohl das *paper* gerade einmal acht Seiten umfasst, schicken die Autoren den Leser nicht an den Anfang zurück (»Schau selber nach!«), sondern wiederholen die Hypothesen. Das geschieht nicht wörtlich, sondern umformuliert als direkte Fragen, also eigentlich in alltagssprachlicher Form. Beispiel 3.11 zeigt dieses Verfahren für die ersten beiden der drei in dem *paper* getesteten Hypothesen.

Beispiel 3.11

Rekapitulieren der Hypothesen bei der Darstellung der Ergebnisse:

> *Model Results*
> *Do children who (a) spend more time working and (b) retain money for discretionary purchasing have better anthropometric and dietary status compared to other children?* The results of the regression analyses predicting the anthropometric and dietary outcome variables failed to show support for these propositions (see Tables 2 and 3). The amount of time children allocated to earning money had no significant effect on children's skinfold measures, height-for-age z-scores, weight-for-age z-scores, weight-for-height z-scores, or caloric intakes. It did, however, have a significant negative effect on children's dietary diversity and food variety scores. That is, children who allocated more time to earning had poorer dietary quality, taking household income into account, rather than the better status that was predicted. Children's access to discretionary earned income was found to not predict significant variation in any of the anthropometric or dietary outcome variables except for weight-for-age z-scores, where it had a similarly negative effect that was independent of household income.
>
> *Do children who allocate more time to childcare and household chores have worse anthropometric and nutritional status?* There was only minimal support for this hypothesis (see Tables 2 and 3). Amount of time allocated to childcare did, as predicted, have a significant effect on weight-for-age z-scores, in that children who spent more time in childcare were predicted to have lower (i.e., worse) measures. This apparent relationship was explained by variation in household income. However, this effect was not seen in any of the other anthropometric and dietary outcomes variables so could be observed in regard to weight-for-age z-scores on the basis of chance alone (given an alpha set at 0.05).
> (Brewis & Lee 2010, 66–67; Kursivschrift im Original)

Wir sehen also, wie selbst in einem sehr technischen *paper*, das sich im *American Journal of Human Biology* wohl ausschließlich an ein Fachpublikum wendet, die Rücksicht auf den Leser sehr ernst genommen und durch sprachliche Mittel umgesetzt wird.

3.2.6 Diskussion

Während der *Results*-Abschnitt die »harten Fakten« präsentiert, werden sie im *Discussion*-Abschnitt interpretiert, gegebenenfalls relativiert und zu größeren wissenschaftlichen und sozialen Zusammenhängen in Bezug gesetzt. Detailergebnisse sollten hier miteinander vernetzt und praktische Auswirkungen (*implications*) zur Sprache gebracht werden. Unter der Überschrift *Discussion* – oder in einer separaten *Conclusion* – werden auch die Grenzen (*limitations*) der im *paper* dargelegten Studie offengelegt und ein Ausblick auf zukünftige Forschungsfragen gegeben, die sich vielleicht erst durch die Studie eröffnet haben.

Food for Thought

If Results deal with *facts*, then Discussions deal with *points*; facts are *descriptive*, while points are *interpretive*.
(Swales & Feak 1994, 195; Kursivschrift im Original)

In der *Discussion Section* zeigt sich noch mehr als in anderen Teilen von akademischen Texten, dass es in der Wissenschaft weniger um das selbstbewusste *Schließen*, als um das zweifelnde und neugierige *Öffnen* von Türen geht; weniger um »Jetzt sind wir am Ziel«, als um »Wo führt uns dieser Weg noch hin?«.

Der Philosophie des »Türenöffnens« würde es widersprechen, durch die eigene Argumentation auf eine Form der Abschottung hinzuarbeiten, die man mit Deetz (1992, 186) »discursive closure« nennen könnte. Nicht das Abschließen, Immunisieren, »Dichtmachen« ist das Ziel, sondern das bereitwillige Bloßlegen möglicher Schwachstellen, Voreingenommenheiten und durch das Untersuchungsdesign entstandene Verzerrungen. Wenn man die IMRaD-Struktur zu von Savignys eingangs zitierter Aussage in Beziehung setzen will – dass Publikation »in erster Linie nicht Mitteilung von Ergebnissen, sondern Aufforderung zum Angriff« ist –, dann wäre die (natürlich auch notwendige) »Mitteilung von Ergebnissen« primär im *Results*-Abschnitt angesiedelt, während die »Aufforderung zum Angriff« hauptsächlich Aufgabe des *Discussion*-Abschnitts ist. Selbstverständlich wird man als Autor versuchen, zur Kritik nicht nur einzuladen, sondern sie auch vorwegzunehmen – »anticipate rebuttals«, wie es Belcher (2009, 196) formuliert – um ebenfalls in der *Discussion* zu den erwarteten Gegenargumenten wiederum eigene anführen zu können. Im besten Fall zeichnet der *Discussion*-Abschnitt also in schriftlicher Form schon jene wissenschaftliche Diskussion nach, die das *paper* auslösen wird oder sogar bewusst auslösen will.

Das gesamte Portfolio von Funktionen, die eine gute *Discussion Section* erfüllt, lässt sich nach Belcher (2009) wie folgt umreißen:

- State whether you confirmed your hypothesis
- Link results
- Relate results to previous research
- List some implications
- Claim significance
- Question the findings
- Note the limitations
- Suggest future research
  Belcher (2009, 195–196)

Der erste Punkt stellt die Verbindung sowohl zur *Introduction* als auch zu den *Results* her. Beispiel 3.12, der Beginn des ersten Absatzes im letzten Abschnitt von Scott et al. (2008), illustriert diese Zusammenfassungs- und Bindegliedfunktion der *Discussion Section.*

Beispiel 3.12

Die *Discussion Section* als Zusammenfassung und Bindeglied zu *Introduction* und *Results*:

> This research examined the effect of food size and package size on food consumption quantity. In particular, we investigated whether consumers would eat more small food contained in smaller packages or larger food contained in larger packages. Prior research has found that consumers will eat more when the food size and packages are larger. However, we hypothesized and found that this effect was moderated by whether consumers were restrained or unrestrained eaters. We found that unrestrained eaters tend to consume more food when presented with larger-sized food in larger packages, while restrained eaters consume at least as much (and sometimes more) food when presented with smaller-sized food in smaller packages. We also proposed and found support for a process that explains why this occurs. [...]
> (Scott et al. 2008, 402).

Zu Beginn des *Discussion*-Abschnitts soll also deutlich gemacht werden, wie Belcher (2009, 195) es ausdrückt, »what you thought would happen, what did happen, and why you think it happened«. Sie fügt hinzu: »Many will have skipped reading your methodology and your results, so it is good to reiterate your findings and hypothesis here.« Das ist ein ernüchternder, wenngleich sehr pragmatischer Hinweis: der *Discussion*-Abschnitt soll ein etwaiges Überspringen von *Methods* und *Results* durch die Leser kompensieren. Es wird also bewusst Redundanz eingebaut, um auch den flüchtigen Leser zu unterstützen. Ebenfalls leserzentriert kommentiert Belcher die Aufforderung »claim significance«: »Don't let your readers walk away thinking ›so what?‹ [Deutsch: ›Na und?‹]. Spell out the significance of the results for them« (Belcher 2009, 196).

Der Ausblick auf künftige Forschung sollte möglichst konkret sein, um nicht nach einer Alibi-Floskel zu klingen. Besonders glaubwürdig ist er dann, wenn er auf Studien verweist, an denen nachweislich (belegt etwa durch den Hinweis auf *forthcoming*-Publikationen) bereits gearbeitet wird.

Von besonderer wissenschaftstheoretischer Bedeutung ist schließlich der Aufruf »question the findings«. Denn in der Tat würde es der für den akademischen Habitus essentiellen Grundhaltung des Zweifelns widersprechen, allzu vollmundig Erkenntnisse zu verkünden und Schlüsse zu ziehen, die von der Datenanalyse nicht oder nur unzureichend gedeckt sind. Die Ausschnitte in Beispiel 3.13 zeigen, wie vorsichtig die Autoren an die Präsentation ihrer Forschungsergebnisse herangehen, und wie sie im Rahmen des *Discussion*-Abschnitts ihres *papers* jene Sprachfunktion ausüben, die Cargill und O'Connor (2009, 57) als »negotiating the strength of claims« bezeichnen. Die Autoren stellen nicht mit unerschütterlicher Sicherheit Behauptungen auf, sondern distanzieren sich, je nach Faktenlage, mehr oder weniger davon und lassen Optionen offen – und zwar mithilfe von sprachlichen Elementen, die in Beispiel 3.13 fett markiert sind.

Beispiel 3.13

Zurückhaltung bei der Interpretation von Forschungsergebnissen in einem *Discussion*-Abschnitt:

> Our research **suggests** that restrained eaters, who **may** be the main target market for these products, **are** in fact **likely to consume** even more of this type of food than they would of regular foods. While restrained eaters may be attracted to smaller foods in smaller packages initially, **presumably** because these products **are thought to help** consumers with their diets, our research shows that restrained eaters actually **tend to** consume more of these foods than they would of regular foods. [...] **It is also possible that** our results **might** extend to consumption of other products that offer conflicting cues. [...]

> **One limitation of the current research is** that our participants were limited to college students, the vast majority of whom fall within normal BMI [Body Mass Index] ranges. [...]
>
> **Future research might also explore** the roles of guilt and regret on repeated episodes of overeating among restrained and unrestrained eaters. [...]
> (Scott et al. 2008, 402–403)

Diese Vorsicht gilt im Übrigen für den englischen und deutschen Wissenschaftsstil in gleichem Maße. Die besondere Herausforderung in der Fremdsprache besteht im Beherrschen der sprachlichen Mittel, mit denen man eine Haltung der begründeten Skepsis umsetzt. Die wichtigsten sind in der folgenden *Language-Focus*-Box zusammengefasst (siehe auch Kapitel 6).

Language Focus

Der sprachliche Ausdruck wissenschaftlicher Vorsicht:

Wenn man als Autor die Entschlossenheit, mit der man Behauptungen aufstellt (»strength of claims«, Cargill & O'Connor 2009, 57), etwas zurücknehmen will, stehen folgende sprachliche Mittel zur Verfügung:

- Modalverben, insbesondere *may, might, could* und *should,* wobei in dieser Gruppe *might* den relativ größten Grad der Unsicherheit ausdrückt.
- Andere Verben, die zwar grammatikalisch als »normale« Verben behandelt werden (z. B. mit *don't/doesn't* verneint werden und von *to* gefolgt werden müssen), semantisch aber ähnlich wirken wie Modalverben: *seem to, appear to, tend to.*
- Vollwertige Verben, deren Bedeutung eine gewisse Zurückhaltung miteinschließt: *suggest, imply, be taken to.*
- Kombinationen aus diesen drei Gruppen: *This outcome may appear to imply that ...; These findings might be taken to suggest that ...*
- Adjektive der Möglichkeit und Vorläufigkeit: *possible, likely, provisional, conceivable* etc.
- Adverbien, welche die eher zögerliche Haltung des Autors ausdrücken: *possibly, presumably, ostensibly, potentially* etc.

3.3 *In a Nutshell*

- Richten Sie sich beim Aufbau von englischen Wissenschaftstexten nach den Konventionen der jeweiligen Textsorte und den Vorgaben der jeweiligen Zeitschrift oder des Verlags.
- Mit dem Befolgen von Strukturmustern ist nicht nur oberflächlichen Formvorschriften Genüge getan, sondern auch dem Prinzip, den Aufwand der Leser zu minimieren. Jede *erfüllte* Erwartung des Lesers bedeutet für die Verarbeitung der Inhalte freigespielte Energie; umgekehrt erzeugt jede durch Abweichung von der Standard-Struktur *enttäuschte* Erwartung beim Leser Verwirrung und zieht vom Rezipieren der Substanz Energie ab.
- Eine weithin etablierte Makrostruktur für empirische Zeitschriftenartikel ist die Abfolge AIMRaD: *Abstract, Introduction, Methods, Results and Discussion.*
- Das Abstract soll die Leser – und zuvor noch die entscheidungsmächtigen *gatekeepers* (Zeitschriftenherausgeber, Gutachter, Hochschullehrer) – davon überzeugen, dass der Text lesenswert ist.
- Die *Introduction* verortet das *paper* in der Forschungslandschaft, verankert es in einem theoretischen Rahmen, identifiziert die Forschungslücke, die durch die eigene Arbeit geschlossen werden soll und formuliert die Forschungsfragen und/oder Hypothesen. Die zentrale persuasive Aufgabe der Einleitung lautet: *hooking the reader.*
- Der *Methods*-Abschnitt beschreibt das Untersuchungsdesign, also das verwendete Datenmaterial und das Verfahren, das zum Überprüfen der Hypothesen verwendet wurde.
- Der *Results*-Abschnitt referiert die Ergebnisse, und zwar mit direktem Bezug zu den Hypothesen und den eingesetzten Verfahrensschritten.
- Im Abschnitt *Discussion* werden die Ergebnisse interpretiert und in einen größeren, sowohl wissenschaftlichen als auch gesellschaftlichen Zusammenhang gestellt. Die Grenzen der Studie werden reflektiert und Kritik antizipiert.
- Überprüfen Sie beim Korrekturlesen Ihrer Arbeit, ob
  - Sie die Makrostruktur der Textsorte, die Sie schreiben sollen, eingehalten haben,
  - die einzelnen Abschnitte auch für sich alleine stehen könnten,
  - die Abschnitte trotzdem explizit miteinander verknüpft sind (durch Anschlusssignale und Querverweise),
  - die Abschnitte in sich durch Absätze gegliedert sind (siehe Kapitel 1 und 4) und
  - innerhalb der Absätze die Sätze gut miteinander verbunden sind (Stichwort »Kohäsion«).

4 Der Absatz: Von Leitmotiven und Spannungsbögen

Good writing excites me, and makes life worth living.
Harold Pinter
(Britischer Theaterautor, 1930–2008)

4.1 Grundlagen
4.2 Die klassische Struktur von Absätzen
 4.2.1 Am Anfang: Das Thema des Absatzes anschneiden (*topic sentence*)
 4.2.2 In der Mitte: Argumente entwickeln (*supporting sentences/ elaboration*)
 4.2.3 Am Ende: Der Schlusssatz (*climax sentence*)
 4.2.4 Kommentiertes Textbeispiel
4.3 Die Absatzmitte: Optionen für die Gestaltung nachvollziehbarer Argumentation
 4.3.1 Chronologie
 4.3.2 Spezifizierung/Vertiefung
 4.3.3 Gegenüberstellung
4.4 Von einem Absatz zum nächsten: *transitioning*
4.5 *In a Nutshell*

Im englischen *academic writing* ist der Absatz das wichtigste Mittel, um den Leser durch die Argumentation zu führen. Die Vorgaben für *good paragraphing* sind detaillierter und stärker formalisiert als im Deutschen. *You have to guide your reader* ist das zentrale Motto. Wie ein Mikrokosmos längerer Texte soll der Absatz gut in Anfang, Mitte und Schluss gegliedert sein und die Gedanken in nachvollziehbarer Weise entwickeln. Vor allem dem Themensatz *(topic sentence)* zu Beginn kommt als Leitgedanke des Absatzes große Bedeutung zu. Wenn klar strukturierte Absätze dann auch noch gut miteinander verknüpft werden, hat man den Leser erfolgreich durch den Text geleitet.

4.1 Grundlagen

Auf Papier oder am Bildschirm fallen Absätze zu allererst als durch das Layout abgesetzte Textblöcke ins Auge (zum Layout: siehe Kasten).

Tipp

Zum Layout von Absätzen

Im Englischen ist die Einrückung der ersten Zeile des Absatzes zwingend (um ca. vier Zeichen). Die einzige Ausnahme ist die erste Zeile unter einer Überschrift: Im britischen Englisch wird sie nicht eingerückt, im amerikanischen allerdings schon.

Absätze sind aber weit mehr als optisch identifizierbare Blöcke. Sie sind Sinneinheiten, Träger der Argumentation, die Räume, die man den Leser beim Führen durch ein Gedankengebäude durchschreiten lässt; kurzum: »the fundamental building block[s] for longer papers« (Leonhard 2002, 69). Sie haben vier zentrale Charakteristika (die wir in Kapitel 2 bereits angeschnitten haben und hier noch näher beleuchten werden):

- Fokussierung auf *einen* Hauptgedanken
- Ein erster Satz (Themensatz/*topic sentence*), der den Hauptgedanken umreißt
- Innere Kohärenz durch nachvollziehbare, schrittweise Entwicklung des Hauptgedankens (*elaboration*)
- Gute Anbindung an den jeweils davor liegenden und den nachfolgenden Absatz

Wie bedeutsam gut strukturierte Absätze für die Qualität des gesamten Texts sind, lässt sich schon daran ablesen, wieviel Aufmerksamkeit in den meisten Praxisratgebern zum englischen *academic writing* dem Absatz als Sinneinheit gewidmet wird: ganze drei Kapitel oder 54 Seiten sind es etwa im Lehr- und Übungsbuch von Oshima und Hogue (2006). Eine weitere Fundgrube für Tipps zum *paragraphing*, d.h. dem Schreiben von Absätzen, sind Merkblätter auf den Websites der Schreibberatungsstellen von Universitäten aus dem angelsächsischen Raum. Die kleine Auswahl von Zitaten im nachstehenden *Food-for-Thought*-Kasten soll drei Dinge verdeutlichen:

- Erstens, dass es sich um ein Thema handelt, dem in der englischen Schreibdidaktik generell große Bedeutung zugemessen wird. Sie können also darauf vertrauen, dass es nicht bloß ein Spleen der Autorin des vorliegenden Buches ist.

- Zweitens zeigt das große Maß an Übereinstimmung in den Zitaten, wieviel normative Einigkeit über die Strukturprinzipien und ihre sprachliche Ausführung herrscht. Mehrere sehr ähnliche Passagen zu zitieren, ist in diesem Fall nicht redundant, sondern vermittelt für sich genommen eine Botschaft.
- Und drittens wird in den Ausschnitten sehr deutlich, wie stark beim *paragraphing* die Bedürfnisse der Leser mit bedacht werden.

Food for Thought

Was macht gute Absätze aus? Im Folgenden drei Auszüge aus den Online-Anleitungen von Websites universitärer Schreibberatungsstellen (*Writing Centers*) zum Thema des guten *paragraphing*. Beachten Sie insbesondere, wie in einigen (hier fett markierten) Teilen die Vorgaben zur Absatzgestaltung primär als Dienst am Leser gesehen werden.

(1) Von der Website der Writing Tutorial Services der Indiana University in Bloomington, Indiana:

A paragraph is a series of sentences that are organized and coherent, and are all related to a single topic. Almost every piece of writing you do that is longer than a few sentences should be organized into paragraphs. This is because paragraphs show a reader where the subdivisions of an essay begin and end, and thus **help the reader** see the organization of the essay and grasp its main points. [...]

A well-organized paragraph supports or develops a single controlling idea, which is expressed in a sentence called the topic sentence. A topic sentence has several important functions: it substantiates or supports an essay's thesis statement; it unifies the content of a paragraph and directs the order of the sentences; and it **advises the reader** of the subject to be discussed and how the paragraph will discuss it. Readers generally look to the first few sentences in a paragraph to determine the subject and perspective of the paragraph.
(https://wts.indiana.edu/writing-guides/paragraphs-and-topic-sentences.html, Fettdruck hinzugefügt)

(2) Von der Website des *Academic Skills Office* der University of New England (Armidale, New South Wales, Australien). Beachten Sie auch den an Studierende gerichteten Hinweis, sie sollen die Prüfer, die ihre Texte bewerten müssen, nicht auf eine »Schatzsuche« schicken, denn das kostet Punkte …

The paragraph is the basic unit for organising information in your writing. You use paragraphs to structure information in all of your exam and assignment essays and short answer questions. If you write well-constructed paragraphs, then **the reader/ marker** will be able to understand what it is that you are trying to explain. If you

→

← Food for Thought

write poorly constructed paragraphs, then the marker has to go on a ›treasure hunt‹ to find information – the perfect recipe for losing those valuable marks.
https://aso-resources.une.edu.au/academic-writing-course/paragraphs/beginner-paragraphs/

(3) Von der Website der Curtin University of Technology in Perth, Australien:

A paragraph is a group of linked sentences that develop one central idea. The prime function of paragraphs is to **organise our writing into manageable and digestible sections. Paragraphs make writing easier for both the writer and the reader.** Paragraphs enable the writer to manage the essay and the reader to digest the essay. [...] Each paragraph is ideally a carefully structured entity made up of the following crucial sentences: topic sentence, supporting or developing sentences, and concluding sentence. [...] Every sentence in the paragraph must assist the development of the topic sentence. The paragraph is thus an exercise in clarity and focus.
(http://cedar.humanities.curtin.edu.au/TeachingMat/OLLD/AcademicGenres/7-0.cfm; Zugriff August 2010).

Der sorgfältig komponierte Absatz ist somit ganz sicher ein Thema, in das sich Englisch schreibende Studierende und Wissenschaftler/innen vertiefen sollten. Dabei macht es im Übrigen keinen Unterschied, ob man selbst *native* oder *non-native speaker* des Englischen ist, oder ob die erwartete Leserschaft in die eine oder andere Kategorie fällt. Was zählt, ist einzig und allein die Einbettung von Autor und Leser in den internationalen, weitgehend angelsächsisch geprägten Wissenschaftsstil. Auch jenen, die Englisch als Muttersprache sprechen, ist gekonntes wissenschaftliches Schreiben, einschließlich des *paragraphing*, nicht in die Wiege gelegt; auch sie müssen es bewusst lernen. Auf der Rezipientenseite wiederum muss man kein *native speaker* sein, um gut strukturierte Absätze zu erwarten und durch schlechte verwirrt zu werden: Es reicht, durch die Sozialisation im angelsächsischen Wissenschaftsdiskurs die entsprechenden Konventionen so weit internalisiert zu haben, dass man sie beim Schreiben und Lesen von Texten aktiviert. Daher sind die Aussagen von Hogue (2003, 255) – »Good writing in English requires that you organize your thoughts in ways that are familiar to native speakers« und »native speakers are accustomed to seeing a long piece of writing divided into paragraphs« – zwar nicht falsch, greifen aber erheblich zu kurz. Denn es geht längst nicht mehr darum, nur *native speakers* zu gefallen, die in vielen Kontexten der Wissenschaftskommunikation schließlich gar nicht die Mehrheit des Leserpublikums ausmachen. Der Sinn der normgerechten Textgestaltung im Allgemeinen und von Absätzen im Besonderen ist es vielmehr, *allen* in diesen Normen versierten Lesern die Textrezeption einfacher zu machen.

Aus der speziellen Sicht der deutschen Muttersprachler könnte man natürlich fragen: Wozu die ganze Aufregung, wo wir doch im Deutschen unsere Texte auch in Absätze unterteilen? Das stimmt zwar, nur ist das Schreiben von Absätzen im Deutschen erheblich weniger formalisiert und nimmt in der Schreibdidaktik nicht im Entferntesten den Stellenwert ein, der dem *paragraphing* im Englischen zugewiesen wird. In Esselborn-Krumbiegel (2008) wird der Absatz gar nicht als eigene Gliederungseinheit behandelt; in Kornmeier (2010, 304–305) ist ihm nur eine knappe Seite gewidmet (die sich im Wesentlichen darauf beschränkt, darauf hinzuweisen, dass ein Absatz nur einen Gedanken ausführen und nicht zu lang sein, aber auch nicht nur aus einem Satz bestehen sollte). Dieser Befund ist nicht als negative Kritik zu verstehen, sondern lediglich als Hinweis darauf, dass der Absatz im Deutschen einfach kein Schwerpunktthema ist. Denn auch ein ausgezeichnetes Lehrwerk zum deutschen wissenschaftlichen Schreiben wie Gruber, Huemer & Rheindorf (2009, 119) behandelt das Thema nur *en passant* und lässt es mit dem kurzen Hinweis »So werden etwa geschlossene Gedankengänge durch Absätze voneinander getrennt« bewenden; ja unmittelbar daran wird sogar gleich die Warnung angeschlossen, man solle »den Fließtext jedoch nicht zu stark durch Überschriften und Absätze zergliedern, da Sie dadurch den Lesefluss unterbrechen«. Das ist durchaus korrekt, zeigt uns aber auch, dass die Hauptsorge der Schreibdidaktiker/innen im Deutschen offenbar eher darin besteht, einen Gliederungsfehler zu verhindern, als proaktiv für ein bestimmtes Gliederungsmuster zu plädieren.

4.2 Die klassische Struktur von Absätzen

→ Übung 3, S. 219

Englische Absätze sollten wie ein »Mini-Essay« aufgebaut sein; mit einem klaren Anfang, einem Mittel- und einem Schlussteil. Die Makrostruktur von ganzen Texten spiegelt sich also auch in der Mikrostruktur von Absätzen. In populären Schreibanleitungen, wie man sie im Internet findet, kursiert auch das Bild, dass ein guter Absatz einem »Big Mac« gleicht: zwei zusammenpassende Brötchenhälften mit Füllung dazwischen. Wem eine musikalische Analogie näher steht als amerikanisches Fast Food, der kann sich die Struktur auch als dreiteilige Liedform vorstellen. Welches Bild auch immer man wählt, es sollte zwei Botschaften transportieren: die Dreiteiligkeit und die fixe Formvorgabe.

Den Anfang der Trias bildet ein »Themensatz« (*topic sentence*), der dem Leser möglichst deutlich signalisiert, worum es in dem Absatz geht. Er legt den Leitgedanken des Absatzes fest. Es folgen mindestens ein, meist aber mehrere Sätze, die den im Themensatz angeschnittenen Gedanken weiterentwickeln. Siepmann et al. (2011) bezeichnen diesen Mittelteil als *elaboration*, Oshima und Hogue sprechen von *supporting sentences*. Am Schluss steht meist ein *concluding sentence* (Oshima & Hogue 2006) bzw. *climax sentence* (Siepmann et al. 2011), der eine Art Resümee zieht und zum nächsten Absatz überleitet. In Einzelfällen kann es Variationen dieses Grundmusters geben – so steht zum Beispiel der Themensatz nicht notwendigerweise am Anfang –, aber aus der Sicht des noch weniger routinierten Autors ist es sicher klüger, beim Standardschema zu bleiben. Graphisch veranschaulichen lässt sich die Grundstruktur wie in Abbildung 4.1 dargestellt.

Das Zusammenspiel zwischen dem letzten Satz des vorangegangenen und dem ersten Satz des nachfolgenden Absatzes ist maßgeblich dafür verantwortlich, dass sich der Text insgesamt flüssig liest und der Leser in nachvollziehbaren Schritten durch die Argumentation geführt wird. Jeder Absatz für sich soll an seinem Beginn durch den *topic sentence* Spannung aufbauen, sie im Mittelteil aufrecht erhalten und am Ende lösen – jedoch nur so weit, dass genug Spannungsenergie übrig

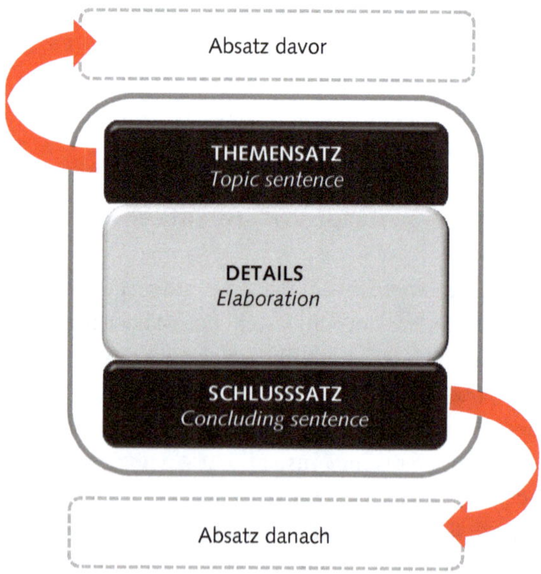

Abb. 4.1: Die klassische Struktur des englischen Absatzes

bleibt, um die Leser/innen in den nachfolgenden Absatz quasi hinüberzuziehen. Wenn dieser Übergang durch einen resümierenden Schlusssatz gemanagt wird (was nicht zwingend der Fall ist), dann soll dieser Schlusssatz zwar ein Ende markieren, aber eben keine Sackgasse sein.

Dass die Grundstruktur dreiteilig ist, bedeutet, dass ein englischer Absatz in aller Regel aus mindestens drei Sätzen besteht. Wenn man in Texten von Autoren deutscher Muttersprache immer wieder ein Patchwork aus Ein- oder Zwei-Satz-Absätzen antrifft, dann lässt das die im englischen Schreiben sozialisierten Leser/innen meist recht hilflos zurück. Eine Reihe von Fragen drängt sich nämlich unwillkürlich auf:

- Worum geht es eigentlich?
  Das wäre die Frage, die in einem gut strukturierten Text von den Themensätzen der Absätze beantwortet werden würde.
- Wie wird das Thema entwickelt, wie kommt der Autor in seiner Argumentation von A nach B und von B nach C?
  Das zu verdeutlichen, wäre in einem gut strukturierten Text Aufgabe der *supporting sentences* in den Absatz-Mittelteilen.
- Wo hört ein Hauptgedanke auf, wo fängt der nächste an?
  Das würde man in einem gut strukturierten Text an der Schnittstelle zwischen dem jeweiligen Absatzende und dem anschließenden nächsten Themensatz erkennen.

Der in Abbildung 4.1 veranschaulichte Bauplan hat also zur Folge, dass es in fachmännisch geschriebenen englischen Texten so gut wie keine extrem kurzen Absätze gibt. Umgekehrt verhindert der Bauplan aber auch, dass Absätze zu lang werden. Denn dagegen spricht schon einmal ganz massiv die Vorgabe, ein Absatz solle im Wesentlichen nur einen Gedanken entwickeln. Rutscht ein zweiter großer Argumentationsbogen hinein, dann sollte das einen neuen Themensatz auslösen, der wiederum am Anfang eines neuen Absatzes stehen müsste.

Beide Gliederungsfehler – zu viele zu kurze oder zu lange Absätze – erkennt man auf einen Blick, ohne den Text zu lesen. Ein den englischen Normen entsprechender Text hingegen sieht auf den ersten Blick schon gut gegliedert und »ausbalanciert« aus. (Auf der *Study skills*-Website der britischen Fernuniversität [Open University] ist der Unterschied zwischen gut und schlecht strukturierten Absätzen sehr eindringlich visuell dargestellt; zu finden unter http://www2.open.ac.uk/students/skillsforstudy/dividing-your-work-into-paragraphs.php) Durch gutes *para-*

Tipp

Wie lange müssen und dürfen Absätze sein?

Absätze bestehen in aller Regel aus mindestens drei Sätzen: dem *topic sentence*, mindestens einem Satz zur *elaboration* und einem Schlusssatz. Besteht ein Absatz nur aus ein oder zwei Sätzen, so ist die Wahrscheinlichkeit sehr hoch, dass er die Funktion der grundsätzlich dreiteiligen Basisstruktur (Einleitung/Mitte/Schluss) nicht erfüllen kann und auch nicht genug »Andockstellen« zu den davorliegenden und nachfolgenden Absätzen hat.

Achten Sie ebenso genau darauf, dass Ihre Absätze nicht zu lang sind. Was genau »zu lang« ist, lässt sich ohne Bezug zu einem konkreten Textbeispiel nicht sagen. Als Faustregel kann aber gelten, dass alles, was über acht bis zehn Sätze hinausgeht bzw. im Manuskript mehr als eine A4-Seite füllt, berechtigte Zweifel auslösen sollte. In diesen Fällen ist es recht wahrscheinlich, dass in dem einen langen Absatz eigentlich zwei oder mehrere kürzere verborgen sind.

graphing kann man Leser/innen also für den eigenen Text gewinnen, noch bevor sie mit dem eigentlichen Lesen begonnen haben; ebenso rasch kann man sie durch schlechtes *paragraphing* verlieren.

Ausnahmen zur »Mindestens-drei-Sätze-Regel« kann es gelegentlich geben, etwa bei der Verwendung von *bullet points* oder bei Aufzählungen (numerisch oder verbal mittels *first, second, third* etc.), wo nicht zwingend bei jedem Punkt drei Sätze stehen müssen. Von der Grundregel abgewichen wird gelegentlich auch dann, wenn ein Absatz primär einleitende Funktion hat – also weniger selbst der Sinnträger ist, sondern nachfolgenden Absätzen die Bühne bereitet –, häufig ebenfalls in Zusammenhang mit Aufzählungen. In dem unter 4.1 in Auszügen wiedergegebenen *Conclusions*-Abschnitt von Carrell, Mann & Sigler (2006) werden fünf Absätze, die jeweils mit *first, second, third, fourth* und *overall* beginnen, durch einen aus nur zwei Sätzen bestehenden Absatz eingeleitet, und der vierte Punkt wird auch in nur zwei Sätzen abgehandelt. Der Text in 4.1 zeigt somit einerseits punktuelle Abweichungen von der Grundregel, gleichzeitig ist seine Absatzstruktur nahezu ein »Paradebeispiel« für transparente Textgliederung.

Beispiel 4.1

Die Absatzstruktur in einer *Conclusions Section* (gekürzt):

CONCLUSIONS

[...]

This study repeated the employer survey of 1992 in an effort to determine what changes had occurred over the twelve-year period. Four interesting conclusions can be made by comparing the results of the two surveys:

First, in 2004, 46 percent of the respondents indicated that their organizations have a written workforce diversity policy or program while in the original study only 34 percent reported having a written workforce diversity policy or program. [...] [Es folgen zwei Sätze.]

Second, the 2004 survey responses as well as the literature review indicated no consensus on the meaning of the term workforce diversity. The 2004 and 1992 percentage of respondents who chose the traditional narrow EEOC/AA definition (37 percent in 2004; 40 percent in 1992) was remarkably close to the percentage of respondents who chose a broader definition (38 percent in 2004; 46 percent in 1992). [...] [Es folgen vier Sätze.]

Third, the components or characteristics which are considered to be included in the definition of diversity have increased in the twelve-year period since the first survey. [...] [Es folgen zwei Sätze.]

Fourth, of the twelve different positive and negative organizational effects of diversity programs reported in 1992, ten of the twelve had more desirable mean scores in 2004. This result should indicate that diversity programs and policies are producing more positive effects within organizations today than in the early 1990s.

Overall, this longitudinal study of employer workforce diversity policies and programs found: (1) 35% more employers reported having a written policy or program in 2004 compared to 1992; (2) surprisingly, as in 1992, the 2004 survey results and literature review indicate an almost even split between organizations that view diversity narrowly only as an EEO/AA issue and those who have a broader definition; (3) the characteristics which are included under workforce diversity, as measured by a 50 percent »yes« response, have increased by three over the twelve-year period to a total of ten; (4) the possible organizational effects of diversity programs were reported to be more desirable today in 10 of 12 categories than in 1992. Organizations continue to work toward defining and clarifying the term workforce diversity.

(Carrell, Mann & Sigler 2006, 11–12)

Ein Abweichen von der »Drei-Sätze-Regel« kann also gelegentlich möglich sein; ob die dafür notwendigen Bedingungen vorliegen, sollte aber in jedem Fall genau geprüft werden. Die zuvor genannten Ausnahmen (*bullet points*, Einleitungssätze vor Aufzählungen) setzen die Regel an sich nicht außer Kraft.

4.2.1 Am Anfang: Das Thema des Absatzes anschneiden (*topic sentence*)

Der Themensatz, meist an erster Stelle, stellt klar, worin der Hauptgedanke besteht, der ja den Kern jedes Absatzes bilden soll. Daraus folgt, dass der Themensatz in aller Regel den oder die Kernbegriff(e) für diesen Hauptgedanken enthält. Diese Kernbegriffe bilden zugleich wichtige »Aufhänger« für die lexikalische Kohäsion im Rest des Absatzes, also für jenes Gerüst miteinander in Beziehung stehender Wörter, die den Absatz in seinem Inneren zusammenhalten.

Wenn Absätze nicht ganz am Beginn eines Fließtext stehen, haben ihre Themensätze auch die Funktion von Bindegliedern zum jeweils davorliegenden Absatz. Diese absatzübergreifende Kohäsion wird im Kommentar zu Beispiel 4.4 näher illustriert werden.

Die kohäsive Kraft zwischen aufeinander folgenden Absätzen kann auch dadurch erhöht werden, dass ihre beiden Themensätze parallele Strukturen aufweisen. Madsen, Cameron und Miller (2006) zum Beispiel stellen an den Anfang der ersten beiden Absätze ihres letzten Abschnitts jeweils eine direkte Frage (Beispiel 4.2). Die Fragen wiederum spiegeln 1:1 die Kernbegriffe in der Überschrift des Absatzes wider. So wie das Innere eines Absatzes das konkrete Versprechen halten muss, das von seinem Themensatz gemacht wird, so müssen die Themensätze aller Absätze die allgemeinen Versprechen halten, die von der Überschrift ihres Abschnittes gemacht werden. Das Netz von Orientierungshilfen für die Leser/innen ist also sehr engmaschig geknüpft. Beachten Sie beim Lesen von Beispiel 4.2 auch die expliziten Konnektoren, die den gesamten Text durchziehen und sogar in recht regelmäßigen Abständen auftreten: *although*, *further* und *however* im ersten Absatz, *but* und *overall* im zweiten.

Beispiel 4.2

Gleich strukturierte, direkte Fragen als Themensätze in zwei aufeinander folgenden Absätzen.
(Die Themensätze sind grau unterlegt.)

> Implications for Future Theory and Practice
>
> What are the implications for future theory and research? Continued research in the area of RFC [readiness for change] is essential. **Although** the concepts have been around for many years (e.g., Kurt Lewin) and much has been done in the general area of change, little research has been done in the management arena related to RFC for change at the individual level. Research focused on the identification of RFC moderators/factors and resistance to change constructs is needed along with research on specific interventions that can result in increased RFC. **Further**, research needs to be

continued in the area of the transition from workplace readiness to the actual change movement. This research has been based on established theory from a number of domains. **However**, theory specific to the complex relationship between MIL [margin in Life] and RFC has not been developed. This research provides the evidence and groundwork to encourage and support further theoretical work in this area.

What are the implications of this research for practice? Strategic management is all about change. Change is foundational to performance improvement at all levels. Many researchers and practitioners already focus on organizational change, **but** continued work in the area of individual change can be just as important to understand and facilitate. Practitioners who do not understand individual readiness will develop and implement change interventions that will not be as successful (short-term and long-term) as those who design interventions, when needed, to prepare employees to be open and ready for the change that needs to occur. **Overall**, managers and leaders can be more effective and efficient if they understand RFC and its antecedents, determinants, moderators, outcomes, connections, and complexity. Change can be exhilarating for some – or at least not as painful as it could have been for others – if employees are ready and willing to adjust, improve, learn, and develop.

(Madsen, Cameron & Miller 2006, 107. Dass auch der erste Absatz unter der Abschnittsüberschrift eingerückt ist, zeigt, dass die Zeitschrift die amerikanische Formatierung verwendet.)

4.2.2 In der Mitte: Argumente entwickeln (*supporting sentences / elaboration*)

Da der Ausarbeitung bzw. *elaboration* des Themensatzes im vorliegenden Kapitel ein ganzer Abschnitt (4.3) gewidmet ist, sollen hier nur die Grundlagen kurz erwähnt werden. Die entscheidenden Qualitätskriterien für einen guten Absatz-Mittelteil sind folgende:

- Es besteht ein klarer Bezug zum Themensatz.
- Der Autor hält diesen Bezug durch und schweift nicht ab.
- Die Entwicklung des im Themensatz angeschnittenen Leitgedankens folgt einem nachvollziehbaren Argumentationsschema wie zum Beispiel der Chronologie, dem Fortschreiten vom Allgemeinen zum Besonderen oder einem Gegensatzpaar.
- Die Verbindungen zwischen Sätzen sind eng, deutlich erkennbar und, wo sinnvoll, auch durch explizite Konnektoren (Bindewörter, Adverbien) markiert.

4.2.3 Am Ende: Der Schlusssatz (*climax sentence*)

Ob ein Absatz einen markanten *climax sentence* hat, hängt davon ab, wie die Absatzmitte strukturiert ist. Wenn ein Absatz zum Beispiel nach dem Schema der Spezifizierung und innerhalb dessen nach dem Prinzip der Aufzählung aufgebaut ist (z.B. *Three key factors need to be considered … First … Second … Third …*), dann kann der letzte Satz des Absatzes durchaus einfach das letzte Element der im Themensatz angekündigten Sequenz sein und kein »Höhepunkt« im engeren Sinne. Bei anderen Strukturmustern wiederum ist der *climax sentence* tatsächlich eine Mischung aus Zusammenfassung und rhetorischem Fanfarenstoß. In diesen Fällen bilden Themensatz und Schlusssatz so sehr eine Einheit, dass es meist möglich ist, sie unmittelbar nacheinander zu lesen und trotz des Auslassens der *supporting sentences* einen sinnvollen Text vor sich zu haben. Einige Abstriche bei Details oder im Bereich der Konnektoren wird man bei der Beurteilung der Sinnhaftigkeit vielleicht machen müssen, im Großen und Ganzen sollte es aber funktionieren.

Tipp

Wenn Sie einen Absatz mit einem *climax sentence* geschrieben haben, testen Sie seinen Informationsgehalt, indem Sie ihn in unmittelbarem Anschluss an den Themensatz lesen. Wenn die Sequenz von *topic sentence* und *climax sentence* als Text Sinn ergibt, ist das ein Beleg dafür, dass die beiden Sätze inhaltlich und sprachlich gut miteinander verknüpft sind und ihre Funktion als Klammern rund um die Absatzmitte erfüllen.

Für die Beispiele 4.3 würde dieser Test positiv ausfallen. Der Schlusssatz ist hier im Grunde nur eine verstärkende Paraphrase des jeweiligen Themensatzes. (Beim Zusammenlesen von erstem und letztem Satz müsste man lediglich die den Schlusssatz einleitenden Konnektoren – *but* und *for these reasons* – ausklammern.)

Beispiele 4.3

Die Beziehung von *topic sentence* und *climax sentence* (hier grau unterlegt):

▷ A person's speech is such a reliable indicator of age that we can usually guess the age of telephone callers within seconds of hearing their voice for the first time. This seems to be possible because we are so sensitive to the effects of aging on the complicated physiology that produces speech. The articulatory organs and the larynx are subject to wear and tear, and the timing of muscular activities and respiratory activity is subject to slippage. These things, like all the normal characteristics of aging, happen gradually and imperceptibly, so much so that they are apparently beyond the capacity of physiologists and phoneticians to observe and describe with pinpoint accuracy. But ordinary people, with no training of any kind, can judge the gestalt of their effects with extraordinary precision. (Chambers 2003, 166–167)

▷ In many industrialized countries, the pursuit of work that fulfills a higher calling often leads to the nonprofit sector. Although they vary across national and economic contexts, nonprofit organizations are largely defined by their commitment to advancing the greater common good (Anheier & Salamon, 2006). Theories of civil society imply that nonprofit organizations provide forms of employment possessing inherent worth and purpose beyond purely profit-oriented or instrumental purposes (O'Connell, 1988). For these reasons, both popular and scholarly accounts identify nonprofits as key sources of more meaningful work and associate them with the pursuit of a higher calling.
(Dempsey & Sanders 2010, 439–440)

4.2.4 Kommentiertes Textbeispiel

Am Schluss dieses Abschnitts soll ein Beispiel stehen, anhand dessen sich die triadische Struktur von Absätzen, die Charakteristika der drei Teile, mögliche Variationen und der Zusammenhang zwischen Absätzen illustrieren und reflektieren lassen.

Beispiel 4.4

Die Struktur von Absätzen:

Die folgenden beiden Absätze stammen aus einem Lehrwerk zur Rechtstheorie, *How To Do Things with Rules* (Twining & Miers 1999). Die bibliographische Angabe zum wörtlichen Zitat am Ende des ersten Absatzes ist im Original in der Fußnote enthalten. Um dem nachfolgenden Kommentar zum Textbeispiel besser folgen zu können, sind die Sätze durchnummeriert. Die Themensätze sind zudem grau unterlegt.

1. It is not news to lawyers that language is an imperfect instrument which is often imperfectly used. **2.** Advances in analytical philosophy, semantics and linguistics have greatly increased general understanding of the nature and uses of language and its inherent limitations as a precise and efficient instrument of communication. **3.** Clearly, one of the most important conditions of doubt in interpretation arises either from the faulty use of language in formulating rules, such as inappropriate vagueness or inadvertent ambiguity, or from the inescapable indeterminacy of language, especially of general classifying terms like ›vehicle‹, which are commonly used in formulations of rules. **4.** »No definition of an empirical term will cover all possibilities«, wrote Waismann; **5.** nor will any formulation of a rule.

1. It is also a truism that a good command of language is one of the most important of lawyer-like qualities. **2.** Language is the main medium of legal discourse; words and concepts are basic tools in the performance of such common tasks as drafting, interpreting, analysing, arguing and communicating; **3.** similarly, the acquisition of linguistic skills and awareness is central to the development of skill in interpreting rules. **4.** At the risk of belabouring the obvious, it is worth spelling out what is involved in a good command of language, why it is important for interpreters of rules, and how to set about achieving it.

(Twining & Miers 1999, 196–197)

Absatz 1 in Beispiel 4.4 hat einen *topic sentence* und vier *supporting sentences.* Das Thema ist die inhärente mangelnde Exaktheit von Sprache und ihre gelegentlich inexakte Verwendung. Die nachfolgenden vier Sätze unterstützen diese Aussage dadurch, dass sie auf die Erkenntnis einschlägiger Wissenschaftsdisziplinen verweisen (Satz 2), den Zusammenhang zwischen der Inexaktheit von Sprache und Schwierigkeiten bei der Interpretation von Rechtsregeln aufzeigen (Satz 3) und ein einschlägiges Zitat anführen, das die inhärente Inexaktheit von Sprache – und damit den Themensatz – bestätigt (Satz 4 und 5). Der innere Zusammenhalt des Absatzes wird hauptsächlich durch die Inhaltswörter erzielt (»lexikalische Kohäsion«). Im Themensatz werden die Kernwörter bzw. -phrasen eingeführt: *language, imperfect instrument, imperfectly used.* In unterschiedlichen Ausprägungen ziehen sich diese oder mit ihnen semantisch eng verwandte Elemente durch den ganzen Absatz, sodass sich zwei Hauptstränge von Kernbegriffen ergeben (in der Textlinguistik spricht man von *cohesive chains*): ein Strang rund um das Wortfeld »Sprache/Kommunikation«, ein zweiter rund um das Wortfeld »mangelnde Perfektion« (siehe Tabelle 4.1). Zwei Elemente verknüpfen die beiden Wortfelder durch mehrteilige Hauptwortgruppen: *faulty use of language* und *indeterminacy of language.*

Nach einer Art Schneeballprinzip kommt in den *supporting sentences* eine weitere Gruppe von Kernbegriffen hinzu, die ihrerseits in nachfolgenden Sätzen aufgenommen werden: *formulating rules* (Z. 6), *formulations of rules* (Z. 8–9) und *formulation of a rule* (Z. 10). Wie man sieht, ist es hier im Sinne der Kohäsion und Klarheit völlig unproblematisch, ja sogar sinnvoll, in dichter Abfolge fast identische Begriffe zu wiederholen; auch der stilistischen Qualität ist es im vorliegenden Fall nicht abträglich. Das schon in Kapitel 2 erwähnte pauschale Verteufeln von »Wortwiederholungen« ist also in der Tat nicht generell gerechtfertigt. Das Netz an lexikalischen Bezügen in Absatz 1 ist im Übrigen so eng geknüpft, dass es nur weniger

Wortfeld »Sprache/Kommunikation«	Wortfeld »mangelnde Perfektion«
language (Z. 1, Z. 7)	*imperfect instrument* (Z. 1)
linguistics (Z. 2)	*imperfectly used* (Z. 2)
uses of language (Z. 3)	*inherent limitations* (Z. 4)
communication (Z. 4)	*faulty* (Z. 6)
use of language (Z. 6)	*inappropriate vagueness* (Z. 6)
... of language (Z. 7)	*inadvertent ambiguity* (Z. 6–7)
	inescapable indeterminacy (Z. 7)

Tabelle 4.1: Vom Themensatz ausgelöste Kohäsionsketten in Absatz 1 von Beispiel 4.4

expliziter Konnektoren bedarf: *clearly* am Beginn von Satz 3 gehört dazu (ein *stance adverbial*, d. h. wörtlich: »Adverb des [Autoren-]Standpunktes«), *such as* und *or* in Z. 6 und *nor* in Z. 10; dazu kommen zwei Relativsätze mit *which* (Z. 1 und Z. 8).

Für Absatz 2, der mit Absatz 1 durch *also* verbunden ist, sieht der Befund ganz ähnlich aus. Der Themensatz stellt eine Beziehung her zwischen guter Sprachbeherrschung und der Qualifikation zu juristischer Tätigkeit. Wieder ziehen sich die für dieses Thema relevanten Kernbegriffe – gruppiert zum einen rund um *language*, zum anderen um *lawyer/legal/law* – durch den gesamten Absatz. In Satz 3 geschieht etwas Interessantes: Obwohl er an Satz 2 mit einem Strichpunkt angeschlossen ist – einem Satzzeichen, das grundsätzlich eine weniger starke Trennung bewirkt als ein Punkt –, bringt er einen neuen Aspekt hinein, der einen Konnex zu Absatz 1 herstellt, nämlich die Relevanz der Sprachbeherrschung für die Interpretation von Rechtsregeln (Z. 15: *skill in interpreting rules*). *Rules*, wie wir gesehen haben, waren in der zweiten Hälfte von Absatz 1 (Z. 6, 9, 10) ein wichtiges Inhaltselement. Jetzt tauchen sie im zweiten *supporting sentence* des Absatz 2 wieder auf, und zwar durch den Hinweis darauf, dass eine Ähnlichkeit besteht zwischen dem Interpretieren von Regeln und den im ersten *supporting sentence* aufgelisteten Beispielen für andere Formen der Sprachverwendung im Rechtsdiskurs. Die Ähnlichkeitsbeziehung ist auch an der Textoberfläche durch den Konnektor *similarly* markiert. Der letzte Satz in Absatz 2 schließlich, Satz 4, ist ein klassischer Schlusssatz mit folgenden Funktionen: Er

- verweist auf die Relevanz des Grundgedankens, um den sich der Absatz dreht (Z. 16: *it is worth spelling out ...*),

- nimmt in Form einer exakten Wiederholung einen Kernbegriff des Themensatzes auf (Z. 16–17: *a good command of language*) und
- öffnet gleichzeitig die Argumentation hin zu den nachfolgenden Absätzen, in denen das in Z. 16 angekündigte *spelling out what/why/how* dann durchgeführt wird. Der letzte Satz tut somit das, was eine der vielen Online-Anleitungen zur Absatzstruktur wie folgt beschreibt: Der Schlussatz »opens the door for additional development in the next paragraph« (http://www.trinitydc.edu/writing/files/2010/09/Elements-of-a-Strong-Paragraph.pdf).

Insgesamt sehen wir also an Beispiel 4.4, wie durch sprachliche Mittel sowohl die innere Einheit von Absätzen als auch die Verbindung zwischen ihnen hergestellt wird. Durch kohäsive Mittel – Konnektoren, Wiederholungen und leicht abgewandelte Wiederaufnahmen von Kernbegriffen – entstehen Schleifen, die aber nicht zirkulär sind oder auf der Stelle treten, sondern die Argumentation vorwärtstreiben und den Leser dabei mitnehmen. Was Siepmann et al. (2011, 63) in Bezug auf ganze Texte »a sense of forward dynamics« nennen, gilt *mutatis mutandis* auch für einzelne Absätze bzw. wird durch sie und in ihnen umgesetzt.

Dass in Beispiel 4.4 die beiden Themensätze an den Absatzanfängen jeweils die kürzesten Sätze in ihren Absätzen sind, entspringt zwar keiner Regel im eigentlichen Sinn, ist aber dennoch kein Zufall. Der ideale *topic sentence* will das Absatzthema ja möglichst deutlich auf den Punkt bringen, und Deutlichkeit ist durch

Tipp

Die Kenntnis von der Funktion und Standard-Position von Themensätzen lässt sich auch ganz gezielt als **Technik für effizientes Lesen und Exzerpieren** einsetzen. Denn wenn ein Text gut strukturiert ist und die Absätze aussagekräftige *topic sentences* haben, dann sollte es möglich sein, den gesamten Text einfach dadurch zu erfassen, dass man nur die ersten Sätze aller Absätze liest. Schreibt man sie nieder, sollte daraus eigentlich ein brauchbares Exzerpt werden. Eine hundertprozentig verlässliche Methode für das Schnelllesen oder Exzerpieren ist das zwar nicht, weil beim Weglassen aller *supporting sentences* der Informationsverlust mitunter doch zu groß ist. Sehr wohl aber kann die Technik, sich in der Textrezeption auf die *topic sentences* zu stützen, als informeller Test des eigenen Geschicks im *paragraph writing* dienen. Schreiben Sie die jeweils ersten Sätze aller Absätze in einem längeren, von Ihnen verfassten Text heraus. Ergibt diese Sammlung von Sätzen ein brauchbares Exzerpt, in dem weder etwas Wichtiges fehlt noch unnötige Details enthalten sind, dann zeigt dies, dass Ihre Absätze gute *topic sentences* haben.

einen eher kürzeren Satz meist leichter zu erzielen als durch einen längeren. (Mehr zur Frage der Satzlänge in Kapitel 5.)

4.3 Die Absatzmitte: Optionen für die Gestaltung nachvollziehbarer Argumentation

Im Anschluss an den Themensatz wird in der *elaboration*-Phase (Siepmann et al. 2011, 65ff.) das Leitmotiv des Absatzes weiterentwickelt. In welcher Form und nach welchem Argumentationsmuster das geschieht, ist zu sehr vom Thema des jeweiligen Absatzes und der gesamten Arbeit abhängig, als dass man dazu generell gültige Regeln aufstellen könnte. Dennoch ist bei aller Variation, die dabei durchaus zulässig und sinnvoll ist, aber eines klar: nämlich dass die Argumentation einem mühelos erkennbaren Muster folgen *muss*, um vom Leser als strukturierte Argumentation wahrgenommen und anerkannt zu werden. Die Mühe, die der Leser für das Verstehen des Gedankengangs aufwenden muss, ist umso geringer, je vertrauter das verwendete Muster ist und je leichter er daher die Struktur der Argumentation erkennt. Umgekehrt wird das Interesse des Lesers dadurch geweckt, dass die vorgegebene Form kreativ mit Inhalten gefüllt wird.

Ein fixes und normiertes Repertoire von Argumentationsmustern gibt es zwar nicht, aber es haben sich einige Grundstrukturen konventionalisierter Argumentation entwickelt, auf die Autor und Leser bauen können. Wer diese Schemata beim Schreiben respektiert, ist im positiven Sinne des Wortes berechenbar. Ein berechenbarer (weil konventionentreuer) Text ist gut zum Leser. Und *das*, wie wir schon in Kapitel 2 festgestellt haben, ist eines der Leitprinzipien (englischen) Wissenschaftsstils. Originalität und Kreativität müssen im Inhalt stecken, nicht in der Form.

Zur Sicherheit sei hier nochmals betont, dass die eben geknüpfte Kausalkette von formaler Konvention und Leserfreundlichkeit natürlich nur für sachlich-fachliche Textsorten im Allgemeinen und die Wissenschaftskommunikation im Besonderen gilt. In ästhetisch ambitiösen und stark persuasiven Textsorten gelten andere Gesetze. Romane, Werbeanzeigen oder Liebesbriefe haben ihre eigenen Konventionen, profitieren aber, anders als wissenschaftliche Texte, nicht von schematisierter Berechenbarkeit.

Von der Vielzahl der Möglichkeiten, wie man im Absatz den jeweiligen Leitgedanken entwickeln kann, werden drei im Folgenden etwas näher betrachtet: Chronologie, Spezifizierung und Gegenüberstellung. Auf sie fiel die Wahl nicht nur, weil sie häufig auftreten, sondern auch, weil sie sehr grundlegende Formen der Perspektivierung darstellen, die unser Denken und das sprachliche Konstruieren der Realität stark prägen:

- *Chronologie.* Man geht chronologisch vor, wenn der Absatz bzw. mehrere aufeinanderfolgende Absätze von einem zeitlichen Ablauf dominiert werden.
- *Spezifizierung.* In der *elaboration*-Phase des Absatzes wird eine allgemeine Aussage, die der Themensatz gemacht hat, genauer erläutert, ausgebaut und vertieft; oft auch durch Beispiele und Bezugnahme auf die Fachliteratur.
- *Gegenüberstellung.* Der Absatz ist dem Vergleich von (meist zwei) Elementen gewidmet, seien es nun Personen, Institutionen, Phänomene, Theorien, Meinungen etc.

4.3.1 Chronologie

Das zeitliche Nacheinander als Strukturprinzip ist von sehr allgemeiner Relevanz und keineswegs nur im Rahmen der Geschichtswissenschaft gültig. Da das Verständnis historischer Hintergründe grundsätzlich für Publikationen in jeder Wissenschaftsdisziplin relevant werden kann, sind chronologisch strukturierte Absätze überall zu finden. Sie können zum Beispiel dazu dienen, einen kurzen Rückblick auf die Geschichte einer Organisation zu geben, die im Zentrum einer Untersuchung steht. Dies ist in Beispiel 4.5 der Fall, einem Auszug aus Hiatt, Sine und Tolbert (2009). Der im *Administrative Science Quarterly* veröffentlichte Aufsatz untersucht den Effekt der Aktivitäten einer gegen Alkoholkonsum auftretenden Organisation, der Woman's Christian Temperance Union (WCTU), auf den wirtschaftlichen Erfolg von Brauereien. Die Gründungsgeschichte der WCTU wird in einem eigenen Unterabschnitt behandelt; diesem unmittelbar vorgeschaltet sind jedoch fünf Absätze, die sich ganz allgemein mit der Einführung des Alkohols in die amerikanische Wirtschaft und Gesellschaft befassen.

Beispiel 4.5

Chronologisch strukturierte Absätze:

> (Eine graphische Darstellung der Verbindungen zwischen den fünf Absätzen ist in Abbildung 4.2 zu sehen.)

1. European settlers brought customs and habits from the Old World, including regular consumption of alcohol, its customary use in social circumstances, and acceptance of the organizations that produce it (Jellinek, 1977; Gusfield, 1987). When the ship *Arabella*, carrying the settlers of what would become the Massachusetts Bay Colony, dropped anchor in 1630, its cargo included 10,000 gallons of beer, 120 hogsheads of malt for brewing more, and 12 gallons of distilled spirits (Blocker, 1989). In addition to being a regular part of social occasions, alcoholic beverages were also a useful source of calories. Because fermenting enabled American colonists to store fruits and grains in beverage form throughout the year without spoilage, alcoholic beverages were also a form of liquid nourishment. Thus both beer and hard cider were commonly drunk at meals, social gatherings, and community events.

2. American society's acceptance of alcoholic beverages was reflected in the social role played by the breweries' retail arm, the tavern (or saloon, in the West). [...] [Es folgen sechs Sätze.]

3. The brewery industry flourished throughout the nineteenth century, peaking at the turn of the century as the fifth largest U. S. industry, with almost a billion dollars in sales (Chidsey, 1969). [...] [Es folgen zwei Sätze.]

4. Although breweries and beer were accepted by most Americans from the time of the first European colonies, there was always a minority who objected to the use of alcohol. [...] [Es folgen sieben Sätze.]

5. All of these factors combined by the mid-nineteenth century to produce organized efforts to reduce the consumption of alcohol in the U. S. and several anti-drinking social movement organizations were founded in the U. S. before the Civil War. [...] Several social movement organizations developed to promote the aims of temperance, many of which actively collaborated and had overlapping memberships, but primary among these was the Woman's Christian Temperance Movement.

(Hiatt, Sine & Tolbert 2009, 638–639; die Nummerierung der Absätze ist hinzugefügt.)

Auf den ersten Blick mag ein chronologischer Aufbau wie dieser »die einfachste Sache der Welt« sein; schließlich ist es das Muster, das dem »Geschichtenerzählen« entspricht. Schon ein zweiter Blick zeigt uns aber, dass auch das Strukturieren chronologischer Absätze mit Bedacht geschehen muss, und dass auch für sie die allgemeinen Regeln zur Absatzgestaltung, die wir im letzten Abschnitt besprochen haben, in gleichem Maße gelten. Sehen wir uns die Umsetzung dieser Regeln und einige Besonderheiten der historischen Beschreibung in Beispiel 4.5 genauer an:

- Zunächst sollte man festhalten, dass es bei der Schilderung eines chronologischen Ablaufs gar nicht so selbstverständlich scheinen mag, dass überhaupt in Absätze gegliedert wird. Die historische Entwicklung selbst ist ja kontinuierlich, und so könnte – zumindest für Nicht-Historiker – die Versuchung groß sein, auch die Entwicklung »in einem durch« zu beschreiben. In Wahrheit ist das Erzählen von Geschichten und Geschichte aber natürlich nie eine 1:1-Wiedergabe des Geschehenen. Das gilt im Übrigen nicht nur für Historie im engeren Sinne, sondern auch für das Berichten über andere Prozesse, etwa die Datensammlung oder Experimente, wie sie in *Methods*-Abschnitten offengelegt werden müssen. Weil der Erzähler entscheiden muss, was er wie schildert, ist er zwangsläufig auch Analytiker, der auswählt, ordnet und einen speziellen Blickwinkel anlegt. Das hat Konsequenzen auf allen sprachlichen Ebenen – von der Makro-Ebene der Textstruktur bis zur Mikro-Ebene der Wortwahl. Auf der Meso-Ebene gehört dazu auch die Entscheidung, die Information in einer bestimmten Weise auf Absätze aufzuteilen und an nachvollziehbaren Punkten Einschnitte zu setzen. Ein wesentlicher Vorteil für die Leser/innen ist, dass ihnen die **Information in gut verdaulicher Form** präsentiert wird.

- Chronologisch aufgebaute Absätze wie jene in 4.5 werden von einem **Gerüst von »Zeitmarkern«** gehalten, die als wichtige **Orientierungspunkte** für die Leser/innen fungieren. Als Zeitmarker dienen temporale Adverbialphrasen (z. B. *in 1909; by 1900; during this period; throughout the nineteenth century; after the war*) und temporale Adverbialsätze (z. B. Z. 3–5: *When the ship Arabella … dropped anchor in 1630*). Ein weiterer, in 4.5 zufällig nicht genützter Typ von Zeitmarkern wären temporale Konnektoren (z. *B. first, later, then, subsequently*).
- Eine chronologische Basisstruktur bedeutet nicht, dass ausschließlich der simplen Erzähltechnik »erst ist das passiert und dann das« gefolgt wird. In den Absätzen 2 bis 5 in 4.5 wird die **Chronologie** im engeren Sinne **ergänzt durch eine thematische Ordnung,** die durch die jeweiligen *topic sentences* transparent gemacht wird: Absatz 2 handelt von der Rolle der *tavern* bzw. des *saloon*, Absatz 3 vom wirtschaftlichen Aufstieg der Brauereiindustrie, Absatz 4 hat die Geschichte der Widerstände gegen Alkohol zum Gegenstand und Absatz 5 ist auf die Anfänge der institutionalisierten Abstinenzbewegungen konzentriert. Trotz dieser auch thematischen Untergliederung bewegen sich die fünf Absätze insgesamt in gut nachvollziehbarer Weise von der ersten Hälfte des 17. zur Mitte des 19. Jahrhunderts.
- Die fünf Absätze sind durch klare sprachliche Signale miteinander verknüpft. In jedem Absatz gibt es Wörter und Satzteile, die eine **Verbindung zum nachfolgenden Absatz** aufweisen. Wie Kettenglieder greifen diese Elemente ineinander und stellen auf diese Weise sicher, dass der Leser durch die gesamte Geschichte

geführt wird. Eine graphische Illustration dazu werden wir in Abschnitt 4.4 unter dem Titel *transitioning* sehen.

- Der fünfte Absatz, der zugleich der letzte in diesem historischen Unterabschnitt ist, wirft in seinem *topic sentence* das Netz gleichzeitig nach allen seinen Vorgängern aus: *All of these factors combined by the mid-nineteenth century to ....* Ganz am Ende dieses fünften Absatzes steht der Name jener Organisation, um die es in dem *paper* geht, *the Woman's Christian Temperance Movement.*

Der letzte Satz eines *Absatzes* – nicht umsonst wird er auch als *climax sentence* bezeichnet – ist schon für sich genommen wichtig, und das Ende eines englischen *Satzes* wiederum ist eine Position mit großem rhetorischem Gewicht (wie wir in Kapitel 5 noch genauer sehen werden). Dieser in doppelter Hinsicht hervorgehobene Platz ist in Absatz 5 mit einem Element besetzt, das direkt zur Überschrift des nachfolgenden Abschnitts unter dem Titel *Founding of the WCTU* überleitet. Die **Kohäsion** hat also erfolgreich **nicht nur die Absatz- sondern auch die Abschnittsgrenze überwunden.** Mehr zu dieser Technik des *transitioning,* d.h. dem Managen von Übergängen, in Abschnitt 4.4, wo eine Abbildung den Prozess auch graphisch darstellt.

Von der Schilderung historischer Abläufe im engeren Sinne abgesehen, wird die chronologische Ordnung bei jedem anderen Rückblick auf Vergangenes angewendet, also zum Beispiel auch, wenn Autoren empirischer Arbeiten beschreiben, wie sie zu ihren Ergebnissen gekommen sind. Absätze in *Methods*-Abschnitten (siehe Kapitel 3) sind überwiegend chronologisch aufgebaut und die *Past Tense*, die klassische »historische« Zeit schlechthin, ist darin dominant.

4.3.2 Spezifizierung/Vertiefung

Absätze, die diesem Strukturprinzip folgen, machen im *topic sentence* eine allgemeine Aussage, zu der in den nachfolgenden *supporting sentences* dann konkretere Information geliefert wird. Die Progression erfolgt also vom Allgemeinen zum Besonderen. In der klassischen Argumentationstheorie spricht man von Deduktion (wenngleich wir uns für unsere Zwecke hier bewusst sein sollten, dass nicht jedes Fortschreiten vom Allgemeinen zum Besonderen eine Deduktion im formallogischen Sinne ist).

Dieses Schema wird von Beispiel 4.6 illustriert. Auf den Themensatz folgt eine erklärende *elaboration* in Form von vier Sätzen. Mit *thus* und *that is* enthält der Absatz zwei für die Spezifizierung typische Konnektoren.

Beispiel 4.6

Spezifizierung als Strukturprinzip im Absatz:

> Interaction in academic writing essentially involves ›positioning‹, or adopting a point of view in relation to both the issues discussed in the text and to others who hold points of view on those issues. In claiming a right to be heard, and to have their work taken seriously, writers must display a competence as disciplinary insiders. This competence is, at least in part, achieved through a writer-reader dialogue which situates both their research and themselves, establishing relationships between people, and between people and ideas. Successful academic writing **thus** depends on the individual writer's projection of a shared professional context. **That is,** in pursuing their personal and disciplinary goals, writers seek to create a recognizable social world through rhetorical choices which allow them to conduct interpersonal negotiations and balance claims for the significance, originality and plausibility of their work against the convictions and expectations of their readers. (Hyland 2005b, 175–176)

Häufig wird der Themensatz auch durch Beispiele spezifiziert. Typisch ist dabei eine Struktur wie in Beispiel 4.7 demonstriert: Der Themensatz führt Begriffe ein, die in den *supporting sentences* dann durch Beispiele erklärt werden.

Beispiel 4.7

Spezifizierung durch Beispiele:

> (Die eigentlichen Definitionen der Kernbegriffe des Themensatzes, *load* und *power*, sind in dem davor liegenden Absatz, einem längeren wörtlichen Zitat, enthalten.)
>
> ***Load*** and ***power*** are comprised of both **external** and **internal** factors (Merriam & Caffarella, 1999). For example, **external load** may include normal life responsibilities (e.g., family, work, and community) while **internal load** consists of »life expectancies developed by people« (Merriam & Caffarella, 1999, p. 280) (aspirations, desires, and future expectations). The **external resources needed for power** may include family support, social and physical abilities or skills, economic abilities, and work and community (Stevenson, 1982). **Internal power resources** may come from skills and experiences (acquired or accumulated) such as »physiological functioning, intellectual development, education, self-concept, spiritual/religious strengths, goals, and expectations which have been achieved« (Stevenson, 1982, p. 222).
> (Madsen, Cameron & Miller 2006, 95)

Bemerkenswert an Beispiel 4.7 ist die Kombination der Technik *exemplification*, also des Veranschaulichens durch Beispiele, mit dem Strukturprinzip, das wir als nächstes besprechen werden, nämlich jenem der Gegenüberstellung. Denn der Themensatz führt hier nicht nur zwei Begriffe ein (*load* und *power*), sondern koppelt sie mit zwei weiteren (*external* und *internal*). Zusammen ergibt das eine vierteilige Matrix von gegensätzlichen Begriffen (*external load, internal load; external power, internal power*), die im Absatz Schritt für Schritt »abgearbeitet« werden: erst *external load,* dann *internal load;* als nächstes *external resources needed for power* und schließlich *internal power resources.* Dass es sich um Beispiele handelt, sehen wir zum einen an *for example* in der zweiten Zeile, zum anderen an *may include* und *may come from,* die ebenfalls den exemplarischen Status der danach aufgezählten Elemente signalisieren.

Wenn man eine Absatzstruktur wie diese ex post aufschlüsselt, wirkt das in einer Weise einleuchtend, die fast schon an Banalität grenzt. Und dennoch sagen die Erfahrungen in der Fremdsprachendidaktik, dass so transparent strukturierte, ihr Gliederungsprinzip geduldig »durchexerzierende« Absätze wie jener in Beispiel 4.7 im akademischen Schreiben von *non-native authors* eher die Ausnahme als die Regel sind.

Ein weiterer Bauplan, den man unter »Spezifizierung« subsumieren könnte, ist die Aufzählung. Siepmann et al. (2011, 69–70) errichten dafür eine eigene Kategorie unter dem Titel *enumerational elaboration.* Beispiel 4.8 ist typisch für dieses Vorgehen.

Beispiel 4.8

Spezifizierung in Form einer Aufzählung:

> In this essay, I hope to make **two primary contributions**. **The first** is that the relationship between capacity and autonomy as conceived of from a presidential perspective is one in which the former must precede the latter. **This is a departure from** other literatures examining competing institutions, which claim that one can exist in the absence of the other. I argue throughout that this is not the case for the presidency. **Second**, I lay out a case for identifying the empirical implications of an institutional approach that leaves room for the vagaries of individual leadership, albeit within constraints imposed by institutional structure, both formal and informal. **Specifically**, I argue that presidents can succeed and fail within the same institutional boundaries, and that success or failure is largely conditioned on their level of individual usage, delegation, and cumulative development of support agencies designed to enhance their capacity and thus extend autonomy. **In this sense**, presidential leadership can be seen as largely proactive, as opposed to the often implicit notion that presidential leadership is predominantly reactive, aligning itself with the incentive structures inher-

> ent in the system. The perspective I offer argues (though does not yet prove) that presidents can play an even greater role than previously assumed in setting the contours of the incentive structure itself, rather than only working within its exogenously determined boundaries.
> (Ponder 2005, 533)

Der Themensatz kündigt eine Aufzählung an (*I hope to make two contributions*), im Rest des Absatzes wird das Versprechen eingelöst, deutlich markiert durch *first* und *second* (*The first is that ...; Second, I lay out a case for ...*). Beide Elemente werden dann selbst noch genauer bestimmt: das erste durch *This is a departure from ...*, das zweite durch *Specifically, I argue that...* und durch den mit *In this sense* beginnenden Satz. Spezifikation ist also grundsätzlich rekursiv, d. h. sie kann auf bereits Spezifiziertes erneut angewendet werden – zumindest innerhalb der Grenzen dessen, was die Transparenz und Stringenz des Absatzes nicht gefährdet und sich noch gut verarbeiten lässt.

4.3.3 Gegenüberstellung

Im Zentrum von Absätzen stehen häufig Vergleiche: Meist werden zwei Elemente beschrieben, ihre Ähnlichkeiten und Unterschiede herausgearbeitet und bewertet. Das wesentlichste Kriterium für die Gegenüberstellung – also die Eigenschaften, die man konkret vergleicht – wird meist im Themensatz genannt (z. B. *The two schools of thought differ significantly in their approach to the economy*). Durch den Themensatz wird also klargestellt, was miteinander wie verglichen wird.

In akademischen Texten sind es typischerweise wissenschaftliche Schulen, Modelle, Verfahren oder aber Phänomene der natürlichen oder sozialen Realität, die nach bestimmten Kriterien verglichen werden. In Beispiel 4.9 sind es zwei Bedeutungen, die einander im Rahmen einer Begriffsklärung gegenübergestellt werden. Textbeispiel 4.9 ist ausnahmsweise nicht zeitgenössisches Englisch, sondern stammt aus dem 18. Jahrhundert, aus Adam Smiths *The Wealth of Nations.* Auch wenn es selbstverständlich nicht das Ziel eines Wissenschaftlers des 21. Jahrhunderts sein kann und darf, 250 Jahre altes Englisch zu imitieren, so ist der Textausschnitt doch ein »Paradebeispiel«, dem in einem modernen Lehrwerk durchaus ein Platz gebührt. Ein gelegentliches historisches Beispiel ist auch geeignet zu zeigen, dass Konventionen der Textgestaltung eine kulturelle Tradition haben, die dazu beiträgt, Strukturprinzipien und Formen der Argumentationsgestaltung eine nachhaltige Wirksamkeit in der Gegenwart zu geben.

Beispiel 4.9

Ein auf einem binären Gegensatz aufgebauter Absatz:

> The word *value*, it is to be observed, has **two different meanings**, and sometimes expresses the **utility** of some particular object, and sometimes the **power of purchasing other goods** which the possession of that object conveys. The one may be called ›**value in use**;‹ the other, ›**value in exchange**.‹ The things which have the greatest value in **use** have frequently little or no value in **exchange**; and on the contrary, those which have the greatest value in **exchange** have frequently little or no value in **use**. Nothing is more **useful** than water: but it will purchase scarce any thing; scarce any thing can be had in **exchange** for it. A diamond, on the contrary, has scarce any value in **use**; but a very great quantity of other goods may frequently be had in **exchange** for it.
> (Smith 1986 [1776]; Kursivschrift und Fettdruck hinzugefügt; zitiert nach http://www.econlib.org/library/Smith/smWN1.html.)

Im Themensatz von 4.9 erfahren wir, um welche zwei Bedeutungen des Begriffs *value* es gehen wird: *utility* einerseits und *power of purchasing other goods* andererseits. Der unmittelbar nachfolgende *supporting sentence* führt dann für diese Bedeutungen griffige Schlagwörter – *value in use* und *value in exchange* – ein. Diese beiden Kernbegriffe werden im Rest des Absatzes in *jedem einzelnen Satz* aufgegriffen, sodass sich der im Themensatz deklarierte binäre Gegensatz wie ein roter Faden durch den gesamten Absatz zieht. Dass es unzählige Wortwiederholungen gibt, tut der Spannung im Absatz keinen Abbruch. Im Gegenteil: Durch das ständige »Pendeln« zwischen *use* und *exchange*, verbunden mit dem sehr anschaulichen Beispiel, das Wasser und Diamanten gegenüberstellt, erhält der Absatz seine besondere Dynamik.

Ähnliche, diesmal zeitgenössische Beispiele, sehen wir in 4.10. Im ersten Beispiel ist es der Gegensatz zwischen *necessities* und *luxuries*, der inhaltlich und sprachlich den gesamten Absatz dominiert; im zweiten werden zwei Städte, Los Angeles und Paris, miteinander verglichen.

Beispiele 4.10

Auf einem binären Gegensatz aufgebaute Absätze:

(Im ersten Beispiel ist aus Platzgründen hier nur die erste Hälfte des Absatzes zitiert.)

> ▷ Products can be broadly categorized as **necessities** versus **luxuries**. **Necessities** are possessed by everybody, while **luxuries** have an element of exclusivity associated with

> them (Bearden and Etzel 1982). By definition, the need for **necessities** is met before the need for **luxuries**. As such, one is provided the **necessities** of life by one's family (when one is a dependent) and provides the **necessities** of life to others who are dependent on oneself. Past research demonstrates that familial influence is likely to be very high in the realm of product and brand decisions in the domain of **necessities**, whereas peer influence is likely to dominate in the domain of **luxuries** (e.g., Childers and Rao 1992). In fact, a high level of intergenerational brand transfer (using the same brands that parents and other family use and trust) has been uncovered with **necessities** but not with **luxuries**, for which image and exclusivity are more important (Childers & Rao 1992). (Krishna & Ahluwalia 2008, 697)

> ▷ Of all the individual cases of vibrant localized cultural-economic systems that might be cited in evidence of the theoretical notions laid out in this paper, two of the most compelling are represented by **the contrasting cases of Los Angeles and Paris**, both of which project strong and sharp-edged cultural images, and both of which have effective global reach in terms of their ability to connect with consumers. **In the former case**, the cultural economy is for the most part focused on products that cater to demotic, informal, post-bourgeois tastes, and it exploits an abundant multi-faceted imagery drawn from a mixture of natural local color (sunshine, surf, palm trees) and a relaxed texture of social life combined with purely fictional associations that are themselves the residues of previous rounds of cultural production (Molotch, 1996; Scott, 1996a; Soja and Scott, 1996). The cultural economy of **Paris, by contrast**, is very much more focused on the production of luxury articles for a more select clientele. It draws on a long tradition of superior craftsmanship and artistry, extending from the seventeenth and eighteenth centuries through the *Belle Epoque* to the present day (Bourdieu, 1977; Castarède, 1992; Claval, 1993; Salais and Storper, 1993) and, **unlike the case of Los Angeles**, the concessions that it occasionally makes to everyday commercial values tend to be signs of failure rather than success. (Scott 1997, 329–330)

Bei diesem Absatz-Strukturprinzip nur von binären Gegensätzen, also Gegensatz*paaren*, zu reden, ist nicht grundsätzlich zwingend; denn natürlich möchte und muss man manchmal auch mehr als zwei Dinge einander gegenüberstellen. Vielleicht will man ja die Behandlung eines bestimmten Problems in mehreren Forschungstraditionen vergleichen, oder man muss für eine Arbeit einen Begriff klären, der mehr als zwei Bedeutungen hat. All das ist notwendig und legitim; zweifelhaft ist allerdings, ob ein *mehr*dimensionaler Vergleich in *einem* englischen Absatz Platz hat. Denken Sie an das »straffe Regime«, das der Themensatz vorgibt, an die geforderte Kompaktheit, die es dem Leser ermöglichen soll, beim Lesen des Schlusssatzes den Themensatz noch präsent zu haben, und an die hohen Anforderungen an die innere Kohäsion, die ein Abschweifen vom Leitmotiv des Absatzes nicht erlaubt. Je mehr in einen Absatz »hineingepackt« wird, desto größer die Gefahr, dass der im Themensatz deklarierte Fokus verloren geht, der Spannungsbogen in der Mitte nicht aufrechterhalten werden kann und sich der Gedankengang im Laufe des Absatzes nicht zu einem überzeugenden Höhepunkt steigert, sondern im Sande verläuft. Um dieser Gefahr zu begegnen, scheint es ratsam, die Komponenten eines mehrdimensionalen Vergleichs auf mehrere aufeinanderfolgende Absätze zu verteilen. So bleibt jeder Absatz für sich überschaubar, ohne dass bei der Komplexität der Argumentation Abstriche gemacht werden.

4.4 Von einem Absatz zum nächsten: *transitioning*

Das vorliegende Kapitel hat mit der zentralen Botschaft begonnen, dass der Absatz der »fundamental building block« (Leonhard 2002, 69) von längeren Texten ist. So gut die einzelnen Bausteine aber auch sein mögen: damit sie sich tatsächlich zu einem Bauwerk fügen, braucht es auch die entsprechende Verbindung zwischen ihnen.

Das Repertoire an sprachlichen Mitteln, die für das Herstellen von Kohäsion zwischen Absätzen zur Verfügung stehen, ist im Wesentlichen dasselbe wie jenes, mit dem auch der innere Zusammenhalt von Absätzen hergestellt wird. Im Idealfall stellt jeder Themensatz den Anschluss zum vorangegangenen Absatz entweder mithilfe semantisch verwandter Wörter (lexikalische Kohäsion), u. U. gekoppelt mit rückverweisenden Pronomina (*this, these*), und/oder durch explizite Konnektoren (z. B. *however, by contrast, in addition, thus, finally, in particular, specifically, at the same time*) her. Der letzte Satz des Absatzes wiederum soll zum Themensatz des nächsten Absatzes eine Beziehung haben und so Schwungkraft für das Vorantreiben der Argumentation generieren.

Das Phänomen der Absatzverbindung an sich ist nichts speziell Englisches. Im Deutschen erwarten wir grundsätzlich auch, dass sich Absätze zu einem harmonisch komponierten Ganzen fügen. Der Unterschied besteht erneut im Grad der Explizitheit. Im englischen *academic writing* erfordert es der Anspruch, den Leser zu führen, ihm auch sehr deutlich zu sagen, wie die großen thematischen Blöcke, die die Absätze ja darstellen, zusammenhängen. In der nächsten *Food-for-Thought*-Box sehen Sie, wie die Schreibtrainer des Harvard College Writing Center insistieren: *You have to guide the reader safely to the next idea* heißt es, und gleich wenige Zeilen danach mit erneuter Eindringlichkeit: *You have to guide your reader.*

Food for Thought

Ein Tipp des Harvard College Writing Center:

Quite often, **if you are having a terrible time figuring out how to get from one paragraph to the next, it may be because you *shouldn't* be getting from one paragraph to the next quite yet, or even ever;** there may be something crucial missing between this paragraph and its neighbors – most likely an idea or a piece of evidence or both. Maybe the paragraph is misplaced, and logically belongs elsewhere. The reason you can't come up with a gracious connective sentence is that there's simply too large an intellectual span to cross, or that you've gone off in the wrong direction. Before you can go on, some causality needs first to be explicated, some other piece of evidence offered. **You have to guide the reader safely to the next idea** by making certain that everything that should have been discussed by this point has in fact been thoroughly discussed. While it is true that an essay is a conversation between a writer and a reader, in which the reader's questions and concerns are internalized and addressed by the writer at the appropriate times, it is also true that even the most committed reader cannot read your mind. **You have to guide your reader**.
(http://writingcenter.fas.harvard.edu/pages/transitioning-beware-velcro; Fettdruck hinzugefügt)

Besonders augenfällige Beispiele für das Führen des Lesers von einem zum nächsten Absatz sind auch jene, in denen der Schlusssatz im Zuge seiner resümierenden Funktion einen Begriff einführt, den der Themensatz des nächsten Absatzes dann zur Frage umformuliert. Direkte Fragen simulieren Interaktivität und sind daher besonders gut geeignet, den Leser in die Textwelt hereinzuholen (Beispiel 4.11).

Beispiel 4.11

Lexikalische Kohäsion zwischen Absätzen in einer Frage-Antwort-Sequenz:

> [...] Quantitative sociolinguistics has certainly clarified some aspects of language in society. But other aspects remain mysterious, **the crucial questions** unanswered, or even unasked.
>
> What are **these crucial questions**? Very briefly, they concern the reasons why people behave linguistically as they have been found to do in study after study.
> (Cameron 1990, 81)

Um zu zeigen, wie das Führen des Lesers durch die Kohäsion zwischen Absätzen in der Praxis aussieht, kehren wir zu Beispiel 4.5 zurück. In Abbildung 4.2 wird graphisch verdeutlicht, wie die Themensätze der fünf Absätze zusammenhängen und wie die schon in sich chronologisch organisierten Absätze dann auch in ihrer Gesamtheit eine schlüssige historische Darstellung ergeben.

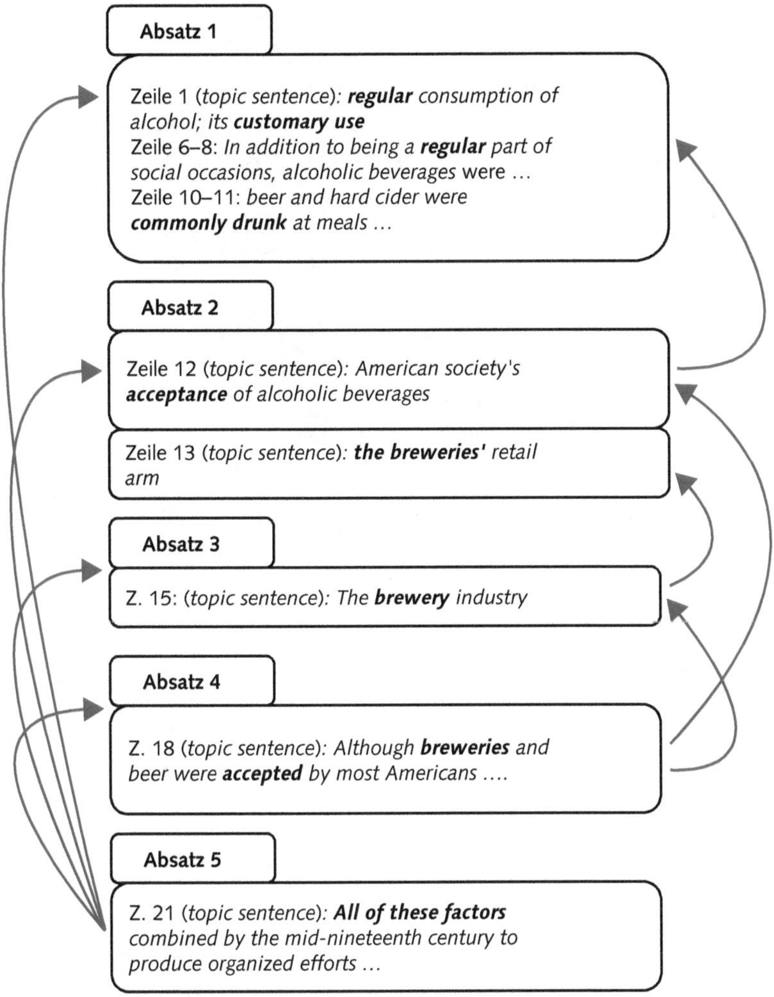

Abb. 4.2: Die Verknüpfungen zwischen den fünf chronologisch strukturierten Absätzen in Beispiel 4.5

4.5 *In a Nutshell*

- Absätze sind Sinneinheiten,
  - die einen Hauptgedanken zum Gegenstand haben;
  - an deren Beginn ein Themensatz (*topic sentence*) steht, der diesen Hauptgedanken prägnant ausdrückt und die Kernbegriffe für diesen Gedanken einführt;
  - die in ihrem Mittelteil den Hauptgedanken in *supporting sentences* erläutern und ausbauen (*elaboration*), indem sie zum Beispiel eine chronologische Entwicklung nachzeichnen, den Themensatz spezifizieren und Beispiele anführen, oder Gegensätze und Gemeinsamkeiten zwischen (meist zwei) Dingen herausarbeiten;
  - die häufig durch einen Schlusssatz (*climax sentence*) abgerundet werden und
  - in nachvollziehbarer Weise mit dem davor und danach liegenden Absatz verknüpft sind und so den Leser durch die Argumentation führen.
- Aufgrund ihrer dreigliedrigen Basisstruktur (*topic sentence, elaboration, climax sentence*) bestehen Absätze in der Regel aus mindestens drei Sätzen. Absätze, die nur aus einem oder zwei Sätzen bestehen, sind nur in Ausnahmefällen (etwa vor *bullet point lists*) zulässig. Im normalen Fließtext sind sie meist irritierend. Nur der vollständige Absatz mit zumindest Minimallänge kann genug sachlichen Gehalt und innere Dynamik entwickeln, um die Argumentation voranzutreiben.

5 Der Satzbau: Piano, Forte, Paukenschlag

subjekt
prädikat
objekt

auch darin
spiegle sich
dramatisches

ohne daß er
diesen umstand
dramatisieren wolle

Ernst Jandl
(Österreichischer Dichter, 1925–2000)

5.1. Grundlagen
- 5.1.1 Der Satzbau als strategisches Gestaltungsmittel
- 5.1.2 Einfache, aneinandergereihte und komplexe Sätze
- 5.1.3 Fragesätze und Aufforderungssätze
- 5.1.4 Informationsstruktur und Kohäsion
- 5.1.5 Satzlänge

5.2. Details
- 5.2.1 *Off to a good start*: Der Satzanfang
- 5.2.2 *All's well that ends well*: Das Satzende
- 5.2.3 *Cleft sentences*
- 5.2.4 Aktiv und Passiv
- 5.2.5 Wie vermeidet man den deutschen »Hauptwortstil«?

5.3. *In a Nutshell*

Wie baut man englische Sätze, die nicht nur korrekt sind, sondern auch stilistisch ansprechend und rhetorisch überzeugend? Statt die Struktur von Sätzen als ein rein syntaktisches Thema zu betrachten, werden wir in erster Linie eine funktionale Perspektive einnehmen. Das Augenmerk gilt dem Informationsfluss und dem stilistischen Potenzial, das der gewandte Umgang mit dem englischen Satzbau bietet.

5.1 Grundlagen

Im letzten Kapitel haben wir gut strukturierte Absätze als *building blocks* erfolgreicher Texte kennengelernt. Unser Thema im vorliegenden Kapitel ist nun die Frage, wie man gute Absätze durch gute Sätze bauen kann. Will man als Autor dem Anspruch gerecht werden, den Leser »Schritt für Schritt« durch den Text zu leiten, dann liegt es auf der Hand, dass der Erfolg dieses Unterfangens wesentlich davon abhängt, wie die einzelnen Argumentationsschritte gesetzt werden und ob sie konsequent alle in die gleiche Richtung führen. Bei aller Vorsicht gegenüber Verallgemeinerungen kann man sich als Faustregel der Argumentation durchaus merken: ein Schritt, ein Satz.

Vorab sollten wir die Frage klären, was denn konkret gemeint ist, wenn von »guten« Sätzen die Rede ist. Der erste Gedanke mag zur korrekten Grammatik führen. Das ist durchaus sachgerecht, denn in der geschriebenen Wissenschaftssprache ist grammatikalische Korrektheit in der Tat eine *conditio sine qua non*, und zwar nicht nur aus Prestigegründen, sondern ganz wesentlich wegen zweier Grundsätze, die wir bereits in Kapitel 2 kennengelernt haben: der Transparenz und der Leserfreundlichkeit. Fehlerhafter oder auch nur ungeschickter Satzbau ist der Klarheit abträglich, *erhöht* den Verarbeitungsaufwand der Leser/innen und *verringert* ihr »Lesevergnügen«, das wir als einen der Gradmesser des kommunikativen Erfolgs identifiziert haben. Natürlich liegt nicht in allen Spielarten der Sprachverwendung im akademischen Raum die Latte so hoch: Im Online Chatroom mit ausländischen Studienkollegen oder beim Smalltalk am Konferenzbuffet ist die Bandbreite dessen, was die Interaktionsteilnehmer akzeptabel finden, sicher größer. Aber in dem Moment, wo bei schriftlichen Textsorten die in Kapitel 2 erwähnten *gatekeepers* auf den Plan treten – in der Gestalt von Prüfern, Gutachtern und *journal*-Herausgebern – wandelt sich die leichte Lesbarkeit und Leserfreundlichkeit von einem eher diffusen, ästhetischen und altruistisch motivierten Kriterium zu einem ganz handfesten, pragmatischen und auch im Eigeninteresse des Autors gelegenen Faktor. Denn wenn in Masterarbeiten oder Zeitschriftenartikeln der Grundsatz *pity the reader* nicht beachtet wird, folgt *pity the author* auf dem Fuß, weil das Werk schlecht beurteilt oder nicht veröffentlicht wird.

Obwohl ein »guter« Satz im geschriebenen Wissenschaftsdiskurs also in jedem Fall den Regeln der englischen Syntax gehorchen muss, ist das alleine zu wenig. Ein Satz kann noch so korrekt sein und dennoch sein rhetorisches Ziel, nämlich die Leser/innen nicht nur zu informieren, sondern auch zu überzeugen, verfehlen. Für den kommunikativen Erfolg im wissenschaftlichen Schreiben ist die grammatikalische Korrektheit wohl eine notwendige, aber keine hinreichende Bedingung. Was ein Satz sonst noch können muss, um in diesem umfassenderen Sinne ein »guter« Satz zu sein, darum geht es im vorliegenden Kapitel.

5.1.1 Der Satzbau als strategisches Gestaltungsmittel

Damit ein sprachliches Feature als eine rhetorische Strategie eingesetzt werden kann, muss es eine gewisse Variationsbreite erlauben. Denn nur wenn überhaupt Wahlmöglichkeiten bestehen, wird das Treffen einer bestimmten Wahl mit Bedeutung angereichert. Dass zum Beispiel attributive Adjektive im Englischen vor Hauptwörtern stehen (*the red car*) und nicht wie im Französischen meist danach (*la voiture rouge*), ist eine Muss- und keine Kannbestimmung. Ebenso verhält es sich mit der Reihenfolge von Subjekt und Zeitwort im Aussagesatz: darüber, dass es *she worked overtime* heißt und nicht ** worked she overtime*, lässt sich nicht nur nicht streiten, sondern man kann mit dieser Regel als stilistischer Ressource nichts anfangen. Invariante Regeln wie diese außer Kraft zu setzen ist der Dichtkunst und anderen sprachkreativen Domänen wie der Werbung vorbehalten. Im wissenschaftlichen Schreiben hingegen hält man sich beim kreativen Nutzen von strategischen Potenzialen der Sprache an jene Aspekte des Regelsystems, in denen tatsächlich Optionen offenstehen.

In vielen Bereichen der englischen Grammatik kann man in der Tat zwischen verschiedenen Varianten wählen. So gibt es zum Beispiel mehrere Stellen im Satz, an denen sich Adverbien wie *however* einfügen lassen. Auch kann ein und dasselbe Geschehen entweder als ganz von selbst ablaufender Prozess dargestellt werden (*the test tube broke*) oder als eine Handlung, die ein sogenannter *actor* oder *doer* (lateinisch *agens*) an einem Objekt ausführt (*the college cat broke the test tube*). Es gibt Satzkonstruktionen, die bestimmte Elemente betonen (*it was the college cat that broke the test tube*), und andere, die eher zum Zurückdrängen und Relativieren von Information geeignet sind (*Although it has been suggested that the test tube may have been broken by the college cat, he is unlikely to be banned from campus.*). Mit der Wahl, die man trifft, entscheidet man sich zwangsläufig auch für eine bestimmte Perspektive, die an die Handlung und die beteiligten Akteure angelegt wird. Dazu kommt natürlich noch eine ganze Reihe von Entscheidungen in der Wortwahl, mit denen wir uns vorrangig im nächsten Kapitel näher beschäftigen werden; nämlich jene, die es dem Autor ermöglichen, Nähe oder Distanz, Sicherheit oder Zweifel zu signalisieren bzw. Dinge in einem eher guten oder eher schlechten Licht erscheinen zu lassen.

5.1.2 Einfache, aneinandergereihte und komplexe Sätze

In diesem Abschnitt sehen wir uns die wichtigsten Muster für den englischen Satzbau an: das Basismodell »SVO« mit der Abfolge von Subjekt-Verb-Objekt (*the dog ate my data*) und seine verschiedenen Ausbaumöglichkeiten. Wie die Erfahrung in Unterricht und Coaching zeigt, können im *academic writing* sowohl sehr einfache als auch sehr komplexe Satzbaupläne Schwierigkeiten bereiten (und zwar durchaus auch manchen *native speakers*). Das ist dann nicht mehr so paradox, wie es klingt, wenn wir uns die unterschiedlichen Ursachen und Ausprägungen dieser Schwierigkeiten vor Augen führen. Auf der einen Seite werden einfache Sätze zu selten verwendet, insbesondere von *non-native speakers* mit deutscher Muttersprache, die manchmal meinen, komplexe wissenschaftliche Gedanken müssten zwangsläufig auch in komplexe Sätze gekleidet werden. Dabei wird sowohl die rhetorische Kraft von »SVO«-Sätzen übersehen als auch das stilistische Potenzial verschenkt, das allein schon in der Variation der Satzlänge liegt (siehe Abschnitt 5.1.5). Auf der anderen Seite wird von der großen Bandbreite komplexer Satztypen, die das Englische zu bieten hat, auch von sehr geübten *non-native authors* meist nur ein Bruchteil aktiv verwendet. Das ist nicht allein ein oberflächlicher ästhetischer Verlust. Denn die Ressourcen, die der Satzbau bietet, erfüllen eine Vielzahl von Funktionen. Sie tragen u. a. dazu bei,

- Inhalte zu präzisieren;
- zwischen wichtigen und weniger wichtigen Argumenten zu differenzieren;
- den Gehalt von Aussagen nuanciert zu vermitteln;
- das Interesse der Leser/innen am Text aufrecht zu erhalten.

Im Folgenden nun ein grober Überblick über die Basisform des englischen Satzes und die wichtigsten Variationstypen, jeweils mit Beispielsätzen, die in der Mehrzahl der Fälle aus wissenschaftlichen Publikationen stammen.

Einfache Sätze (Kernsätze, *simple sentences*)

Die Basisstruktur des englischen Satzes ist die Sequenz aus Subjekt, Verb und Objekt (»SVO«). Wie die (ungekürzten) Sätze in den ersten drei Beispielen zeigen, kommen kurze Kernsätze in authentischen, stilistisch ausgereiften Texten durchaus vor, existieren also nicht bloß zum Zweck einer Grammatik-Demonstration.

Beispiele 5.1

Einfache Sätze nach dem Muster »SVO« (*Subject-Verb-Object*):

▷ Legal decisions presuppose legal disputes. (MacCormick 2005, 146)

▷ The local research ethics committee approved this study. (Anderson et al. 2010, 14)

▷ That development changed the landscape of research methodology. (Bryman 2008, 161)

Im Passiv wird das Element in der Objektposition in die Subjektposition gerückt:

▷ This study was approved by the local research ethics committee.

Bei manchen Zeitwörtern (den »intransitiven Verben«) wird die Objektposition gar nicht besetzt:

▷ Certain additional consequences follow. (Law 2004, 33)

Nach einigen Verben (z. B. *be, remain, seem*) ist das dritte Element der Basisstruktur kein Objekt, sondern ein sogenanntes *complement*, die Struktur somit »SVC«:

▷ Law is an argumentative discipline. (MacCormick 2005, 14)

An einigen Stellen der »SVO«- und »SVC«-Struktur können Adverbien eingeschoben werden, die zum Beispiel Zeit und Ort näher bestimmen, oder die Art und Weise, wie eine Handlung ausgeführt wird, oder die Einstellung, die der Autor zu seiner Aussage einnimmt (letztere sind die sogenannten *stance adverbials* wie z. B. *probably, surprisingly* oder *undoubtedly*). Mögliche Einschubstellen gibt es am Beginn, in der Mitte und am Ende des Satzes; je nachdem, um welchen Typ von Adverb es sich handelt (siehe Mautner 2014, 249–251):

Beispiele 5.2

Adverbien und Adverbialgruppen in unterschiedlichen Positionen:

▷ The first cycle of audit was carried out **during the period of July 2000 to June 2001.** (Anderson et al. 2010, 14)

▷ Each target child was assessed **anthropometrically on two different occasions at the time of their entry to the study and a follow-up six to eight weeks later.** (Brewis & Lee 2010, 62)

▷ **Over the longer term**, wind can **also** affect the development of plants and alter their morphology. (Smith & Ennos 2003, 845)

▷ **Indeed**, social scientists **often** display considerable ambivalence about issues to do with research methods and methodology. (Bryman 2008, 160)

Aneinandergereihte Sätze (*compound sentences*)

Gleichwertige Hauptsätze können durch *and*, *or*, *but* oder *so* aneinandergereiht werden. So entstehen sogenannte *compound sentences*.

Beispiele 5.3

Mit Bindewörtern verbundene Hauptsätze:

▷ Estimates of the number of e-mails received each day varied from four to 150 **and** the average was 25. (Keenoy & Sijo 2009, 186)

▷ We found a positive relationship between collaborative crafting and job satisfaction as expected, **but** we were surprised to find that individual job crafting had a negative relationship with job satisfaction. (Leana, Appelbaum & Shevchuk 2009, 1187)

▷ Third, the data are cross-sectional, **so** we cannot be sure of the causal ordering among the variables. (Leana, Appelbaum & Shevchuk 2009, 1188)

Als Vorgriff auf das Kapitel zur Zeichensetzung (Kapitel 8) sollte auch hier schon erwähnt werden, dass zwischen zwei Hauptsätzen nicht einfach nur ein Komma stehen sollte. Man muss entweder zusätzlich ein Bindewort wie *and* oder *but* verwenden, wie in den eben zitierten Beispielen, oder statt des Kommas einen Strichpunkt oder Punkt setzen.

Komplexe Sätze (*complex sentences*)

Bei komplexen Satzgefügen werden Sätze bzw. Teilsätze (*clauses*) so miteinander verbunden, dass ein Verhältnis der Unterordnung des einen zum anderen *clause* besteht. Einem Hauptsatz (*main clause*) steht ein bzw. stehen mehrere Nebensätze (*subordinate clauses*) gegenüber. Es kommt also zu einer Hierarchisierung von Inhalten, die man als Autor geschickt nutzen kann, um manche Dinge eher in den Vordergrund zu rücken – man spricht von *foregrounding* – und andere eher in den Hintergrund (*backgrounding*; Siepmann et al. 2011, 160–162).

Zu den im wissenschaftlichen Englisch am häufigsten vorkommenden Typen von abhängigen *clauses* gehören die folgenden:

- **Subjekt- und Objektsätze**, eingeleitet z. B. mit *that* oder *whether*

BEISPIELE 5.4

Mit *that* und *whether* eingeleitete Nebensätze:

▷ Earlier research suggested **that** quality is higher when preschool teachers have higher levels of formal education. (Leana, Appelbaum & Shevchuk 2009, 1171)

▷ **Whether** this conflict between beliefs about diet foods and amount of calories has an impact on consumption behavior depends on **whether** the consumer is a restrained eater or an unrestrained eater.
(Scott et al. 2008, 402)

Achtung: Im Englischen steht vor *that* und *whether* kein Komma (siehe Kapitel 8).

- **Relativsätze**
  Relativsätze können mit den Relativpronomina *which*, *who*, *that*, *whose* und *whom* angeschlossen werden. (Zu den dabei wirksamen Regeln siehe Mautner 2014, 125–140.)

BEISPIELE 5.5

Relativsätze:

▷ This paper outlines an investigation **which** sought to make up for some of the gaps **that** had been identified on the effect of wind on plant development. (Smith & Ennos 2003, 846)

▷ Critical legal studies (CLS) is an intellectual trend **that** has had an enormous influence on legal scholarship during the last two decades. (Treviño 2008, 391)

▷ Recently, Wrzesniewski and Dutton (2001) proposed a different lens **through which** to view employees' work behaviors. (Leana, Appelbaum & Shevchuk 2009, 1169)

▷ Of all the individual cases of vibrant localized cultural-economic systems **that** might be cited in evidence of the theoretical notions laid out in this paper, two of the most compelling are represented by the contrasting cases of Los Angeles and Paris, **both of**

which project strong and sharp-edged cultural images, **and both of which** have effective global reach in terms of their ability to connect with consumers. (Scott 1997, 329)

- **Sätze mit -*ing*- und -*ed*-Partizipien**
  Partizipialsätze dienen dazu, Hauptsätzen eine Art Rahmen zu geben und Begleitumstände zu schildern, ohne dass man sich präzise festlegen muss, ob und wie die Handlung im Nebensatz auf jene im Hauptsatz Einfluss nimmt. Bei den Adverbialsätzen, zu denen wir noch kommen werden, ist man hingegen allein schon durch die Wahl des einleitenden Bindewortes – *because, while, although* usw. – gezwungen, sich auf ein *bestimmtes* Verhältnis zwischen Haupt- und Nebensatz festzulegen. Die Möglichkeit, ein Bindewort zu verwenden, gibt es zwar auch bei Partizipialsätzen (wie das dritte der nachfolgenden Beispiele zeigt: *although usually remembered as …*), sie ist aber eben nur eine Option.

Beispiele 5.6

Partizipialsätze mit -*ing*- und -*ed*-Partizipien:

▷ Researchers have begun to evaluate animals' metacognitive capacities. **Continuing this evaluation,** the present authors asked whether monkeys could use the analog of a confidence-rating scale to judge retrospectively their accuracy in a psychophysical discrimination. (Shields et al. 2005 [Abstract])

▷ **Drawing on both a review of the extant literature and information provided in our early interviews and focus groups,** we devised six items to assess ways in which child-care workers might voluntarily craft their jobs. (Leana, Appelbaum & Shevchuk 2009, 1177–1178)

▷ **Employed strategically,** discursive resources can construct and maintain preferred visions of selves and groups [...]. (Kuhn 2009, 684)

▷ **Originally published in 1930,** his text remains a potent allegory of contemporary organizing and is a graphic re-presentation of the incapacity of both individuals and organizations to resist the tendency to cultural entropy. (Keenoy & Seijo 2009, 179)

▷ It should be noted that the contributions of Florence Nightingale were of great significance. **Although usually remembered as a pioneer in nursing,** she was also one of the leading mathematicians of her time. (Curtis 2009, 2)

Partizipialsätze sind auch sehr gut zur Informationsverdichtung geeignet. Wie wir in Kapitel 3 gesehen haben, sind sie daher in all jenen Textsorten sehr nützlich, bei denen man auf kleinem Raum viel aussagen muss, zum Beispiel in Abstracts. Achten muss man in jedem Fall darauf, dass der Satz mit dem Partizip und der Hauptsatz das gleiche Subjekt haben; Fehler in diesem Bereich können mitunter zu unfreiwilliger Komik führen (siehe *Language Focus*).

Language Focus

Vorsicht vor Partizipien mit falschem Bezugspunkt:

Das Subjekt des Hauptsatzes muss mit dem (implizierten) Subjekt im Partizipialsatz identisch sein. Ist das nicht der Fall, liegt ein sogenanntes *misrelated* oder *dangling participle* vor, wie etwa im folgenden Fall:
* *Carrying out another experiment, the chimpanzees were given three bananas to choose from*. Da man als Leser annimmt, dass das Subjekt in Haupt- und Nebensatz identisch ist, bedeutet dieser Satz, dass die Schimpansen das Experiment durchführten. Korrekt umformuliert müsste der Satz zum Beispiel lauten: *In another experiment, the chimpanzees were given …*, oder *Carrying out another experiment, we gave …*.

Im formalen geschriebenen Englisch, so auch im *academic writing*, werden Partizipialkonstruktionen häufig auch anstatt von Relativsätzen verwendet (Mautner 2014, 118):

Beispiele 5.7

Partizipialkonstruktionen mit der Funktion von Relativsätzen:

▷ Kafka's novel, The Castle, has long provided a vivid metaphor for the intricate entanglements **engendered by** a traditional bureaucratic mode of being (Warner, 2007). (Keenoy & Seijo 2009, 179)

▷ In this experiment, **plants subjected** to both air flow and stem flexure tended to have stems which were shorter, with lower conductivity and rigidity than **those subjected to** neither. (Smith & Ennos 2003, 848)

▷ Social structure, **defined as** »the patterned regularities that characterize most of human interaction« (Stryker 1980:65; see also Emirbayer and Goodwin 1994), influences social interaction. (White 2010, 343)

Fortgeschrittene *non-native speakers* verstehen *-ing-* und *-ed*-Konstruktionen zwar mühelos, verwenden Sie aber vergleichsweise selten. Passive und aktive Sprachkompetenz driften also in diesem Bereich oft stark auseinander. Ein Manko ist das nicht zuletzt dann, wenn wir diese Formulierungen brauchen, um Phrasen wie die folgenden in gutes Englisch zu übertragen:

die in Kapitel 10 diskutierten Fragen
die zuvor beschriebenen Probleme

Im Englischen steht der Platz vor einem Hauptwort nicht so wie im Deutschen für Ergänzungen zur Verfügung. Stattdessen muss die entsprechende Information mithilfe einer Partizipialkonstruktion nachgestellt werden:

the questions discussed in Chapter 10
the problems described earlier

Tipp

Wenn Sie den Eindruck haben, Sätze mit *-ing* und *-ed*-Partizipien bei Ihrer eigenen Schreibtätigkeit zu selten zu verwenden, lesen Sie einmal einen wissenschaftlichen Text aus Ihrem Fachgebiet ausschließlich mit dem Ziel, alle Partizipialkonstruktionen zu identifizieren. Als nächsten Schritt könnten Sie einen von Ihnen verfassten englischen Text durchgehen: Immer dort, wo zwei Hauptsätze oder ein Haupt- und ein Nebensatz hintereinander stehen, kann man zumindest prüfen, ob nicht ein Partizipialsatz möglich wäre (was sowohl Abwechslung in die Strukturen brächte als auch den Text kompakter machen würde). Beim Umformen wird zum Beispiel aus den aneinandergereihten Sätzen *We analysed the first data set and then refined our theory* der komplexe Satz *Having analysed the first data set, we refined our theory.*

- **Adverbialsätze**
  Sie werden mit Bindewörtern (*conjunctions*) eingeleitet und beschreiben die Umstände, unter denen eine Situation existiert oder eine Handlung durchgeführt wird. Diese Umstände können unter anderem zeitlicher (*when, before, while* etc.), örtlicher (*where, wherever*) oder kausaler Natur sein (*because, as, since*). Ebenso kann ein Kontrast ausgedrückt werden (*whereas, while*), eine Bedingung (*if, unless, provided that* etc.), eine Konzessivrelation (z. B. *although, even though, despite the fact that*), ein Resultat (*so that*) oder eine Absicht (*to, in order to*).

Beispiele 5.8

Adverbialsätze:

▷ **When** children earn and reserve money for their own use in these communities, it is almost all spent on food purchases. (Brewis & Lee 2010, 60)

▷ Our model is not directly related to existing methods, **although** we can offer some qualitative comparisons. (Brown et al. 2006, 360)

▷ **While** this paper is probably the one considered the most radical by the general public, the basic concepts of relativity had been in the scientific air for a very long time. (Curtis 2009, 5)

▷ The second part of the paper should be extended **so that** a more comprehensive analysis of publication patterns can be carried out. (Bryman 2008 [Abstract])

▷ **Because** there is no guarantee that social structure will be uniform across the membership, social structure also influences the internal dynamics of a social movement organization. (White 2010, 343)

5.1.3 Fragesätze und Aufforderungssätze

Auch wenn der Aussagesatz wohl als das »Herzstück« wissenschaftlichen Argumentierens gelten kann, trifft man doch immer wieder auf Fragen und Aufforderungssätze – im englischen *academic writing* häufiger als im deutschen. Sie haben im Wesentlichen zwei Funktionen:

- Sie sprechen die Leser/innen direkt an und anerkennen sie so als »Interaktionspartner«. Hyland nennt diesen Zugang »engagement« und beschreibt ihn als »a writer's choice to introduce readers as real players in the discourse« (Hyland 2009, 112).
- Sie markieren Schritte in der Argumentation. Fragen und Aufforderungen (wie zum Beispiel *let us briefly consider …* oder *take the example of …*) sind Teil des »Metadiskurses«, den wir schon in Kapitel 2 als zentralen Bestandteil der dem Leser zugewandten Argumentationsführung kennengelernt haben.

Beispiele 5.9

Die beiden Beispiele zeigen, wie Fragesätze dazu beitragen, Gedankengänge zu gliedern und die Leser/innen einzubeziehen:

▷ Both surveys, almost twelve years apart, found that about half of the responses chose each definition. **Why?** Perhaps that is because workforce diversity has not been formally, officially defined by the EEOC [Equal Employment Opportunity Commission] or the courts. Clearly, twelve years later there still is no consensus on the definition.
(Carrell, Mann & Sigler 2006, 12. Ein längerer Ausschnitt, der einen größeren Textzusammenhang zeigt, ist in Kapitel 4, Beispiel 4.1 enthalten.)

▷ Speaking generally, **how** might students of foreign policy approach the analysis of environmental foreign policy? **Several questions come to mind. Why** do states adopt particular environmental foreign policies? **What** effects do foreign economic, security, and social policies have on the environment? **What** limits do environmental parameters place on such policies as commitment to national and global economic growth? **What** is the relationship between environmental foreign policy and other state policies, such as trade policy and domestic environmental policy, or the military's impact on the environment? **All such queries** can be framed in terms of bilateral or multilateral relations. Our review centers on **the first question: Why** does a given state adopt a particular policy or orientation on international environmental concerns?
(Barkdull & Harris 2002, 65)

5.1.4 Informationsstruktur und Kohäsion

Wenn man sich mit dem Satzbau beschäftigt, ist es zweckmäßig, neben einer rein *strukturellen* Sicht – mit dem Fokus auf der Reihenfolge der Elemente – auch eine *semantische* und *funktionelle* Sicht anzuwenden, mit dem Fokus auf der Bedeutung und der Aufgabe der Elemente im Satz. Sehen wir uns aus diesem doppelten Blickwinkel exemplarisch zwei Sätze an:

A. *Brown rejected Smith's theory.*
B. *Smith's theory was rejected by Brown.*

Auf den ersten Blick könnte man meinen, die beiden Sätze hätten die gleiche Bedeutung. Ganz falsch ist das natürlich nicht: sowohl in A als auch B spielt *Brown* den aktiven Part und *Smith's theory* ist das »Opfer« (lateinisch *patiens*) von Browns Handlung. Dennoch sind die beiden Sätze keine exakten Äquivalente. Wären sie in einem zusammenhängenden Text gegeneinander austauschbar? Wohl kaum, denn: »Sie fangen anders an«. Diese sich aufdrängende, untechnisch und banal klingende

Antwort kann man hier durchaus zulassen, denn sie trifft den Nagel auf den Kopf. In der Fachsprache der funktionalen Grammatik würde man vielleicht etwas eleganter sagen, A hat ein anderes »Thema« oder einen anderen »point of departure« bzw. »starting point« (Hewings & Hewings 2005, 56). Satz A nimmt von *Brown* seinen Ausgangspunkt, wählt *Brown* als Subjekt und erzählt uns daher etwas über *Brown*, der vermutlich zuvor bereits im Text eingeführt wurde, als bekannte Größe vorausgesetzt werden kann oder für den Leser aus dem Text zumindest leicht erschließbar ist (im Sinne von »accessible«, Siepmann et al. 2011, 103). Wenn man sich eine Frage ausdenken müsste, die Satz A sinnvoll beantwortet, wäre das zum Beispiel *What did Brown do?* Satz B hingegen hat *Smith's theory* zum Thema. *Smith's theory* ist das bereits bekannte Element, über das der Satz dann etwas Neues – die Zurückweisung durch Brown – erzählt. Eine passende Frage wäre daher: *What happened to Smith's theory?*

Das Bewusstsein für diesen Unterschied zu schärfen, ist kein akademisches Glasperlenspiel, das außerhalb der Linguistenzunft niemand zu interessieren braucht. Ganz im Gegenteil: Für jeden Satz den richtigen *point of departure* zu wählen, ist sehr wichtig für das schlüssige Zusammenhängen von Sätzen und damit für die Kohäsion, das Bauen nachvollziehbarer Argumentationsketten und die Leserfreundlichkeit. Nicht selten verliert man sich als Leser in einem schlecht zusammengebauten Absatz genau deshalb, weil die Abfolge von bereits im Text eingeführten, bekannten oder zumindest leicht zugänglichen Elementen und den neuen Dingen, die über sie erzählt werden, nicht gut geregelt wurde. In diesen Fällen ist das die Sätze zusammenhaltende semantische und syntaktische »Gewebe« – das Wort *Text* kommt vom Lateinischen *texere* / »weben« – nicht dicht genug.

Food for Thought

The word *text* is from the Latin word *texere*, meaning weave. We can think of texts as woven together from different strands or threads. Texts, like textiles, come in different shapes and sizes and have different functions in human life.
(Chilton 2009, 170)

Um das Zusammenspiel zwischen Satzbau und Informationsstruktur zu illustrieren, sollten wir uns vom Trockendock der beiden erfundenen, kurzen und isolierten Beispielsätze in richtige Textwelten begeben. Beginnen wir mit einer Sequenz von zwei Sätzen aus Curtis (2009) und zwei ganz ähnlich aufgebauten aus Giddens (1991), beide zitiert in 5.10.

Beispiele 5.10

Innere Dynamik und Zusammenhalt von Sätzen durch die Abfolge von vertrauter und neuer Information:

▷ Virtually all human experience is mediated – through socialisation and in particular the acquisition of **language**. **Language** and memory are intrinsically connected, both on the level of individual recall and that of the institutionalisation of collective experience. (Giddens 1991, 23)

▷ In the period prior to 1905, a leading proponent of the atomic hypothesis was **Ludwig Boltzmann. Boltzmann** extended Maxwell's work in statistical mechanics to obtain the Maxwell-Boltzmann distribution, which connected atoms with macroscopic phenomena. (Curtis 2009, 2)

In beiden Satzpaaren beginnt der jeweils erste Satz mit einem Element, das aus dem vorangehenden (hier aus Platzgründen nicht wiedergegebenen) Text erschließbar ist: im ersten Fall ist es ein Subjekt (*virtually all human experience*), im zweiten eine Zeitangabe, die sich an eine schon zuvor begonnene chronologische Darstellung anfügt (*in the period prior to 1905*). Das sind also die für den Leser schon vertrauten Startpositionen. »Gelandet« wird dann in beiden Fällen auf neuen Elementen: *is mediated* und *the acquisition of language bzw. Ludwig Boltzmann.* Auf diesen »Landeplätzen« am Satzende gelten *language* und *Ludwig Boltzmann* als Informationen, die neu in den Text hereingeholt werden. In dem Augenblick jedoch, wo wir im jeweiligen Anschlusssatz dieses Element selbst wieder als *starting point* für eine neue Aussage wählen, sind sie für den Leser schon »alte«, d.h. bereits bekannte Informationen.

Die beiden Satzpaare in 5.10 illustrieren somit jenes Grundprinzip des Informationsflusses im Englischen, nach dem es innerhalb eines Satzes zu einem »gradual rise in information load« kommen soll (Biber et al. 1999, 896). Man spricht auch von *end focus.* Ausnahmen kann es gelegentlich geben, insbesondere in literarischen Textsorten; für das wissenschaftliche Schreiben jedoch ist das Prinzip des *end focus* zweifelsohne bestimmend. Wie das Zitat in der *Food-for-Thought*-Box zeigt, geht es auch bei diesem Phänomen auf der Mikroebene des Satzes – wie zuvor schon auf der Makroebene des Texts (Kapitel 3) und der Mesoebene des Absatzes (Kapitel 4) – um ein Steuern sowohl der Textproduktion als auch -rezeption (»... simplifies both the planning of the speaker and the decoding of the hearer«).

In 5.11 sehen wir einen noch etwas größeren Textzusammenhang, einen vollständigen Absatz aus MacCormick (2005).

Food for Thought

Informationsfluss im englischen Satz:

In any clause, some elements normally express, or refer back to, information that is familiar from the preceding discourse, i. e. **given**, while others present **new** information. There is a preferred distribution of this information in the clause, corresponding to a gradual rise in information load. This could be called the information principle: [...] *Inside the house Mr Summers found a family of cats shut in the bathroom* [...]. On the one hand, the clause is grounded in the situation and the preceding discourse, where *the house* and *Mr Summers* have already been mentioned; on the other, it carries the communication forward by telling us about what Mr Summers *found*. Thus, the clause characteristically opens with given or background information and ends with new information.

Normal reliance on this organization simplifies both the planning of the speaker and the decoding of the hearer. It may be seen as contributing to the **cohesion** of text, since the given information is closest to that which it connects back to and the new information is very often taken up in the succeeding discourse.
(Biber et al.1999, 896–897; Kursivschrift und Fettdruck im Original)

Beispiel 5.11

Informationsstruktur in Sätzen als Basis der Kohäsion eines Absatzes:

> The Rule of Law is a signal virtue of civilized societies. Where the Rule of Law obtains, the government of a state, or of a non-state polity such as the European Union, or of political entities within states, such as England, Scotland, Wales or Northern Ireland within the United Kingdom, is carried on within a framework laid down by law. This gives significant security for the independence and dignity of each citizen. Where the law prevails, you know where you are, and what you are able to do without getting yourself embroiled in civil litigation or in the criminal justice system.
> (MacCormick 2005, 12)

An Beispiel 5.11 erkennen wir auch, dass die Sequenzierung von alter und neuer Information nicht immer auf der wörtlichen Wiederholung zwischen dem *exakt* letzten Element eines Satzes und dem ersten Element des jeweils nächsten Satzes beruht, wie es in 5.10 der Fall war. Für die gelungene Kohäsion kann es auch reichen, dass ein Folgesatz mit einem Element beginnt, das aus dem Vorangegangenen grundsätzlich erschließbar ist, auch wenn man dafür im Vordersatz etwas weiter zurückgehen muss. In jedem Fall funktioniert die Abfolge von Sätzen im Absatz (und manchmal sogar zwischen Absätzen) dann optimal, wenn sie wie ein Staffellauf mit geglückter Staffettenübergabe abläuft: Jeder Satz beginnt damit, dass er vom jeweils vorherigen schon bekannte oder erschließbare Informationen übernimmt, dazu eine neue Aussage macht und so den Text insgesamt vorantreibt.

5.1.5 Satzlänge

Wie lang darf oder soll ein englischer Satz sein? Sind englische Sätze kürzer als deutsche? Diese und ähnliche Fragen gehören sicher zu den »FAQs« des *academic writing*. Für *non-native speakers* mit deutschsprachigem Background ist das Thema Satzlänge aus zwei Gründen von besonderer Bedeutung: zum einen, weil sich deutsche Sätze mitunter über viele Zeilen erstrecken können (was von deutschen Schreibratgebern zwar auch nicht gutgeheißen wird, aber trotzdem häufig vorkommt), und zum anderen, weil deutschsprachige *non-natives* gerade mit dem Schreiben kurzer englischer Sätze häufig deshalb Schwierigkeiten haben, weil sie in ihren Ohren plakativ oder banal zu klingen scheinen.

Definitiv und mit einer absoluten Maßzahl lässt sich die Frage nach der optimalen bzw. maximal zulässigen Satzlänge sicher nicht beantworten (wohl auch, weil sie unter die Kategorie von Fragen fällt, auf die man im Englischen gerne mit der Rückfrage antwortet: »How long is a piece of string?«). Einige Trends und daraus abgeleitete Tipps kann man allerdings schon formulieren:

- Lange und komplexe Sätze sind nicht grundsätzlich schlecht. »Written academic English is not frightened of long sentences«, erinnern uns auch Siepmann et al. (2011, 97). Lange Sätze sind dann in Ordnung, wenn
  - ihre Struktur für den Leser transparent ist, sie rhythmisch ausbalanciert sind und gut »fließen«,
  - dies auch durch die passende Zeichensetzung untermauert wird (Kommata, Strichpunkte, Gedankenstriche) und
  - lange und kurze Sätze einander abwechseln, damit sich die Leser/innen auch wieder »erholen« können.
- Kurze und einfache Sätze sind nicht grundsätzlich gut. Werden sie zu häufig verwendet, können sie *choppy*, d.h. abgehackt wirken (Oshima & Hogue 2006, 185) und einen »unangenehmen Staccato-Effekt« hervorrufen (Haigh 2009, 49). Prädestiniert sind sie jedoch für Kernaussagen, insbesondere an exponierten Stellen im Absatz, wie dem *topic sentence* und dem *climax sentence* (siehe Kapitel 4).

Food for Thought

(1) **Choppy sentences** are sentences that are too short. Short sentences can be effective in certain situations. For instance, when you want to make an impact, use a short sentence. [...] However, overuse of short sentences is considered poor style in academic writing.
(Oshima & Hogue 2006, 185–186; Fettdruck im Original)

(2) Use words economically to form your sentences. This does not necessarily mean that every sentence should be short (which might create a **displeasing staccato effect**), but that all unnecessary words should be removed; this will make your **writing much more vigorous**.
(Haigh 2009, 49; *economically* = »sparsam«)

(3) Although writing only in short, simple sentences produces choppy and boring prose, writing exclusively in long, involved sentences results in difficult, sometimes incomprehensible material. **Varied sentence length helps readers maintain interest and comprehension.**
(*Publication Manual of the American Psychological Association* [APA] 2007, 68)

Die Frage nach der optimalen Länge ist also eng verknüpft mit der Satzstruktur und der Variation in der Länge von Sätzen in einem Absatz. Gelingt die Abfolge von kürzeren und längeren Sätzen, dann haben die Leser/innen Abwechslung und werden bei der Textverarbeitung weder unter- noch überfordert. Dabei sollte man betonen, dass »Struktur« sich in diesem Fall nicht nur auf die Syntax im engeren Sinne bezieht, sondern auch auf den oben beschriebenen Informationsfluss – gesteuert von Grundsätzen wie »alter vor neuer Information« und *end focus.* In Beispiel 5.12 sieht man, wie die Satzlänge innerhalb eines Absatzes variiert, wie der Autor sich nicht scheut, auch kurze, einfache Sätze zu verwenden (hier fett markiert), wie sie aber von längeren Sätzen umgeben sind.

Beispiel 5.12

Variation der Satzlänge in einem Absatz:

> **Applying the law always involves interpreting it.** Any norm posed in an authoritative legal text has to be understood before it can be applied. Accordingly, in a wide sense of the term ›interpretation‹, every application of law requires some act of interpretation, since one has to form an understanding of what the text says in order to apply it, and any act of apprehension of meaning can be said to involve interpretation. **This applies even in mundane settings.** If I see a ›No Smoking‹ sign in the room I am enter-

> ing and put out my cigarette in response, I evince simple understanding of the sign, and compliance with it. Without any element of doubt or resolution of doubt, I immediately apprehend what is required. This immediate apprehension of meaning can be called ›interpretation‹, but only in a very broad sense of that term.
> (MacCormick 2005, 121)

5.2 Details

Nach der allgemeinen Einführung zum Satzbau wenden wir uns nun einigen Detailfragen zu, und zwar fünf Themen, die für das wissenschaftliche Schreiben besonders relevant sind. Wir werden uns näher mit (1) der Gestaltung des Satzanfangs und (2) des Satzendes befassen, (3) eine für das Betonen von Elementen wichtige Konstruktion besprechen (sogenannte *cleft sentences*), (4) die Rolle des Passivs zusammenfassen und (5) einige Techniken vorstellen, wie man es vermeiden kann, den deutschen »Hauptwortstil« ins Englische zu übertragen, wo er oft schwerfällig klingt. Im Zentrum stehen dabei einmal mehr das Leitprinzip der Transparenz und die Forderung, dass die Leser/innen in einer Weise durch den Text geführt werden müssen, die ihren Verarbeitungsaufwand minimiert.

5.2.1 *Off to a good start*: Der Satzanfang

Am Beginn eines Texts hat die *Introduction* die Funktion, die Aufmerksamkeit der Leser/innen zu bündeln; am Beginn eines Absatzes ist es der Themensatz, der diese Aufgabe übernimmt. Auf der Ebene des einzelnen *Satzes* ist der Beginn ebenfalls eine strukturell und rhetorisch wichtige Zone. Zur Erinnerung: Die interne Dynamik englischer Sätze sollte so gestaltet werden, dass bekannte, alte oder leicht erschließbare Informationen am Beginn stehen und das Neue sich daraus entwickelt. Davon leitet sich der Tipp ab: »Put old (or given) information before new information« (Cargill & O'Connor 2009, 52). Im Rahmen unserer musikalischen Analogie könnte man sagen, dass es von einem eher »leisen« und vertraut klingenden Beginn an zum Satzende hin sozusagen immer »lauter« und spannender werden sollte, idealerweise bis zu einem kräftigen Forte mit einem Paukenschlag am Satzende.

Innerhalb dieser Dynamik kommt dem Satzanfang eine recht ambivalente Funktion zu. Denn einerseits soll er eben nur Bekanntes wieder aufnehmen, während die Leser/innen auf das Neue und Wichtige bis zur Vollendung der Satzaussage warten müssen. Andererseits ist der Satzanfang eine sehr bedeutsame, weil exponierte Position; wie zuvor schon erläutert, erfahren wir am Satzanfang, worum es in dem Satz geht. Außerdem wird der Satzanfang häufig dafür genützt, den Leser quasi »auszurichten«, d.h. ihm an diesem *starting point* die grundlegende Orientierung mitzuteilen, die der Autor für den jeweiligen Satz einnimmt und von dem er möchte, dass der Leser sie mit ihm teilt: etwa so, wie man auf einer Aussichtsplattform einem Besucher die Richtung zeigt, in die er schauen soll, damit er das gleiche sieht wie man selbst. Ohne diese Ausgangsposition kann er das angepeilte Ziel nicht wahrnehmen. So haben wir in der Analyse von Beispiel 4.5 im letzten Kapitel gesehen, wie die Sätze in chronologisch orientierten Absätzen häufig »Zeitmarker« an ihrem Anfang haben (*in 1909, during this period*). Solche Satzanfänge sagen den Leser/inne/n: Es geht um eine Geschichte, die der Autor jetzt in ihrem Zeitablauf erzählen wird. Desgleichen standen in den auf Kontrasten und Gegenüberstellungen aufgebauten Absätzen an den strategisch wichtigen Satzanfängen immer wieder »Kontrastmarker« wie *however* oder *on the other hand.*

Solche Strukturmuster legen nahe, dass eine ausreichend große Zahl der Satzanfänge im Absatz ähnlich gestaltet sein sollte, das heißt so, dass sich die dominante Argumentationslinie des jeweiligen Absatzes in ihnen widerspiegelt. »Ausreichend groß« ist die Zahl der Signale dann, wenn der Leser durch sie das im Absatz vorherrschende Strukturprinzip erkennt. Die Forderung nach Ähnlichkeit betrifft aber nur die *Bedeutung* der Anfangselemente, nicht ihre Form. Um in einem Absatz zum Beispiel einen Vergleich »durchzuexerzieren«, eignen sich als Satzanfänge einfache Hauptwortgruppen (z.B. *the main difference*) ebenso wie mehrteilige Adverbialgruppen mit Präpositionen (z.B. *by contrast*) oder einfache Adverbien (z.B. *similarly, however*). Auch Partizipsätze können ihren Teil dazu beitragen (z.B. *comparing these two theories*), ebenso natürlich Adverbialsätze (z.B. *if the pros and cons are weighed up …*). In dem in Beispiel 5.13 wiedergegebenen Absatz, der uns schon aus Kapitel 2 bekannt ist, gleicht in Hinblick auf die Form kein Satzanfang dem nächsten.

Beispiel 5.13

Variation in den Satzanfängen:

> **Effectively managing change** is one of the most critical challenges organizations face today. **History** shows that organizations that continually and consistently rise to meet that challenge are those that are most successful. **According to McNabb and Sepic (1995, p. 370),** change is the process of »altering people's actions, reactions, and

interactions to move the organization's existing state to some future desired state.« **Because of the constant changes confronting employees,** some degree of adjustment and improvement can and should occur continuously. **Often, however,** changes result in dissatisfied or distressed employees. **When anxiety is high,** performance is lowered and job satisfaction is reduced. **Staff resistance** to the desired change is often excessive and immediate (McNabb & Sepic, 1995). **In fact,** it is often suggested that it may be easier, at times, and less costly to start a completely new organization than it is to change the culture of an existing one. **McNabb and Sepic (1995, p. 372) purported that** a key goal of a company is to »introduce desired changes, while keeping anxiety, resistance, and subsequent stress to an absolute minimum.« **Many of these change challenges** reflect complicated human dynamics between individuals, departments, and even with outside organizations and the environment (Backer, 1995).
(Madsen, Cameron & Miller 2006, 93–94)

Gewiss stellt sich die Frage, was denn eigentlich »passiert«, wenn man dieses Prinzip der Variation missachtet (wie es viele Autoren tatsächlich tun, sodass Gegenbeispiele nicht schwer zu finden sind). In Hinblick auf die Bedeutung der Sätze und Absätze »passiert« gar nichts, und auch die Verständlichkeit wird in aller Regel nicht negativ beeinflusst. Einen *positiven* Einfluss hat ein Mangel an Variation aber auch nicht. Im Gegenteil: Texte, in denen ein Satz nach dem anderen mit einem syntaktisch gleichen Element beginnt, wirken unbeholfen und langweilig. Sie schleppen sich vorwärts und klingen repetitiv, auch wenn die Inhalte an sich keineswegs wiederholt werden. Ein abwechslungsreicher Text wie 5.13 hingegen vermittelt den Eindruck zu fließen und ist weit besser geeignet, die Aufmerksamkeit der Leser/innen zu erhalten. Den Unterschied zwischen »schleppen« und »fließen« kann man sich dadurch vor Augen führen, dass man aus guten Beispielen wie 5.13 die Variation herausnimmt und alle Sätze mit einer einfachen Hauptwortgruppe beginnen lässt: *Change management is ….*; *History shows …*; *Changes often result in …*; *High anxiety leads to …* usw. Grammatikalisch ist das Resultat der bewussten »Zerstörung« nicht weniger korrekt als das Original; stilistisch fällt es gegenüber dem Original aber deutlich ab.

In Hinblick auf die stilistische Variation ist es hilfreich, sich noch zwei weitere Punkte in Erinnerung zu rufen. Zum einen die Tatsache, dass Satzanfänge syntaktisch recht komplex ausfallen können: wenn zum Beispiel zwei Adverbien hintereinander gestellt werden (z. B. *in the 20th century*, gefolgt von einem »Kontrastmarker« wie *however*). Das Resultat wird als *complex framing* bezeichnet. Seine Funktion ist »a stepwise scene setting for the content of the main clause« (Siepmann et al. 2011, 162). Dazu einige Beispiele in 5.14.

Beispiele 5.14

Syntaktisch komplexe Satzanfänge:

▷ **Although ›space‹, however defined,** has been at the heart of geographical enquiry since antiquity (Unwin 1992), the rapidity with which geographers and other social scientists in the 1980s and 1990s have adopted the idea that space is socially ›produced‹, or ›constructed‹, is worthy of note (Swyngedouw 1992; Lagopoulos 1993). (Unwin 2000, 12)

▷ **For example, in the 1880s,** the brewery industry was composed of thousands of small, independent businesses. (Hiatt, Sine & Tolbert 2009, 660)

▷ **Faced with** the problem of explaining variation, **and in the absence of** a well-thought-out theory of the relation of language and society, sociolinguists tend to fall back on a number of unsatisfactory positions: they may deny that anything other than statistical correlation is necessary to explain variation, they may introduce ad hoc social theories of one kind or another, or they may do both. (Cameron 1990, 84)

▷ **Briefly then, for modernists,** the world is supposedly knowable and certain ›machineries of judgement‹ guarantee some form of certainty about the entities and relations within it. (Parker 2002, 106)

Eine zweite Technik, die von *non-native speakers* eher selten eingesetzt wird, aber ein interessantes Stilmittel darstellt, sind bewusste Unterbrechungen von syntaktischen Strukturen, meist um eine Fokussierung zu erzielen.

Food for Thought

Unterbrechungen als stilistische Ressource:

The basic effect of interruption is that, in addition to highlighting the intervention itself, it at the same time invites the reader to pay extra attention both to what goes before and what comes after. [...]

An additional effect is that it can impose the voice of the author on the content of the text [...]. When writing about for instance literary subjects, or in texts of whatever kind where you are evaluating what others have said, then timely interruption can give you the chance to say what you think without coming into the foreground, without dominating the text. It is therefore an important rhetorical technique to master.
(Siepmann et al. 2011, 172)

→

← Food for Thought

Die Einschübe können an verschiedenen Stellen erfolgen, zum Beispiel unmittelbar nach dem Subjekt (z. B. *when media tycoons, through their power to influence politics, support a cause …*), in der Mitte einer Verbgruppe (z. B. *he did, in fact, answer*), nach einem Bindewort (*if, instead, other variables are considered …*) oder einem Relativpronomen (*… by qualitative research, which, as has been suggested above, is more suitable for …*). Einige authentische Beispiele sind in 5.15 zitiert.

Beispiele 5.15

Unterbrechungen (*interruptions*) der Satzstruktur:

(Beachten Sie auch die Abgrenzung der fett markierten, eingeschobenen Elemente durch Kommata oder Gedankenstriche; siehe Kapitel 8.)

▷ Nevertheless, **however much time e-mail ›really‹ consumes**, its allure – **what Callon (1986) might see as the key to e-mail's *interessment* strategy** – is that nearly all respondents identified speed as a prime benefit even though, **experientially**, this is only manifest in the nano-second it takes to press the Send button.
(Keenoy & Seijo 2009, 188; Kursivschrift im Original)

▷ Metalinguistic activities and beliefs have received, **at least in urban western societies,** less attention than they merit. (Cameron 1990, 92)

▷ In sum, it makes sense – **as a thought exercise at the very least** – to take as a point of departure the serious prospect that the international role of the dollar will be considerably circumscribed in the not too distant future, either gradually or suddenly.
(Kirshner 2008, 421)

Unterbrechungen dieser Art sind zweifellos nur mit Vorsicht anzuwenden. Siepmann et al. (2011, 168) warnen ganz zu Recht: »interrupting is quite a complex business«. Zum einen bedarf es einiger Routine, die optimale Einschubposition zu identifizieren, und zum anderen besteht die Gefahr, dass man durch zu häufige Unterbrechungen den Rhythmus des Satzes und damit den Informationsfluss stört. An der richtigen Stelle und mit »Maß und Ziel« eingesetzt, sind sie jedoch eine interessante stilistische Ressource, die es sich anzueignen, wert ist.

5.2.2 *All's well that ends well*: Das Satzende

Im englischen Satz soll es eine allmähliche Steigerung des »information load« geben (Biber et al. 1999, 896). Sie kulminiert am Satzende in einem starken Schluss, einem rhetorischen »Paukenschlag«. Das Prinzip des *end focus* besagt: »Focus is normally placed on the last lexical item of the last element in the clause« (Biber et al. 1999, 897).

Um Sätze nicht nur grammatikalisch korrekt, sondern auch effektvoll zu gestalten, sollte das Wichtigste und Überraschendste daher so weit nach hinten wie möglich verschoben werden. Eine »Pointe« wirkt umso mehr, je besser das Timing ist: Kommt sie zu früh, verpufft die Wirkung; kommt sie zu spät, hat der Leser vielleicht schon das Interesse verloren. Um sich die Wirkungsweise des *end focus* plastisch vor Augen zu führen, lohnt sich ein Blick in Zitatenschätze wie http://www.quotationspage.com/ und http://thinkexist.com/. Modellcharakter haben Zitate wie die in 5.16 wiedergegebenen nicht etwa deshalb, weil man sich für die Formulierung wissenschaftlicher Aussagen an Bonmots orientieren sollte, sondern weil sie sehr deutlich zeigen, welche Bedeutung das Verzögern der »Pointe« hat. Die Zitate leben davon, dass der Überraschungseffekt erst in den allerletzten Wörtern auftaucht.

Beispiele 5.16

End focus und rhetorischer Effekt:

▷ The public is wonderfully tolerant. It forgives everything except genius. (Oscar Wilde)

▷ The single biggest problem in communication is the illusion that it has taken place. (George Bernard Shaw)

▷ Writing is the hardest way of earning a living, with the possible exception of wrestling alligators. (Olin Miller)

Natürlich darf man die Metapher von der »Pointe« nicht überstrapazieren. Als Autor eines wissenschaftlichen Texts ist man weder ein effekthaschender Kabarettist noch ein Aphorismenschreiber. Andererseits hat eben auch der sachliche Diskurs den Anspruch, beim Leser Überzeugungsarbeit zu leisten: für Analysen, Argumente, Perspektiven und letztlich auch dafür, dass es sich überhaupt lohnt, weiter zu lesen.

Wenn es also darum geht, Sätzen einen »starken Schluss« zu geben, stellt sich die Frage, was genau ein Satzende denn »stark« macht. Zwei Faktoren kommen ins Spiel. Zum einen ist da selbstverständlich der Inhalt. In einer bestimmten sprachlichen Umgebung sind manche Wörter inhaltsschwerer als andere (und weil diese »Schwere« kontextabhängig ist, kann man auch keine Liste von schwachen und starken Wörtern erstellen). Ein zweiter Faktor ist die Länge der Elemente. Es besteht eine Tendenz, längere und komplexere Elemente ans Satzende zu schieben – auch das Prinzip des *end weight* genannt. Wieder stehen Überlegungen in Zusammenhang mit der Leserfreundlichkeit im Vordergrund:

> There is a preferred distribution of elements in the clause in accordance with their weight called the **principle of end-weight**: the tendency for long and complex elements to be placed towards the end of a clause. This eases comprehension by the receiver who does not then have the burden of retaining complex information from earlier in a clause in short-term memory while processing the remainder. Since heavy elements typically also carry a substantial new information load, the information principle and the principle of end-weight often reinforce one another.
> (Biber et al. 1999, 898; Fettdruck hinzugefügt)

Beide Faktoren, einzeln oder in Kombination, spielen auch eine Rolle für die Wirkung zweier wichtiger grammatikalischer Strukturen, die wir noch behandeln werden, nämlich das Passiv und die sogenannten *cleft sentences*.

Zum Abschluss noch ein Blick auf ein Negativ- und ein Positivbeispiel. Im folgenden Satz (einem fiktiven Beispiel, das einem ähnlichen Original nachempfunden ist), wurde offenbar weder auf *end focus* noch auf *end weight* geachtet.

> Several key issues related to research ethics, accountability, and a comprehensive agenda for social reform were discussed.

Am Ende dieses Satzes steht ein Element, das kurz und eher nichtssagend ist (*were discussed*); der Satzanfang dagegen ist sowohl lang als auch inhaltlich substanziell; im Grunde ist es dieses schwere Anfangselement, das die zentrale Botschaft enthält (*several key issues related to research ethics, accountability, and a comprehensive agenda for social reform*). Das Ergebnis dieser Widersprüchlichkeit ist jenes Phänomen, das Siepmann et al. (2011, 140) als »unclear focus signalling« bezeichnen (siehe Zitat in der *Food-for-Thought*-Box). Es entsteht, wenn eine »starke« Position am Satzende bzw. Teilsatzende mit einem »schwachen« Element besetzt ist. Es ist, als ob man gleichzeitig laut und leise sprechen wollte. Für den Leser sind die widersprüchlichen Signale irreführend; aus der Sicht des Autors bedeuten sie, dass er eine gute Gelegenheit verschenkt hat: die Gelegenheit nämlich, mit Entschlossenheit und rhetorischer Kraft die Aufmerksamkeit des Lesers auf genau jene Wörter und Phrasen zu lenken, von denen die Kernbotschaft des Satzes getragen wird.

Food for Thought

Unclear focus signalling

Written English really likes to have the most important information at the end of the clause. Although it is by no means always the case that this information appears clause-finally, placing information in final position is nevertheless quite a clear signal to the reader that you intend this information to be interpreted as focal. It is thus of paramount importance that you do not give your reader confusing signals about what you regard as the most important piece of information in the clause.
(Siepmann et al. 2011, 140; Fettdruck im Original)

Verbessern lässt sich der mit *several key issues* beginnende Satz dadurch, dass man das leichtgewichtige, kurze und schwache Element nach vorne holt und das schwere, lange und starke nach hinten schiebt:

> Our paper discussed several key issues related to research ethics, accountability and a comprehensive agenda for social reform.

Tipp

Wie überprüft man, ob die Prinzipien des *end focus* und *end weight* gut umgesetzt sind? Am besten dadurch, dass man Sätze laut liest. Denn auch das Grundmuster der englischen Intonation ist so aufgebaut, dass das Satzende am stärksten betont wird. Wenn man nun beim Vorlesen merkt, dass die Betonung auf ein inhaltlich »nichtssagendes« Element fällt, dann liegt das wahrscheinlich an einer schlechten Verteilung der Information im Satz.

Anders als in unserem fiktiven Beispiel ist in 5.17 die Umsetzung des *end-focus*-Prinzips gut gelungen, und zwar in drei aufeinanderfolgenden Sätzen, die einen Absatz bilden.

Beispiel 5.17

Ein Absatz, in dem die Sätze nach dem Prinzip des *end focus* gebaut sind:

> While the cultural economies of many cities today consist of dense, complex and locationally-convergent groups of producers, they are also typically embedded in far-flung global networks of transactions (Amin and Thrift, 1992; Scott, 1996b). Their success, then, depends not only upon their ability to tap deeply into local sources of value-adding externalities and innovative energy, but also to project their outputs onto national and international markets and to ensure that they can negotiate their way through a variety of cultural barriers in different parts of the world. This process of distribution is not infrequently undertaken by specialized phalanxes of firms that straddle the critical interface between any given agglomeration and global markets.
> (Scott 1997, 334)

Großes Gewicht ruht in diesem Beispiel nicht nur auf den Elementen ganz am Ende der drei komplexen Sätze (d. h. jeweils unmittelbar vor dem Punkt), sondern auch schon auf den Elementen am Ende der Teilsätze (*clauses*). Betont werden die Wörter direkt vor dem Komma am Ende des mit *while* beginnenden Adverbialsatzes (*dense, complex and locationally-convergent groups of producers*), jene vor dem Komma und vor *but also* (*local sources of value-adding externalities and innovative energy*) und die Hauptwortgruppe vor dem Relativsatz (*phalanxes of firms*). Die Bewegung vom Bekannten (*given*) zum Neuen (*new*) ist somit auch noch innerhalb der Satzgrenzen, auf der Ebene der *clauses*, konsequent durchgehalten.

5.2.3 *Cleft sentences*

→ **Übung 5, S. 229**

Das Prinzip des *end focus*, das wir im letzten Abschnitt besprochen haben, wird auch für die sogenannten *cleft sentences* genutzt. Dieser Satztyp existiert in zwei Ausprägungen: den sogenannten *it-clefts* (beginnend mit *it*, gefolgt von einer Form von *be*) und den *wh-clefts* (beginnend mit einem *wh*-Fragewort, am häufigsten *what*). Im ersten Fall dient die Konstruktion dazu, das Element, das betont werden soll, vom Anfang eines Satzes, also der in Bezug auf den *information load* schwächsten Position, wegzuschieben. Das Subjekt wird quasi gespalten (*cleft* kommt von *cleave*, was »spalten« bedeutet). Aus *Smith refined the model* wird *It was Smith who refined the model.* Die Verschiebung um zwei Wörter nach hinten mag minimal wirken; sie reicht aber, um *Smith* an die betonte Position des *clause* zu bringen (*It was Smith*). Bei den *wh-clefts* wird aus *Brown objected to Smith's terminology* der *wh-cleft*-Satz *what Brown objected to was Smith's terminology.* In diesem Fall entsteht eine Art Einleitung, die Spannung aufbaut.

A. *It was Smith who refined the model, not Brown.*
B. *What Brown objected to was Smith's terminology, not his model.*

Der Effekt der *cleft*-Struktur ist recht offensichtlich: Sie betont *Smith* (in Satz A) bzw. *Smith's terminology* (in Satz B), und zwar in kontrastierender Weise. Selbst wenn die beiden Zusätze *not Brown* und *not his model* nicht dabei stehen würden, wüssten wir allein aufgrund des vorangegangenen *cleft sentence*, dass ein Gegensatz impliziert ist. In 5.18, einem authentischen Beispiel, wird die Funktion des *cleft sentence* beim Hervorheben eines Gegensatzes noch durch *but* verstärkt (*but it was Einstein who …*).

Beispiel 5.18

Die Rolle des *cleft*-Satzes beim Hervorheben eines Gegensatzes:

> Using the methods of probability, Einstein was able to compute the distribution of distances by which the pollen grains would be expected to migrate as a function of the size of the molecules. Theodor Svedberg at the University of Uppsala had also suggested a molecular explanation for Brownian motion, **but it was Einstein who** produced the mathematical formulation that demonstrated its correctness.
> (Curtis 2009, 2)

In 5.19 wirken zwei *cleft*-Sätze zusammen, um einen Gegensatz explizit zu machen (*what we can observe … what we cannot determine …*). Die Parallelität betont den Gegensatz noch zusätzlich.

Beispiel 5.19

Zwei parallele *cleft sentences* betonen einen Kontrast:

> **What we can observe** is the variability across cases and across readers. **What we cannot determine is** which cases elicit approximately the same response by radiologists and which radiologists are closest in performance, case by case.
> (Freedman & Osicka 2008)

Beispiel 5.19 zeigt, dass von *cleft*-Sätzen unterstützte Vergleiche einen interessanten Zusatzeffekt haben, der uns direkt zu Kapitel 4 und zum Thema Textkohäsion im Absatz zurückführt. Wenn nämlich eine *cleft*-Konstruktion im gleichen Absatz wiederholt wird, dann erhöht dieser Parallelismus nicht nur die Sichtbarkeit des Vergleichs, sondern festigt auch den Textzusammenhalt.

Auch in Beispiel 5.20 sehen wir, dass die betonende Funktion von *cleft*-Sätzen effektvoll mit Schemata des Textaufbaus synchronisiert sein kann, sodass es zu einer wechselseitigen Verstärkung kommt. Der *cleft*-Satz steht hier am Ende des ersten Absatzes und lenkt den Fokus auf ein ungeklärtes Problem, dem sich die darauf folgenden Absätze im Detail zuwenden. Er ist somit einerseits ein kraftvoller Abschluss des ersten Absatzes und ein Bindeglied zum zweiten.

Beispiel 5.20

Ein *cleft*-Satz als *climax sentence* eines Absatzes:

> Social historians and others adept at discerning the attitudes of historical populations have tested the hypothesis that a modernization of attitudes and values occurred in North America. Without wishing to minimize the disputes and debate that still exist, I suggest that this research affirms that a revolution in values took place sometime between 1770 and 1920. Most of the investigators would date the transition in the period between 1800 and 1850. **What is much less clear is** why this transformation of values took place.
>
> How can a life-cycle perspective help us reconsider this framework? How can it help us understand the social transformations of modernization? In particular, how can the life-cycle model link the economists' macroeconomic story of growth and industrialization to the social historians' story of attitudinal change? Here I will sketch out just the grand view; and in the interest of brevity I will focus only upon the northern states along the Atlantic seaboard. This was where American industrialization began and where the story is properly focused.
>
> (Sutch 1991, 282)

Varianten ohne *cleft*-Konstruktion wären an dieser Stelle natürlich grundsätzlich möglich, hätten aber nicht den gleichen Effekt. So könnte man etwa sagen: *Why this transformation of values took place is much less clear* oder *The reasons for this transformation are much less clear.* Diese Alternativen sind in Bezug auf die Bedeutung identisch und grammatikalisch um nichts weniger korrekt. Für das »Gesamtpaket« aus Grammatik, Semantik und Rhetorik würden die Varianten ohne *clefting* aber erheblich weniger leisten.

5.2.4 Aktiv und Passiv

Mit der unterschiedlichen Informationsverteilung in aktiven und passiven Sätzen haben wir uns zu Beginn des vorliegenden Kapitels bereits auseinandergesetzt (anhand des Satzpaars *Brown rejected Smith's theory* und *Smith's theory was rejected by Brown).* Jetzt müssen wir uns noch der Frage zuwenden, wann man denn im englischen *academic writing* das Passiv verwenden soll.

Die Frage ist vor allem deshalb von einiger Bedeutung, weil das Passiv häufig abgelehnt wird – als ob es immer nur die »zweite Wahl« hinter dem Aktiv wäre. Zumindest in der Welt des Kommunikationstrainings hat das Passiv einen schlechten Ruf. Tipps wie »vermeiden Sie passive Sätze« oder »formulieren Sie aktiv« ziehen sich durch die Ratgeberliteratur und können allein schon durch ihre ständige Wiederholung als allgemein gültige Wahrheiten missverstanden werden.

Für das wissenschaftliche Schreiben muss das Thema »aktiv oder passiv« in jedem Fall differenzierter betrachtet werden. Vor dem Passiv zu warnen, macht manchmal durchaus Sinn; denn man sollte tatsächlich nicht vergessen, dass das Englische eine große Präferenz für die Grundstruktur des einfachen Satzes nach dem Bauplan Subjekt-Verb-Objekt hat (»SVO«), und dass jene Sätze am »geradlinigsten« und transparentesten klingen, wo das Subjekt auch der Ausführende der Handlung ist. Die Forderung an den Autor lautet primär: »*Tell me who did what to whom*« – eine Forderung übrigens, der wir in Abschnitt 5.2.5, wo es um die Vermeidung des »Hauptwortstils« geht, noch einmal begegnen werden. Dennoch gibt es in Texten immer wieder semantische und syntaktische Konstellationen, in denen es gerade *nicht* angebracht ist, die »*Who did what to whom?*«-Frage durch einen aktiven Satz zu beantworten. Manchmal ist das Passiv exakt die Konstruktion, die in einem bestimmten Textzusammenhang sachlich gerechtfertigt und stilistisch adäquat ist – und dann ist es definitiv die erste und nicht die zweite Wahl.

Das Passiv wird unter den folgenden Bedingungen bevorzugt:

- Wenn der Ausführende einer Handlung nicht erwähnt werden kann, soll oder muss, weil er (a) aus dem unmittelbar davor liegenden Text ohnehin zweifelsfrei erschließbar ist (siehe Beispiel 5.21), (b) aufgrund des Weltwissens des Lesers als bekannt vorausgesetzt werden kann, (c) nicht bekannt ist oder (d) der Autor ihn bewusst nicht nennen will – sei es aus »strategischen« Gründen (*the file was accidentally deleted …*), oder weil eine genaue Nennung der Ausführenden unmittelbar nachfolgt (etwa vor Literaturangaben, dazu Beispiel 5.26). Auch dort, wo im Deutschen *man* als Agens verwendet werden würde, ist im Englischen häufig das Passiv das natürlichste Äquivalent.

Beispiel 5.21

Verwendung des Passivs, weil der Ausführende einer Handlung aus dem davor liegenden Text erschlossen werden kann:

> The SCDNR [South Carolina Department of Natural Resources] should continue to periodically evaluate both positive and negative aspects of maintaining the rhesus colony on Morgan Island. [...] Further, South Carolina's precautionary approach to non-native wildlife clearly identifies potentially disease-carrying, non-indigenous species as a significant concern (Morgan Island Task Force 2002). Thus, the potential for transmission of diseases from the monkeys to humans, although likely low (Gibson 2002), **should be monitored and periodically reassessed.**
> (Klopchin et al. 2008, 311)

- Wenn eine Anhäufung von aktiven Sätzen mit identischem Subjekt vermieden werden soll, weil sie schwerfällig klingen würde. Für *Methods*-Abschnitte zum Beispiel (siehe Kapitel 3) ist die Verwendung des Passivs einschlägig, da dort viele Prozesse beschrieben werden, die oft von denselben Personen ausgeführt wurden.

Beispiel 5.22

Das Passiv in einem *Methods*-Abschnitt:

> Data **were collected** in Xalapa, Mexico over a thirteen month time span (September 2003 to October 2004). [...] If there were [sic] more than one child in this age range, as frequently occurred, then the child with the most recent birthday **was selected** as the target. The primary caregiver, usually the mother, **was interviewed** for household data, including income and expenditures, and baseline diet of the household. Target children were observed ethologically, provided dietary recall, and measured.
> (Brewis & Lee 2010, 61. Beachten Sie, dass es hier tatsächlich *thirteen month time span* heißen muss und nicht *thirteen months time span*, denn nach einem Zahlwort und vor einem Hauptwort wird der Singular verwendet: vgl. etwa auch *a ten-mile journey* oder *our four-step procedure*; siehe Mautner 2014, 202–203.)

Im Original erstreckt sich die *Methods*-Section, der Beispiel 5.22 entnommen ist, auf über zwei Seiten; ohne das Passiv würde in diesem gesamten Textteil ein Satz nach dem anderen mit *we* beginnen müssen (bzw. im Fall eines Einzelautors mit *I*, was noch problematischer wäre). Obwohl die Verwendung der Personalpronomina in der ersten Person (*I*, *we*) nicht mehr als völlig tabuisiert gelten kann (mehr dazu in Kapitel 6), wird ihre Anhäufung nach wie vor vermieden. Das Passiv ist dazu ein wichtiges Instrument.

- Das Passiv ist auch notwendig, wenn man den Ausführenden der Handlung (lateinisch *agens*) nicht in der typischen Subjektposition am Satzanfang, sondern am Satzende platzieren möchte. Ein Grund dafür kann sein, dass die Position am Anfang schon für ein anderes Element gebraucht wird – weil es als unmittelbares Bindeglied zum Satz davor dienen soll (in 5.23 ist *this* dieses Bindeglied) –, während gleichzeitig der Ausführende der Handlung nicht als *given*, sondern als *new information* ausgewiesen werden soll.

Beispiel 5.23

Das Passiv als Mittel, um den Ausführenden einer Handlung am Satzende platzieren zu können:

> Although the kinetic theory of matter provided a qualitative explanation of Brownian motion, a quantitative formulation was still lacking. **This was provided by** Einstein in his 1905 doctoral dissertation and in the May paper of his annus mirabilis.
> (Curtis 2009, 2)

Es gibt noch einen zweiten Grund, warum man manchmal den Ausführenden einer Handlung ans Satzende verschieben möchte oder muss: wenn nämlich an das Wort, das ihn benennt, eine Ergänzung angehängt wird, die zu lange ist, um in der Subjektposition (und damit auch vor dem Zeitwort) Platz zu finden. 5.24 ist dafür ein Beispiel.

Beispiel 5.24

Verwendung des Passivs in Fällen, wo der Agens aus einer Phrase besteht, die so lang ist, dass sie am Satzanfang – in Subjektposition – nicht »funktionieren« würde.

> A further issue that came out of the interviews was that many mixed methods researchers feel that they experienced problems with integrating their quantitative and their qualitative findings and that this is a common problem for practitioners. Between them, they helpfully identified a set of barriers that hinder integration (Bryman, 2007). For example, when mixed methods research is conducted in teams with quantitative and qualitative specialists, they can sometimes work separately on their data and end up making insufficient reference to each other's findings. This tendency **can be exacerbated by another barrier that was identified, namely, that the timelines**

> **for doing quantitative and qualitative research may often go out of kilter with each other.**
> (Bryman 2008, 164)
> [*to exacerbate* = »verschärfen«; *out of kilter*: »aus dem Gleichgewicht«]

Häufig spielen beide Faktoren gleichzeitig eine Rolle, also einerseits der Wunsch, den Anschluss an den vorangegangenen Satz so direkt und einsichtig wie möglich zu gestalten, und andererseits die Länge und »Schwere« des Elements am Schluss (*end weight*). Mit einem kleinen Experiment lässt sich das verdeutlichen: wenn man versucht, in Beispiel 5.24 den letzten Satz so umzuformulieren, dass er mit dem Subjekt *Another barrier that was identified, namely, that…* beginnt und mit der Verb-Objekt-Kombination *exacerbated this tendency* aufhört. Man kommt damit nicht weiter, weil sich zwischen dem Subjekt *barrier* und dem dazugehörigen Zeitwort *exacerbated* einfach nicht so viel unterbringen lässt. Abgesehen davon würde durch eine solche Umformung das aus dem vorangegangenen Text bekannte Element *this tendency* in die Position am Satzende rutschen; eine Position, die schließlich *neuer* Information vorbehalten sein sollte.

Neben den allgemeinen Gebrauchsbedingungen für das Passiv sind für das wissenschaftliche Schreiben noch spezielle Phrasen bzw. Phrasentypen von Bedeutung, die ein Zeitwort im Passiv beinhalten. Da sind zum einen Passivkonstruktionen, die mit *it* beginnen, wie etwa *it has been suggested that*, *it should be noted that*, *it could be argued that* (siehe Beispiel 5.25). Im Deutschen würde man in solchen Fällen wohl am ehesten *man* verwenden (»man könnte argumentieren, dass…«). Beachten Sie in 5.25, wie ein Kontrast hergestellt wird zwischen *it could be argued* und der persönlichen Formulierung *yet what I have argued for*.

Beispiel 5.25

Eine mit *it* beginnende Passivkonstruktion:

> There could be a somewhat different though not unrelated objection to the present theory. **It could be argued** that the logic proper to norms is deontic logic, that is, a logic with the modality of obligation and permission (non-obligation) built into its set of predicates. **Yet what I have argued** for is treating legal reasoning, reasoning involving norms, as though it could be a form of ordinary predicate logic.
> (MacCormick 2005, 75)

Formulierungen im Passiv, mit oder ohne *it*, werden gelegentlich auch dann eingesetzt, wenn auf bestehende Forschung – oder noch allgemeiner auf die »herrschende Meinung« in der Disziplin – verwiesen werden soll, ohne die Namen von Forscher/inne/n zu nennen; diese können dann in konkreten Literaturverweisen folgen (je nach verwendetem Zitierformat entweder in einer Fußnote oder einem Klammerausdruck). Der nächste Textauszug in 5.26 enthält außerdem Beispiele für jene Form der Passivkonstruktion, die mit Verben des Sagens und Glaubens möglich ist (... *is thought to represent*; *are assumed to be*; siehe auch Mautner 2014, 79–80).

Beispiele 5.26

Die Verwendung des Passivs, um auf bestehende Forschung hinzuweisen:

▷ **It has been previously shown that** motor cortex is essential for the initial stages of motor skill learning [Verweis auf Fußnote], which is consistent with our observation that there is a significant expansion of the number of task-related neurons in motor cortex during the initial stages of motor skill learning.
(Costa, Cohen & Nicolelis 2004, 1132)

▷ Restricted water diffusion in the brain **is thought to represent** cytotoxic edema and **is associated with** states of cellular energy deprivation such as ischemia/hypoxia, prolonged epileptic activity, and severe hypoglycemia. [Verweis auf Fußnote]

Whereas the exact mechanism involved in SLLs [stroke-like lesions] are unknown, **several theories have been proposed**, including primary neuronal mitochondrial dysfunction causing direct energy insufficiency, vascular mitochondrial dysfunction leading to neuronal ischemia, and a unifying neurovascular mechanism [Verweis auf Fußnote]. Irrespective of the primary pathogenic event, neurons within SLL **are assumed to be** energy-deprived and, from this, one would predict the occurrence of cytotoxic edema and restricted diffusion in the acute phase of the lesion.
(Tzoulis & Bindoff 2009, e16)

5.2.5 Wie vermeidet man den deutschen »Hauptwortstil«?

→ **Übung 6, S. 230**

Unter »Hauptwortstil« versteht man das auffällig dichte Vorkommen von Hauptwörtern (oft auch mit dem lateinischen Begriff »Nomina« bezeichnet). Wenn hier davor gewarnt werden soll, dann nicht pauschal und kategorisch: denn für das Englische gilt genauso wie für das Deutsche, dass (1) Hauptwörter an sich natürlich nichts »Schlechtes« sind und dass (2) der Wissenschaftsstil grundsätzlich mehr Nomina braucht und toleriert, und zwar zur Informationsverdichtung und zur exakten Begriffsverwendung (Gruber, Huemer & Rheindorf 2009, 78–81). Allerdings verwendet man im Deutschen nominale Formulierungen auch in Fällen, in denen das nicht durch die speziellen Anforderungen der Wissenschaftskommunikation gerechtfertigt ist, und bei denen es sich im Grunde um alltagssprachliche Elemente der Wissenschaftssprache handelt. Dass zum Beispiel etwas »zur Anwendung gebracht« statt einfach »angewendet« wird, dass etwas »von großer Wichtigkeit« statt einfach »sehr wichtig« ist, oder dass man »einen Anstieg von X feststellt« statt »feststellt, dass X angestiegen ist«: diese Fälle sind es, die uns hier besonders interessieren. Denn wenn man in einer englischen wissenschaftlichen Arbeit solche Formulierungen 1:1 aus dem Deutschen übersetzt, dann entstehen daraus schwerfällige Sätze, die mühsam zu lesen sind. Das Ziel ist es also, die nicht gerechtfertigten Nominalisierungen durch Formulierungen zu ersetzen, in denen Prozesse durch Zeitwörter beschrieben werden (vgl. dazu sehr pointiert: Sword 2012). Damit sind wir wieder bei der Kernfrage »*Who did what to whom*?« oder zumindest, wenn die Handelnden nicht genannt werden können oder sollen, »*What happened*?«

Es gibt verschiedene sprachliche Techniken, mit denen man von »hauptwortlastigen« zu »zeitwortreichen« Formulierungen gelangen kann:

(1) Man greift auf das Zeitwort zurück, das im Hauptwort steckt (wie z. B. *introduce* in *introduction*) und baut daraus einen einfachen Satz mit der Sequenz Subjekt-Verb-Objekt. Will oder kann man den Ausführenden der Handlung (»X« im nachfolgenden Beispiel) nicht nennen, steht als Ausweg das Passiv zur Verfügung. Das Ergebnis klingt in jedem Fall natürlicher als die nominale Variante, die im Englischen meist auch grundsätzlich möglich wäre (*introduction*).

Nach der Einführung des neuen Systems *[After the introduction of the new system]*	⇨	*After X had introduced the new system, …* *After the new system had been introduced, …*

Tabelle 5.1: Umwandlung von einer nominalen in eine verbale Formulierung

(2) Die Verwendung des sogenannten *gerund* (auch »Verbalsubstantiv« genannt, siehe Mautner 2014, 103–115). Dabei handelt es sich um eine *-ing*-Form, die als Hauptwort verwendet wird. Zum Beispiel: *creating new frames* statt *the creation of new frames* (deutsch: »die Schaffung von …«); *thoughtfully assessing information* statt *the thoughtful assessment of information* (»die sorgfältige Bewertung von …«).

Beispiele 5.27

Wie das *gerund* hilft, schwerfällige Nominalphrasen zu vermeiden:

▷ **Creating and propagating** new cultural frames is a fundamental objective of social movements. (Hiatt, Sine & Tolbert 2009, 642)

▷ **Thoughtfully assessing** information gathered in the monitoring and documentation stage can lead to key improvements, and **communicating** results to stakeholders provides an opportunity for thanking participants, validating their efforts, and celebrating change (Scholtes et al, 2003).
(Caldwell 2010, 8)

(3) Die Verwendung von Partizipialsätzen (siehe auch Abschnitt 5.1.2). Deutsche Sätze wie die beiden folgenden:

Unter Bezugnahme auf vorhandene Arbeiten haben wir ein neues Modell entwickelt.
Nach der Einführung des neuen Systems wiederholten wir die Tests.

lassen sich im Englischen sehr gut so wiedergeben:

Referring to existing work, we have developed a new model.
Having introduced the new system, we repeated the tests.

Ein authentisches Beispiel ist in 5.28 zitiert.

Beispiel 5.28

Englischer Partizipialsatz statt deutscher Nominalphrase (»nach Integration von«):

Integrating the extensive literature from other scholars, we offer a ten-step model which can create a positive culture for academic integrity.
(Caldwell 2010, 1)

5.3 *In a Nutshell*

- Die **Basisstruktur** des englischen Satzes ist die Abfolge von Subjekt, Verb und Objekt (»SVO«):
  The rhesus monkeys [S] *solved* [V] *the puzzle* [O].
  Bei Verben ohne Objekt gibt es die Varianten Subjekt + Verb:
  The mountain goats [S] *mated* [V].
  und Subjekt + Verb + *complement*:

The transgenic hamster [S] *became* [V] *a much-loved pet* [C].

- Am Anfang, in der Mitte und am Schluss der Basisstrukturen können **Adverbien** (A) eingeschoben werden:
  Surprisingly [A], *the rhesus monkeys never* [A] *solved the puzzle in the morning* [A].
- **Hauptsätze** (*main clauses*) können entweder miteinander (z.B. durch *and, but* oder *so*) oder mit **Nebensätzen** (*subordinate clauses*) kombiniert werden.
- Zu den wichtigsten Typen von **Nebensätzen** zählen:
  - Objektsätze (eingeleitet durch Bindewörter wie *that* und *whether*)
  - Relativsätze (eingeleitet durch die Relativpronomina *that, which, who, whose,* die unter bestimmten Bedingungen auch weggelassen werden können)
  - Sätze, an deren Beginn *-ing-* und *-ed-*Partizipien stehen:
    ▷ *Entering the lab, he noticed the new fridge.*
    ▷ *Published more than twenty years ago, the paper continues to be quoted.*
  - Adverbialsätze, die Ort und Zeit näher bestimmen (mit Bindewörtern wie *when, while, where* etc.), die begründen (*because, as, since*) und einschränken (*although, even though*).
- **Fragesätze** (*What are the benefits of this approach?*) und **Aufforderungssätze** (*Let us now move on to a critical appraisal of Smith's work*) sprechen die Leser/innen direkt an, helfen ihnen, sich im Text zu orientieren und beziehen sie in die Argumentationsführung mit ein.
- Die Verteilung von Information im englischen Satz gehorcht dem Prinzip des ***end focus.*** Die Dynamik bewegt sich von vertrauten bzw. aus dem Text erschließbaren Elementen am Satzanfang hin zu neuen Elementen am Satzende. Im jeweils nächsten Satz ist das neue Element des vorangegangenen Satzes schon bekannt und wird seinerseits der Ausgangspunkt (*point of departure*) für die nächste Aussage. Diese Bewegung ist ein wichtiges Mittel, um den Textzusammenhalt (»Kohäsion«) so zu gestalten, dass er für die Leser/innen ohne Mühe nachvollziehbar ist.
- Längere und komplexere Satzelemente werden eher am Satzende platziert (***end weight***). Da »gewichtigere« Elemente typischerweise auch viel neue Information beinhalten, können die Prinzipien des *end focus* und *end weight* einander positiv verstärken.
- Die optimale **Länge von Sätzen** hängt von mehreren Faktoren ab. Englische Sätze dürfen durchaus auch länger sein, wenn sie (a) gut strukturiert sind, (b) jeder ihrer Teilsätze (*clauses*) den Prinzipien des *end focus* und *end weight* gehorcht, (c) die Zeichensetzung korrekt und leserfreundlich ist und (d) rund

um den langen Satz auch kurze Sätze platziert sind, die es den Leser/inne/n ermöglichen, sich zu »erholen«. Kurze, einfache Sätze können insbesondere an den exponierten Stellen am Anfang und Ende von Absätzen (*topic sentence, climax sentence*) sehr wirksam sein. Eine Anhäufung von zu vielen kurzen Sätzen allerdings wirkt *choppy* (»abgehackt«).

- Innerhalb von Absätzen werden die **Satzanfänge** gerne variiert: einfache, aus Hauptwörtern bestehende Subjekte (z.B. *our study; Miller and Smith's work; recent developments*) wechseln sich zum Beispiel mit unterschiedlich strukturierten Adverbialgruppen und -sätzen ab (z.B. *undoubtedly; in future research; when the control group was tested*). So wird Monotonie vermieden und das Interesse des Lesers auch über die Sprache aufrecht erhalten.
- Mit Hilfe der sogenannten ***cleft sentences*** kann man Elemente im Satz besonders betonen und einen Kontrast hervorheben. Es gibt eine Variante, die mit *it* beginnt (z.B. *It was her early papers that attracted most controversy*), und eine, die mit einem *wh*-Wort eingeleitet wird (z.B. *What remains uncertain are the political implications*). Wenn zwei *cleft*-Sätze desselben Typs parallel »geschaltet« werden, erhöht das die Aufmerksamkeit noch weiter und verstärkt zudem den Zusammenhalt zwischen den parallel konstruierten Satzteilen.
- Die Verwendung von Sätzen im **Passiv** (z.B. *The tests were repeated*) statt im Aktiv (*We repeated the tests*) ist in wissenschaftlichen Textsorten keineswegs grundsätzlich abzulehnen, sollte aber in jedem Einzelfall aus gutem Grund geschehen. Dass Passiv ist dann eine gute Wahl,
  - wenn der Ausführende einer Handlung nicht genannt werden muss, weil er aus dem vorangehenden Text oder dem Kontextwissen des Lesers ohnehin erschließbar ist;
  - wenn die Informationsverteilung im Sinne der Prinzipien von *end focus* und *end weight* so beeinflusst werden soll, dass der Ausführende einer Handlung am Satzende platziert werden soll – weil er eine neu in den Text eingeführte Einheit ist und/oder von einer langen und komplexen Phrase beschrieben wird (z.B. *He was bitten by the monkey that had achieved higher test scores than any animal in the previous ten years*);
  - wenn vermieden werden soll, dass in mehreren Sätzen hintereinander der Ausführende einer Handlung am Satzanfang steht (*we did X, we did Y …*). Besonders relevant ist das für *Methods*-Abschnitte (siehe Kapitel 3), die daher oft eine besonders hohe Dichte an Passivsätzen aufweisen.
  - Das Passiv kommt auch in einer Reihe von (fast) stehenden Redewendungen vor, die in wissenschaftlichen Texten gerne verwendet werden: Formulierun-

gen mit *it*, die häufig Literaturverweise einleiten (z. B. *it has been shown that; it has been suggested that*), oder einen fiktiven Dialog führen, indem sie mögliche Einwände auf unpersönliche Weise formulieren (z. B. *it could be argued that; it might be objected that*). Dazu kommen passive Konstruktionen mit Verben des Sagens und Glaubens, die Äußerungen abschwächen (z. B. *the theory is assumed to be …; the recession is thought to have been caused by …*).

- Der im Deutschen geläufige »**Hauptwortstil**« sollte im Englischen vermieden werden, indem man statt dessen Konstruktionen mit Zeitwörtern verwendet: Aktiv- oder Passivsätze, die deutlich sagen, was geschehen ist, oder Formulierungen mit dem *gerund*, also Verbformen mit *-ing*, die die Rolle von Hauptwörtern übernehmen.

6 Bewertungen: Der Ton macht die Musik

Proper words in proper places make the true definition of style.
Jonathan Swift
(Irischer Schriftsteller und Satiriker, 1667–1745)

6.1 Grundlagen
  6.1.1 Wissenschaftsstil und »Objektivität«
  6.1.2 Formen und Ebenen der Bewertung
6.2 Die Text- und Satzebene
6.3 Die Wortebene
  6.3.1 *Hedges*
  6.3.2 *Boosters*
  6.3.3 *Attitude markers*
6.4. Die Präsenz des Autors und Lesers im Text: *self mention* und *engagement markers*
  6.4.1 *Self mention*: Sind *I* und *we* erlaubt?
  6.4.2 Direkte Fragen
  6.4.3 *Directives*
6.5. *In a Nutshell*

In diesem Kapitel befassen wir uns mit den sprachlichen Mitteln, die Bewertungen *(evaluations)* ausdrücken: In welchem Licht will der Autor die Dinge erscheinen lassen, möchte er Informationen eher in den Vorder- oder Hintergrund rücken, soll das Werturteil eher direkt oder indirekt vermittelt werden, und mit wieviel Überzeugung soll es kommuniziert werden? Und schließlich wird es auch um die Präsenz von Autoren und Lesern im Text gehen, u. a. durch die Verwendung von *I* und *we*.

6.1 Grundlagen

In der Wissenschaftskommunikation sind »Bewertungshandlungen« allgegenwärtig: Autor/inn/en rechtfertigen das Abstecken ihres »research space« (Swales & Feak 1994, 174), ihrer Untersuchungsobjekte und die Wahl ihrer Methoden; sie wägen Pro- und Contraargumente ab, stimmen Fachkolleg/inn/en zu oder widersprechen ihnen; sie heben manche Ergebnisse als wichtig hervor und erwähnen andere nur *en passant*; sie tragen Argumente mit großer Sicherheit vor oder melden Bedenken und Zweifel an. All das steht im Zeichen von Überzeugungsarbeit: denn der Autor will seine Perspektiven schließlich so präsentieren, dass der Leser sie letztlich mit ihm teilt. Im vorliegenden Kapitel befassen wir uns vorab mit einigen grundlegenden Fragen zum Thema Bewertung (englisch *evaluation*) und gehen dann zu einigen wichtigen sprachlichen Techniken über, mit denen Bewertungshandlungen umgesetzt werden.

6.1.1 Wissenschaftsstil und »Objektivität«

In Lehrbüchern zum *academic writing* gehört es zu den Standardaussagen, dass der Wissenschaftsstil »objektiv« sein soll, dass Fakten und Meinungen streng getrennt werden müssen und dass emotionale Sprache fehl am Platz ist. Oshima und Hogue (2006, 39) unterscheiden zwischen »facts« und »opinions«; Leonhard (2002, 29) bezeichnet *academic writing* als »formal, objective, and serious in tone«. Das hat grundsätzlich schon seine Richtigkeit – insbesondere dann, wenn die Wissenschaft gegen andere Diskursformen abgegrenzt werden soll, die stark meinungsbetont sind oder überwiegend persuasive Funktion haben: der Feuilleton-Journalismus zum Beispiel oder die Werbung.

Diese sicher notwendige und sachgerechte Grenzziehung darf aber nicht den Blick darauf verstellen, dass auch der wissenschaftliche Diskurs überzeugen will. Fakten sprechen nämlich keineswegs immer für sich, und Forscher/innen möchten ihre Sichtweise so kommunizieren, dass sie von der *Scientific Community* akzeptiert wird. Weil es, wie Hyland (2000, 13) es formuliert, fast immer eine »plurality of competing interpretations« gibt (siehe Zitat in der *Food-for-Thought*-Box), ist es ein wesentliches Ziel des wissenschaftlichen Schreibens, »community ratification« zu erzielen, indem man für die Zustimmung der fachlich relevanten Leserschaft aktiv wirbt. Das gilt schon für studentische Qualifizierungsarbeiten, aber natürlich umso mehr für wissenschaftliche Zeitschriftenartikel und Bücher, die sich dem Urteil eines internationalen Fachpublikums stellen (und zwar sowohl in den Geistes- und Sozial- als auch in den Naturwissenschaften). Wissenschaftliches Publizieren ist in der Tat, um nochmals das in Kapitel 3 wiedergegebene Zitat aufzunehmen, eine »Aufforderung zum Angriff« (von Savigny 1976, 7); nur: Forscher/innen setzen sich Angriffen nicht schutzlos aus, sondern versuchen, sich entsprechend zu wappnen. Sie nehmen Einwände vorweg, entschärfen Kritik, noch bevor sie geäußert wird, und versuchen, durch überzeugendes Argumentieren möglichst tragfähige Allianzen mit den Leser/inne/n zu schmieden. Gleichzeitig will man den eigenen Ruf und die Akzeptanz in der *Community* nicht dadurch gefährden, dass man Fachkolleg/inn/en mit allzu unverblümter Härte kritisiert. So wird aus der scheinbar neutralen Informationsvermittlung eine Aufgabe der interpersonalen Kommunikation, eingebettet in die Wissensstrukturen und institutionell gestützten Konventionen des jeweiligen Faches. Dieses Anliegen löst die sprachlichen Techniken aus, die von Hyland (2000, 13) treffend als »rhetorical choices to galvanise support, express collegiality, resolve difficulties and avoid disagreement« beschrieben werden. Eine Eigenschaft speziell angelsächsischer Wissenschaft ist das nicht;

Food for Thought

The means by which academics present knowledge claims and account for their actions [...] involves not only cognitive factors, but also social and affective elements, and to study these necessarily moves us beyond the ideational dimension of texts to the ways they function at the **interpersonal level.**

Both are involved in the interactions needed to secure peer agreement because the writer's ability to influence the reader's response is severely restricted. If ›truth‹ does not lie exclusively in the external world, there is always going to be more than one credible interpretation of a piece of data and more than one way of looking at a certain problem. This **plurality of competing interpretations,** with no objective means of absolutely distinguishing the actual from the plausible, means that while readers may be persuaded to judge a claim acceptable, they always have the option of rejecting it. All statements require community ratification, and because readers are guarantors of the negatability of claims this gives them an active and constitutive role in how writers construct them.

In other words, the social interactions in academic writing stem from the writer's attempts to anticipate possible negative reactions to his or her persuasive goals. The writer will choose to respond to the potential negatability of his or her claims through **a series of rhetorical choices to galvanise support, express collegiality, resolve difficulties and avoid disagreement** in ways which most closely correspond to the community's assumptions, theories, methods and bodies of knowledge.
(Hyland 2000, 12–13; Fettdruck hinzugefügt)

wohl aber sind die rhetorischen Aspekte der Wissenschaftskommunikation für *non-natives* eine besondere Herausforderung.

6.1.2 Formen und Ebenen der Bewertung

Um die verschiedensten Ausprägungen von Bewertung berücksichtigen zu können, orientiert sich die Darstellung hier an der umfassenden Definition des Begriffs *evaluation* von Thompson und Hunston (2000, 5):

> Evaluation is the broad cover term for the expression of the speaker or writer's attitude or stance towards, viewpoint on, or feelings about the entities or propositions that he or she is talking about.

Evaluation, so Thompson und Hunston weiter, ist grundsätzlich vergleichend, subjektiv und wertorientiert bzw., wie sie es formulieren, mit Werten »aufgeladen«. Diese Charakteristika sind es auch, die uns helfen, Bewertungen in Texten zu erkennen: »Identifying evaluation, then, is a question of identifying signals of comparison, subjectivity, and social value« (Thompson & Hunston 2000, 13).

Wenn es um jedweden Ausdruck von Einstellungen, Standpunkten und Emotionen gehen soll, dann ist es ratsam, noch etwas Ordnung in das Themenfeld zu bringen. Dabei ist es hilfreich, sprachliche Bewertungshandlungen entlang unterschiedlicher Dimensionen zu klassifizieren. Die folgenden vier sind für wissenschaftliche Texte besonders wichtig:

- *Positiv versus negativ*:
  Wird etwas vom Autor als »gut« oder als »schlecht« bewertet, d.h. als »wertvoll« bzw. »wertlos« im Hinblick auf das Erreichen eines bestimmten Ziels?
- *Sicher versus unsicher*:
  Äußert der Autor seine Bewertung mit großer Überzeugung oder lässt er Zweifel offen? Stellt er sich hinter den Gehalt von Aussagen oder distanziert er sich von ihnen?
- *Wichtig versus unwichtig*:
  Betrachtet der Autor etwas als wichtig und lenkt die Aufmerksamkeit des Lesers darauf, oder hält er es für eher unwichtig und lenkt ihn davon ab?
- *Direkt versus indirekt*:
  Will der Autor eine Bewertung unmittelbar als solche erkennbar machen oder zieht er es vor, dass man sie erst aus dem sprachlichen oder sozialen Kontext erschließen muss?

Bei den vier Begriffspaaren handelt es sich jeweils um die Endpunkte von Achsen, die man sich als ein Kontinuum vorstellen muss. Denn beim Bewerten gibt es ja nicht nur diskrete, bipolare Kategorien, sondern viele Grau- und Zwischenstufen entlang der jeweiligen Achse, also ein »mehr oder weniger«, das viel rhetorischen Spielraum lässt. Realisiert wird Bewertung nicht nur auf der Ebene des einzelnen Wortes, sondern auch durch Entscheidungen des Autors, die die Satz- und Textebene betreffen. Denn auch die *Platzierung* einer Aussage oder Frage kann ihren wertenden Gehalt beeinflussen.

Sehen wir uns anhand eines fiktiven Beispiels an, wie die verschiedenen Dimensionen zusammenwirken können:

▷ *This treatment is highly problematic – even if some older patients have been said to benefit from it.*

Diese Aussage wertet *treatment* als eindeutig negativ. *This treatment is highly problematic* ist sehr direkt und drückt große Sicherheit seitens des Autors aus; als einfacher Hauptsatz formuliert, ist die Aussage auch als besonders wichtig ausgewiesen. Wenn man sich weiter vorstellt, dass der Satz als *topic sentence* eines Absatzes positioniert ist, erhält er noch mehr Gewicht. Mit einigen wenigen sprachlichen Operationen können wir jedoch den Charakter und den Stellenwert dieser Aussage völlig verändern,

- wenn wir zum Beispiel das Modalverb *may* hinzufügen sowie das Satzadverb *arguably* (deutsch »wohl«) und den *downtoner* (»Abschwächer«) *somewhat*;
- wenn wir den Satz von der prominenten Themensatz-Position wegholen und im Rahmen eines anderen Gedankengangs als *supporting sentence* formulieren und so in der Mitte eines Absatzes »verstecken«;
- wenn wir die Aussage, dass die Behandlung *problematic* sei, durch die konzessive, d. h. einschränkende Konjunktion *although* als Argument quasi »wegschieben«, um dann das Hauptgewicht auf die positive Aussage im Hauptsatz fallen zu lassen.

Das Ergebnis dieser »Operationen« ist ein Satz, dessen Tenor mit der ersten Variante nicht mehr viel gemein hat, obwohl wir die Inhaltswörter, die die Kernbotschaft zu tragen scheinen, nicht geändert haben:

▷ *Although, arguably, this treatment may seem somewhat problematic, it has significant and long-lasting benefits for older patients.*

Mit dieser Formulierung sagt der Autor zwar immer noch etwas über die problematische Natur der Behandlung aus, aber er schickt die Basisaussage durch eine ganze Reihe von bewertenden »Filtern« hindurch, wodurch das Resultat doch eine ganz andere Sichtweise kommuniziert. Die erste Version suggeriert, dass die Nachteile der Behandlung die Vorteile überwiegen, in der zweiten Version ist es umgekehrt. Die Bewertung wurde de facto in ihr Gegenteil verkehrt.

6.2 Die Text- und Satzebene

→ **Übung 4, S. 226**

Auf der Textebene ist die Textgliederung eine wichtige Arena für Bewertungen, und zwar entlang der »wichtig/unwichtig«-Dimension. Einem Themenstrang wird umso mehr Gewicht verliehen, je höher der Rang in der Texthierarchie ist, dem man ihm zuweist. Wird der Themenstrang in den Rang eines Kapitels erhoben oder zumindest als separater Abschnitt mit separater Überschrift behandelt? Dann ist das ein Signal für den Leser, dass es sich um etwas Wichtiges handelt, das auch in angemessener Ausführlichkeit behandelt werden wird. Umgekehrt kann man ein Teilthema dadurch herabstufen und aus dem Rampenlicht nehmen, dass man es an weniger prominenter Stelle in der hierarchischen Textgliederung positioniert, also zum Beispiel eingebettet in einen anderen Themenstrang in der Mitte eines Abschnittes oder gar »abgeschoben« in eine Fußnote.

Auf der Ebene des Absatzes wiederholen sich diese Entscheidungsmöglichkeiten. Soll man einen Gedanken als Leitgedanken für den Absatz wählen und ihn daher im *topic sentence* zu Beginn formulieren? Oder hält man den Gedanken doch

Tipp

Manchmal gerät man beim Schreiben ins Stocken und hat den Eindruck, mit einem zu auffällig positionierten Teilthema die Leser/innen zu stark vom Hauptstrang der Argumentation abzubringen. Oft besteht die Lösung darin, dieses Teilthema an weniger prominenter Stelle im Text zu behandeln. Denn Inhalte werden als umso weniger wichtig wahrgenommen, je tiefer in der Texthierarchie sie angesiedelt sind: wenn sie also zum Beispiel keinen eigenen Abschnitt mit eigener Überschrift bekommen, sondern nur im Rahmen eines anderen Themas erwähnt werden.

für weniger wichtig und bringt ihn lieber unter den *supporting sentences* in der Mitte des Absatzes unter?

Innerhalb von Absätzen lassen sich verschiedene Argumentationsstrategien und rhetorische Muster entfalten, die ebenfalls wertenden Charakter haben. Man denke etwa an all die Verfahren, mit denen Behauptungen bekräftigt und meist über mehrere Sätze hinweg entwickelt werden: verschiedene Formen der Steigerung etwa, wie das *argumentum a fortiori* (»wenn schon die schwächere Behauptung A gilt, gilt die stärkere B erst recht«), sowie Parallelismen, Kontraste und das Spiel mit Metaphern.

Auf der Satzebene sind es vor allem zwei Entscheidungen, die eine wertende Wirkung haben. Zum einen die Frage, ob eine bestimmte Information dadurch in den Vordergrund geschoben werden soll, dass sie in einen Hauptsatz gefasst wird (*foregrounding*), oder ob sie eher in einem weniger auffälligen Nebensatz aufgehoben ist (*backgrounding*). Denn:

> In principle, relatively important information – information which you wish to assert – is formulated in main clauses, while relatively unimportant information – often information which can be presupposed – can best be formulated using subordinate clauses (›Nebensätze‹).
> (Siepmann et al. 2011, 95)

Es macht eben einen großen Unterschied, ob zwei Hauptsätze einander gleichwertig gegenüber stehen:

▷ *Brown rejected Smith's theory. Later, he moved on to develop his own.*

oder ob ein Satz dem anderen untergeordnet wird, sodass die Information im Nebensatz nur als Hintergrundinformation eingestuft wird (die vermutlich schon zuvor in den Text eingeführt wurde):

▷ *Having rejected Smith's theory, Brown then moved on to develop his own.*

Satzverknüpfungen, wie wir sie in Kapitel 5 besprochen haben, leisten somit eine Menge mehr, als nur die Flüssigkeit und stilistische Variation eines Texts zu erhöhen. Sie sind auch ein Repertoire für Werturteile über die relative Wichtigkeit von Informationen.

Innerhalb des Satzes ist der wesentlichste Träger von Bewertung die Entscheidung, welches Element am Schluss positioniert wird. Nach dem Prinzip des *end focus* ist das ja jene Stelle im Satz, an der Elementen der größte Neuigkeitswert und die größte Bedeutung zugeschrieben wird. Dieses Prinzip kann im Übrigen auch den Grundsatz relativieren oder gar aushebeln, dass in Nebensätzen eher die unwichtigen Informationen untergebracht werden. Nebensätze können erhebliches Gewicht erhalten, wenn sie am Ende des Satzgefüges stehen und daher am Aufbau des »Crescendo« vom leisen Satzanfang zum lauten Satzende beteiligt sind:

▷ *Brown developed his own theory because he had previously rejected Smith's.*

Graphisch zusammengefasst, lassen sich die sprachlichen Ebenen, auf denen bewertet wird, wie in Abb. 6.1 darstellen.

Dass wir die sprachlichen Ebenen hier getrennt betrachten, darf natürlich nicht darüber hinwegtäuschen, dass in der Realität – in authentischen Texten – die

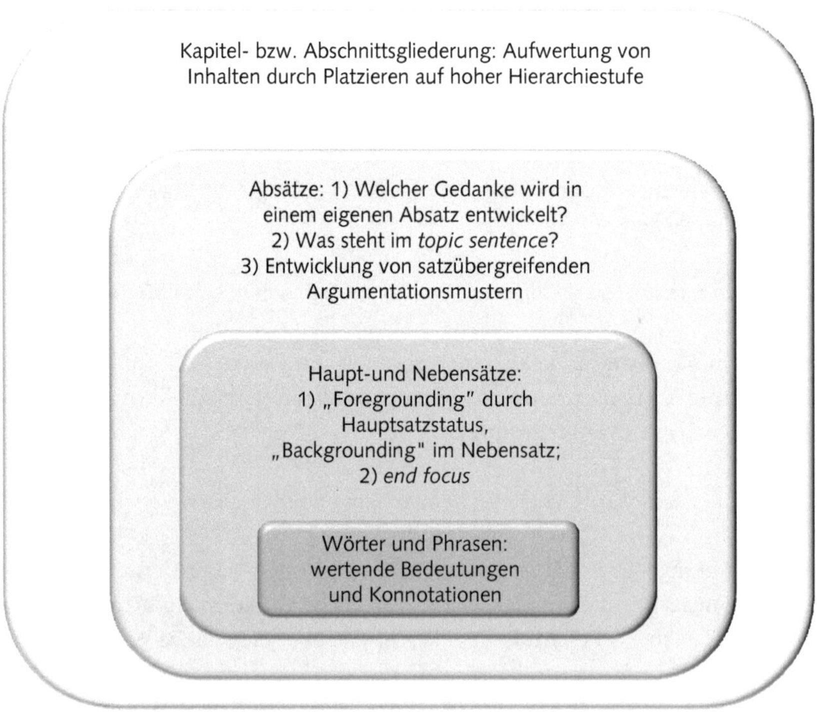

Abb. 6.1: Bewertungshandlungen auf verschiedenen sprachlichen Ebenen

Bewertungsmechanismen mehrerer Ebenen zusammenwirken. Der beabsichtigte persuasive Effekt entsteht nicht durch ein Nacheinander, sondern durch ein Miteinander; nicht sequenziell, sondern simultan. In der Graphik wird das durch die Verschachtelung der Ebenen – statt etwa einer Anordnung in Pyramidenform oder als Flussdiagramm – symbolisiert.

Textbeispiel 6.1 zeigt, wie dieses Zusammenwirken von Entscheidungen auf verschiedenen sprachlichen Ebenen in der Praxis funktioniert. In 6.1 sehen wir unter anderem:

- Wie der Satzbau zur Betonung beiträgt. Zwei mit *what* beginnende *cleft*-Sätze (siehe Kapitel 5) spielen dabei eine wichtige Rolle. In allen drei Sätzen des Ausschnitts sind am Satzende substanzielle, für die Kernaussage zentrale Elemente platziert (*seen as more attractive in certain quarters; fashionable; a desirable approach in its own right*). Der abschließende *climax sentence* des Absatzes ist ein kurzer, relativ einfach konstruierter Hauptsatz.
- Wie Wörter mit stark evaluativem Gehalt Aussagen als besonders wichtig einstufen: *striking, interesting, stark contrast.*
- Wie der Autor Kritik an den Aussagen seiner Informant/inn/en (denn darauf beziehen sich die *comments* in der ersten Zeile) übt, indem er einen Gegensatz aufbaut zwischen der Angemessenheit (*appropriateness*) von Methoden auf der einen Seite und ihrem Status als Modeerscheinungen in Teilen der *Scientific Community* auf der anderen (*seen as more attractive in certain quarters; has become fashionable*).
- Wie sich der Autor von Aussagen distanziert, indem er statt kategorischer Behauptungen Formulierungen im Passiv mit Verben der Wahrnehmung verwendet. Es heißt also nicht *researchers engage in*; *X is more attractive* und *Y is a desirable approach*, sondern *researchers are perceived as engaging in …*; *it is seen as more attractive*; *it is perceived to be a desirable approach.*

Beispiel 6.1

Evaluation auf verschiedenen sprachlichen Ebenen:

> **What is striking and interesting about these comments is that** they imply that some researchers are perceived as engaging in mixed methods research not so much because of its appropriateness for research objectives, which is how the textbooks convey the research process, but because **it is seen as more attractive in certain quar-**

> **ters. What all of this implies is that** in **stark contrast** to the situation back in the 1980s when I first got interested in this area, mixed methods research has become **fashionable. It is perceived to be a desirable approach in its own right**.
> (Bryman 2008, 164)

Was sich an Beispiel 6.1 auch nachvollziehen lässt, ist der von Thompson und Hunston (2000, 11) beschriebene Zusammenhang zwischen *evaluation* und Textorganisation bzw. Textgliederung (siehe Zitat im *Food-for-Thought*-Kasten). Zwar ist es richtig, dass wertende Elemente im Grunde überall im Text präsent sind; andererseits gibt es auch die Tendenz einer Bündelung von evaluativen Elementen überall dort, wo ein gewisser Einschnitt in der Argumentationsführung zu sehen ist, an »boundary points in a discourse«, wie es Sinclair formuliert (1987, zitiert in Thompson & Hunston 2000, 11). Das Ende eines Absatzes etwa wäre ein typisches Beispiel für einen solchen *boundary point.* An solchen auffälligen Zäsurpunkten sorgen Autoren noch mehr als anderswo im Text dafür, dass sie im Gleichklang mit ihren Lesern sind. Es soll sichergestellt werden, dass die grundlegende Perspektive, die durch die zahlreichen Bewertungshandlungen vermittelt wird, von den Lesern geteilt wird. Hat man sich dieser gemeinsamen Basis versichert, kann man sozusagen »beruhigt« weitermachen und den nächsten Argumentationsschritt – vermutlich in einem neuen Absatz oder Abschnitt – setzen.

Food for Thought

In monologue, especially in written monologue, **evaluation at the end of each unit (for example, at the end of a paragraph) marks that a point has been made and that the reader's acceptance of that point is assumed.** It is as if the writer kept up a constant commentary on the progress of the discourse itself: ›The discourse has started, and it is going to be divided into three parts. Here is the first part, here is the end of the first part and *this is why it is interesting*. Assuming you are with me so far, now we move on to the second part [...]‹ (evaluation in italics).
(Thompson & Hunston 2000, 11; Kursivschrift im Original)

6.3 Die Wortebene

Auf der Ebene des einzelnen Wortes und der Wortkombinationen lässt sich *evaluation* wohl am leichtesten erkennen. Ob man zum Beispiel im Literaturüberblick einer Arbeit von einem *significant amount of research* oder von *a haphazard collec-*

tion of case studies spricht, ob im Theorieteil von einem *robust theoretical framework* die Rede ist oder von *rather shaky theoretical foundations,* oder ob es im *Results*-Abschnitt heißt: *We have demonstrated that male patients recover more quickly* oder *Our results seem to imply that male patients recover more quickly*: Diese und ähnliche Bewertungen stützen sich auf die Verwendung von Wörtern mit unterschiedlichem evaluativen Gehalt. Dabei kann sich »Gehalt« sowohl auf die rein deskriptive Bedeutung beziehen, also die Definition, wie sie im Wörterbuch steht, aber auch auf Konnotationen, die in bestimmten Kontexten mitschwingen. In Beispiel 6.1 konnten wir sehen, wie ein in vielen Kontexten positives Label, nämlich *fashionable,* in einem bestimmten Text sehr wohl mit negativ-evaluierenden Komponenten angereichert sein kann: dann nämlich, wenn ein Kontrast zwischen »Mode« und augenscheinlich höheren, besseren Beweggründen (in diesem Fall war es *appropriateness*) hergestellt wird.

Eine Form der Evaluation auf der Wortebene entsteht also dadurch, dass konkrete und abstrakte Dinge durch wertende Ausdrücke beschrieben werden. Daneben gibt es aber auch eine große Bandbreite von sprachlichen Features, die dem sogenannten Metadiskurs zuzurechnen sind (Hyland 2000, 2005a), und zwar jener Ausprägung davon, die Hyland (2000, 2005a) als *interactional* oder *interpersonal* bezeichnet (siehe auch Kapitel 2). Wieder einmal steht also die Hinwendung zum Leser im Vordergrund. Die sprachlichen Ressourcen, die diese Form des Metadiskurses umsetzen, werden wie folgt definiert:

> These features involve readers and open opportunities for them to contribute to the discourse by alerting them to the author's perspective towards both propositional information and readers themselves. They help control the level of personality in a text as writers acknowledge and connect to others, pulling them along with their argument, focusing their attention, acknowledging their uncertainties and guiding them to interpretations.
> (Hyland 2005a, 54)

Hyland unterscheidet fünf Subkategorien von *interactional resources*: *hedges, boosters, attitude markers, self mention* und *engagement markers* (Hyland 2005a, 52–54). Mit den letzten beiden Kategorien werden wir uns im nächsten Abschnitt befassen, die ersten drei werden im Folgenden kurz beschrieben und illustriert.

6.3.1 *Hedges*

→ Übung 8, S. 232

Unter *hedges* versteht man sprachliche Mittel, mit denen Autor/inn/en ausdrücken, dass sie sich ihrer Sache nicht ganz sicher sind und dass sie alternative Sichtweisen nicht ganz ausschließen möchten (Hyland 2005a, 52). Adverbien wie *possibly*, *relatively* und *perhaps* gehören hier dazu, ebenso die Modalverben *may* und *might* (wobei *might* ein noch schwächeres Bekenntnis des Autors zu seiner Aussage impliziert als *may*). Eine typische Verwendung in wissenschaftlichen Texten erfolgt bei der Wiedergabe von Resultaten und in *Discussion*-Abschnitten, wo Autor/inn/en oft mit Interpretationen vorsichtig umgehen wollen (siehe Beispiel 6.2).

Beispiel 6.2

Abschwächung durch *hedges* im *Discussion*-Abschnitt eines Zeitschriftenartikels:

> The reason why ADC [apparent diffusion coefficient] findings vary in reported SLL [stroke-like lesions] remains unknown, but one **possible** explanation is the time interval between stroke-like episode onset and MRI [magnetic resonance imaging]. All studies reporting low ADC have a short onset-MRI interval, and follow-up shows gradual ADC increase within days to weeks (Table) [Verweis auf Literatur]. Some studies reporting normal or high ADC also have short intervals (Table) [Verweis auf Literatur]. This apparent contradiction **may, however, reflect** the difficulties with precisely defining onset of an SLL. An SLL develops more slowly than ischemic stroke and **may not initially produce** symptoms severe enough to prompt medical attention. **It is possible to speculate** that in at least some of the cases reporting early increased ADC, the lesions **may have already evolved** over several days before clinical presentation.
> (Tzoulis & Bindoff 2009, e16–e17)

6.3.2 *Boosters*

→ Übung 9, S. 233

Wenn Autor/inn/en nicht Zweifel und ihre Offenheit gegenüber Alternativen signalisieren möchten, sondern mit selbstbewusster Stimme ihr Bekenntnis zu einer bestimmten Position demonstrieren wollen, dann verwenden sie *boosters*. Zu dieser Gruppe von sprachlichen Mitteln gehören zum Beispiel Adverbien wie *undoubtedly* und *certainly* und Verben wie *believe* und *know*.

Beispiele 6.3

Betonung durch *boosters*:

▷ Of course, the selection of a holding company location will not be driven solely by fiscal motivations, but these are **undoubtedly** important. (Hales & Craig 2010)

▷ **There can be no doubt that** organisms with elevated rates of mutation are isolated from clinical sources more commonly than would be expected by chance […]. (Hall & Henderson-Begg 2006, 2510)

▷ The clinical significance of mutators is still subject to debate. In a situation where a high proportion of the bacterial population infecting an individual is hypermutable, the probability of selecting resistant mutants during antibiotic treatment **must clearly** be increased. (Hall & Henderson-Begg 2006, 2512)

▷ We **firmly believe** that the open source philosophy is compatible with the spirit of scientific research. (Gautier et al. 2004, 310)

Im fiktiven akademischen Dialog zwischen Autor und Leser sind *boosters* und *hedges* gleichermaßen wichtig. Denn nur wenn man die Balance zwischen betonenden und abschwächenden Elementen hält, kann man eine Identität als ebenso engagierter wie zurückhaltender Forscher projizieren. Zu viele *hedges* legen nahe, dass der Erkenntniswert der Arbeit gering ist und man die Leser/innen in ein Gedankengebäude führt, das man selbst eigentlich nur ungern betritt. Zu viele *boosters* wiederum können anmaßend wirken und Kritik allein schon deshalb herausfordern, weil sie mit dem Habitus des zweifelnden, abwägenden und distanzier-

Food for Thought

Hedges and boosters are communicative strategies for increasing or reducing the force of statements. **In academic discourse their importance lies in their contribution to an appropriate rhetorical and interactive tenor,** conveying both epistemic and affective meanings – that is, they not only carry the writer's degree of confidence in the truth of a proposition, but also an attitude to the audience. As we have seen, knowledge claims must be carefully handled to overcome the possibility of negation by the reader. **Writers need to invest a convincing degree of assurance in their propositions, yet must avoid overstating their case and risk inviting the rejection of their arguments.**
(Hyland 2000, 87; Fettdruck hinzugefügt)

ten Wissenschaftlers nicht vereinbar sind. Und es versteht sich von selbst, dass sowohl *hedges* als auch *boosters* – wie alle anderen auffälligen Stilmittel auch – immer nur mit »Maß und Ziel« eingesetzt werden dürfen.

6.3.3 *Attitude markers*

Mit *attitude markers* signalisieren Autor/inn/en ihre emotionale Einstellung zu Aussagen; zum Beispiel, ob sie den Inhalt überraschend, interessant oder wichtig finden. Häufig verwendete *attitude markers* sind sogenannte *stance adverbials* (wörtlich: »Adverbien des Standpunktes«), die bevorzugt am Satzbeginn stehen und durch ein Komma vom Rest des Satzes abgetrennt werden, wie etwa *surprisingly* oder *interestingly*. Die Einschätzung des Autors kann aber auch in einem unabhängigen Hauptsatz formuliert werden (siehe Beispiel-Box 6.4: *These findings are important*) oder durch einen »Vorspann« mit *it is*, gefolgt von einem mit *that* eingeleiteten Satz.

Beispiele 6.4

Attitude markers:

▷ **Interestingly**, one conclusion that can be drawn from this survey is that we perhaps ought to look back to the 1960s and 1970s for help in understanding contemporary and future problems of environmental change. (Barkdull & Harris 2002, 85)

▷ **Unsurprisingly**, the response from more critical academics has often not been positive. (Parker 2002, 46)

▷ **Paradoxically**, digital connectivity seems to be associated with people feeling increasingly disconnected. (Keenoy & Seijo 2009, 184)

▷ **These findings are important**, but there remain issues to consider. (White 2010, 342)

▷ **It is interesting to note that**, despite Einstein's formulation of special relativity in 1905, in 1925 the major advance in atomic theory involved the non-relativistic Schrödinger equation. (Curtis 2009, 6)

▷ And **indeed, it is important to acknowledge** that there are good reasons why the dollar has been, and remains, so attractive [...]. (Kirshner 2008, 419)

Die Variante mit dem Hauptsatz – hier: *These findings are important* – ist sicher die markanteste und am wenigsten subtile, denn einen Gedanken in einen Hauptsatz zu kleiden ist ja für sich genommen schon ein Signal, dass man einer Aussage besondere Wichtigkeit zuschreibt. Genau deshalb ist es aber sicher weder ein Zufall, dass im vorliegenden Beispiel ein zweiter einschränkender, mit *but* angefügter Hauptsatz sofort nachfolgt, noch, dass sich die Aussage *these findings are important* auf einen Literaturüberblick im davorliegenden Absatz bezieht, also definitiv nicht auf *eigene* Forschungsarbeiten des Autors.

6.4 Die Präsenz des Autors und des Lesers im Text: *self mention* und *engagement markers*

Die Frage, wie persönlich bzw. unpersönlich wissenschaftliche Texte klingen sollen oder müssen, gehört sicher zu den »FAQs« des *academic writing*. Meist spitzt sie sich auf die Detailfrage zu, ob man die Personalpronomina *I/my/myself/me/mine* und *we/our/ourselves/us/ours* verwenden darf (*self mention*). Ein verwandtes Thema ist der Einsatz von sogenannten *engagement markers*, also sprachlichen Mitteln, die die Leser/innen unmittelbar in den Text »hineinziehen« – nämlich direkte Fragen und Aufforderungssätze.

6.4.1 *Self mention:* Sind *I* und *we* erlaubt?

→ **Übung 7, S. 231**

Es gibt keine pauschale, immer gültige Antwort auf die Frage, ob »ich« und »wir« erlaubt sind. In authentischen Texten findet man Beispiele sowohl für die Verwendung (6.5) als auch die Umgehung (6.6) dieser Personalpronomina:

Beispiele 6.5

Verwendung von *I* und *we*:

▷ No distinction has been made in the literature between mutators and hypermutators, and **we will consider** the two terms to be interchangeable.
(Hall & Henderson-Begg 2006, 2507)

▷ Above, **I** argued that corporate influence is a defining feature of lawyers' existence, and that their relationship to it has been the focus of a good deal of criticism. Here, **I** briefly discuss two intersecting (but certainly non-exhaustive) discursive frames or

> cultural logics, characterizing contemporary laws that are likely to shape the subject positions and accounting practices of junior corporate attorneys.
> (Kuhn 2009, 685)

Beispiel 6.6

Umgehung von *I* und *we* durch die Verwendung des Passivs (*have been laid out, has been made*) und von unpersönlichen Subjekten (*the analysis, the argument*):

> **In this brief essay** some preliminary lines of enquiry into the question of the cultural economy of cities **have been laid out. An effort has been made** to show how the cultural geography of place and the economic geography of production are intertwined within this question, and how an important set of insights about the logic of contemporary urbanization processes and the qualitative attributes of urban life and work emerge as a result. **The analysis,** too, **provides** some new particulars about the interdependent geographies of local and global development. Above all, **the argument describes** how in contemporary capitalism, the culture-generating capabilities of cities are being harnessed to productive purposes, creating new kinds of localized competitive advantages with major employment and income-enhancing effects.
> (Scott 1997, 335)

Ganz willkürlich ist die Verwendung von *I* und *we/our/us* dennoch nicht, und den Schluss »anything goes« zu ziehen, wäre daher auch nicht angebracht. Die folgenden Tendenzen zeichnen sich ab und eignen sich als Richtlinien für *non-native writers*:

- Jenes *we*, das sich allein auf die Autor/inn/en bezieht, wird nur verwendet, wenn tatsächlich Co-Autorenschaft von mindestens zwei Personen vorliegt. Der *plural majestatis* – etwa in Anlehnung an den Queen Victoria zugeschriebenen Ausspruch »We are not amused« – gilt mittlerweile als altmodisch und prätentiös. (Das bedeutet nicht, dass man ihn nicht gelegentlich noch antreffen kann: Halliday [2008, 499] beginnt seinen *single author*-Artikel mit dem Satz »We explore the dynamics of health and, in doing so, concern ourselves with two tasks«.)
- *We* ist bei einem einzelnen Autor dann unproblematisch, wenn es auch die Leser/innen umfasst, insbesondere im Rahmen des leserzentrierten Metadiskurses in Formulierungen wie *next, we ought to consider two more recent examples*; *from our discussion so far it will have become clear that …*; *let us now move on to …*
- *I* ist nicht generell tabu, besondere Vorsicht ist aber überall dort geboten, wo es an sehr exponierter Position, also ganz am Beginn von Sätzen und Absätzen,

stehen würde. Schon ein davor geschobenes Adverb (wie in Beispiel 6.5 mit *above* und *here* der Fall) hilft, die Direktheit des *I* ein wenig abzufedern.

- Da die Verwendung von *I* im *academic writing* nach wie vor etwas »markiert« ist (also auffällig und nicht ganz selbstverständlich), ist es ratsam, es nicht zu oft in rascher Abfolge zu wiederholen. Vor allem ist an den Grundsatz zu denken, dass innerhalb von Absätzen die Satzanfänge variiert werden sollten (siehe Kapitel 4). Schon aus diesem Grund sollten nicht mehrere Sätze hintereinander mit *I* als Subjekt und erstem Element im Satz beginnen.

In all jenen Fällen, in denen die Personalpronomina doch vermieden werden sollen, geschieht dies, wie auch in Beispiel 6.6 illustriert, im Wesentlichen durch zwei sprachliche Techniken: den Einsatz des Passivs und unpersönlicher Subjekte. Vor *one* als direkter Übersetzung des deutschen »man« ist allerdings zu warnen (siehe Tipp-Box).

Tipp

Wie kann man die Verwendung von *I* und *we* umgehen?

Die folgenden beiden Methoden bieten sich an:

- Umsteigen auf das Passiv. Aus *I tested two hypotheses* wird *two hypotheses were tested*.
- Statt *I* ein unpersönliches Subjekt einsetzen. Aus *I investigate* wird *this paper investigates*, aus *I have discovered that …* wird *the results show that …*

Der im Deutschen einfache und gängige Ausweg, nämlich auf »man« auszuweichen, ist im Englischen selten eine Option. Das Pronomen *one* gibt es zwar, es wird jedoch längst nicht so häufig verwendet wie das Deutsche »man« und darf vor allem rasch hintereinander nicht wiederholt werden. Bei einmaliger Verwendung, zum Beispiel in einer Formulierung wie *one may be tempted to think that …*, ist *one* völlig in Ordnung (was man z. B. durch eine Suche in *Google scholar* leicht überprüfen kann). Nicht mehr praktikabel ist es jedoch, wenn man auch noch das dazugehörige Possessivpronomen *one's* verwenden will. * *During one's research, one has to reconsider one's approach to one's theories* funktioniert nicht mehr (und erinnert bestenfalls an komödiantisch übersteigerte Imitationen der Sprache der englischen Hocharistokratie).

In jenen Fällen, in denen sich Autor/inn/en auf ihre eigenen, bereits publizierten Arbeiten beziehen, umgehen sie *I/we/my study* usw. oft dadurch, dass sie auf die

→

← Tipp

entsprechende Literatur einfach genau so verweisen, wie sie das mit den Publikationen anderer auch tun. Das zweite Beispiel in 6.7 zeigt auch, dass unterschiedliche Formen von *self mention* kombiniert werden können: Durch eine Passivkonstruktion (*was carried out*) vermeidet es der Autor einerseits, *I* am Beginn des ersten Satzes – der auch der erste Satz im Absatz ist – zu verwenden, und ermöglicht außerdem den unmittelbaren Anschluss an den davor liegenden Absatz (in dem *this exercise* beschrieben wurde). Im zweiten Absatz fährt er dann aber sehr wohl mit *I* fort.

Beispiele 6.7

Bezugnahme von Autor/inn/en auf ihre eigenen Publikationen:

▷ **From Griffiths's work** (2008), it is clear that dress and appearance affect perceptions of classical performance. (Griffiths 2009, 161)

▷ A quick-and-dirty version of this exercise was carried out **in Krugman** (1995). **I** found that North-South trade has lowered the relative price of labor-intensive products by less than 1 percent, and the relative wage of unskilled workers by less than 3 percent. (Krugman 2000, 65)

6.4.2 Direkte Fragen

Mit Fragen werden die Leser direkt angesprochen und ihre Präsenz als Interaktionspartner anerkannt (siehe Beispiele 6.8). Im rein physischen Sinne ist diese Präsenz zwar fiktiv, in einem medial vermittelten Sinne ist sie jedoch durchaus real: Publikationen sind ja in der Tat »Gesprächsbeiträge« im wissenschaftlichen Dialog. So betrachtet, sind direkte Fragen in wissenschaftlichen Texten eigentlich mehr als nur ein rhetorischer Kunstgriff, um Texte lebendiger zu machen.

Beispiele 6.8

Direkte Fragen:

▷ **What has our survey shown in regard to further research?**
(Barkdull & Harris 2002, 85)

▷ This whole ›explanation‹ clearly rests on the perception that ›language reflects society‹: I shall refer to it as the ›correlational fallacy‹.

Why is it a fallacy? Because the purported explanation does not in fact explain anything.
(Cameron 1990, 85)

▷ Both surveys, almost twelve years apart, found that about half of the responses chose each definition. **Why?** Perhaps that is because workforce diversity has not been formally, officially defined by the EEOC or the courts. Clearly, twelve years later there still is no consensus on the definition.
(Carrell, Mann & Sigler 2006, 12)

In wissenschaftlichen Texten von *non-natives* sind direkte Fragen dieser Art eher unterrepräsentiert – da ist es wahrscheinlicher, eine indirekte und unpersönliche Formulierung wie *one has to ask whether* oder *the question arises* anzutreffen. Diese Varianten sind natürlich nicht grundsätzlich »falsch«, nur: Warum nicht gelegentlich eine direkte Frage stellen? Auf diese Art anerkennt man in viel unmittelbarerer Weise die Präsenz der Leser/innen. Direkte Fragen sind griffig, einfach zu verstehen und oft eine »Erholung« inmitten von langen und komplexen Aussagesätzen. Warum *non-natives* mit deutschsprachigem Hintergrund oftmals davor zurückscheuen, lässt sich dann leicht erkennen, wenn man versucht, Beispielsätze wie jene in 6.8 ins Deutsche zu übersetzen. Das Resultat ist in der deutschen Wissenschaftssprache stilistisch de facto nicht tragbar, zumindest nicht außerhalb von Lehrbüchern. In einem wissenschaftlichen Aufsatz würde kein ernstzunehmender Autor lapidar »Warum?« schreiben. Wortwörtlich ins Deutsche übersetzt, klingen solche Fragen banal und ebenso kindlich wie konfrontativ, und all das umso mehr, je kürzer die Fragen sind. Im Englischen ist nichts davon der Fall: Hier wirken direkte Fragen erfrischend klar, sie fördern die Fokussierung und die ungefilterte Interaktion mit den Leser/inne/n. Für *non-natives* lohnt es sich in diesem Fall daher wirklich, über ihren »stilistischen Schatten« zu springen.

6.4.3 *Directives*

Ähnliches wie für Fragen gilt für Aufforderungen, die direkt an die Leser/innen gerichtet werden, sei es in Form von Imperativen oder mit *let us* eingeleiteten Formulierungen. Auch sie können einen sehr wertvollen Beitrag zur Textgliederung und Orientierung der Leser/innen leisten (siehe Beispiele 6.9).

Beispiele 6.9

▷ **Recall** that what lures a societal constituent to a social group is the shared values that help him or her construct and communicate the social reality that he or she is pursuing to live. (Handelman 2006, 112)

▷ **Consider** a typical GeneChip microarray experiment. (Gautier et al. 2004, 308)

▷ Before providing the proof for Theorem 1, **let us pause to reflect on** the theorem statement. (Sarvotham, Baron & Baraniuk 2006, 1421)

6.5 *In a Nutshell*

- Die Wissenschaftssprache ist voll von sprachlich vermittelten Bewertungen (*evaluations*). Vorzüge und Nachteile von Modellen und Methoden werden gegeneinander abgewogen, Interpretationen kritisiert, praktische Anwendungen als mehr oder weniger relevant dargestellt.
- Dabei ist es die übergeordnete Funktion wissenschaftlicher Rhetorik, im Dialog mit der fachlichen *Community* um Unterstützung für die eigene Sichtweise zu werben und eine Identität als akzeptiertes, den Spielregeln folgendes Mitglied der Forschergemeinschaft zu pflegen.
- Sprachliche Entscheidungen, die *evaluations* transportieren, werden auf allen Ebenen getroffen: beim Text- und Satzbau und in der Wortwahl.
- Auf der Textebene gilt der Grundsatz: Je höher die Gliederungseinheit ist, auf der ein Thema angesiedelt wird (im Absatz-, Abschnitts- oder Kapitelrang), desto mehr Sichtbarkeit und Bedeutung wird ihm zugeschrieben.
- Auf der Satzebene kann man als Autor mit dem Mechanismus des *foregrounding* und *backgrounding* spielen. Insbesondere zwei Entscheidungen haben bewertenden Charakter: (1) ob man sich entschließt, eine Aussage als Hauptsatz zu formulieren, oder ob man sie als Nebensatz eher in den Hintergrund rücken lässt, und (2) ob man eine Information am Satzanfang positioniert, wo das Satzthema vorgegeben wird, oder ob man sie, dem Prinzip des *end focus* (siehe Kapitel 4) folgend, ans Satzende stellt, wo das Hauptgewicht der Aussage liegt.
- Auf der Ebene des Wortes und der Wortkombinationen treten Bewertungen einerseits auf, wenn Dinge mit positiv und negativ aufgeladenen *labels* versehen werden. Andererseits sind Bewertungshandlungen auch Teil jener Form des Metadiskurses, der als *interpersonal* bzw. *interactional* bezeichnet wird: Der

Autor signalisiert damit seinen Lesern, welche Einstellung er zu den getroffenen Aussagen hat (*attitude markers*) und mit wie viel Sicherheit er eine bestimmte Aussage machen möchte (abschwächende *hedges* und verstärkende *boosters*).

- Mit Hilfe von *engagement markers* – insbesondere direkten Fragen und Aufforderungen – werden die Leser/innen unmittelbar angesprochen und in die Argumentation »hineingezogen«.
- Eine weitere Technik des Metadiskurses ist *self mention*, d.h. die Verwendung von *I* und *we* (sowie der dazu gehörenden Pronomina *my, our, us* usw.). In modernen wissenschaftlichen Texten sind *I* und *we* nicht mehr vollständig tabu, werden aber dennoch nur mit Vorsicht verwendet. *We* ist weniger auffällig als *I*, ist aber Autorenteams vorbehalten und jenen Fällen, in denen der Autor sich selbst und die Leser in einer »Wir«-Gruppe zusammenfasst. *I* sollte an exponierten Positionen (Satz- und Absatzanfang) eher vermieden werden und insgesamt nicht zu häufig vorkommen. Die wichtigsten Techniken zur Umgehung von *I* und *we* sind das Passiv und das Ausweichen auf unpersönliche Subjekte (z.B. *this paper, the present section*).

7 Zitate: Vielstimmigkeit im Text

I pick my favourite quotations and store them in my mind as ready armour, offensive or defensive, amid the struggle of this turbulent existence.
Robert Burns
(Schottischer Dichter, 1759–1796)

7.1 Grundlagen
7.2 Typen von Zitaten
7.3 Zitate einleiten: *reporting verbs* und andere Strukturen
7.4 Bewertung von zitierten Informationen
7.5 *In a Nutshell*

Mit wissenschaftlicher Argumentation ist das Zitieren untrennbar verbunden: Denn nur dann, wenn viele Stimmen so miteinander konfrontiert werden, dass das geistige Eigentum aller Beteiligten geschützt wird, kann ein fairer Dialog geführt werden. Das vorliegende Kapitel zeigt, wie im Englischen Zitate in den Fließtext eingebaut werden und wie Autor/inn/en ihre Einstellung zum zitierten Material signalisieren können.

7.1 Grundlagen

Im wissenschaftlichen Argumentieren ruht das Gedankengebäude, das man selbst aufbaut, immer auf einem Fundament von bereits existierenden Arbeiten. Daraus kann man Passagen wörtlich kopieren (»direkte Zitate«) oder auch nur Gedanken übernehmen (»indirekte Zitate«). In beiden Fällen müssen die Quellen exakt und in jener Weise zitiert werden, die sowohl den allgemeinen Konventionen des jeweiligen Faches als auch den spezifischen Vorgaben von bestimmten Zeitschriften, Verlagen bzw. Betreuer/inne/n von Bachelor- und Masterarbeiten oder Dissertationen entspricht.

Die transparente Grenzziehung zwischen Eigen- und Fremdleistung gehört zu den Grundfesten akademischer Integrität. Das probate Mittel, um diese Grenze zu ziehen und sich nicht des Plagiats schuldig zu machen, ist das Befolgen von Zitierregeln. Davon abgesehen, haben Zitate aber auch eine im weitesten Sinne rhetorische Funktion, denn:

> By acknowledging a debt of precedent, a writer is also able to display an allegiance to a particular community or orientation, create a rhetorical gap for his or her research, and establish a credible writer ethos.
>
> [...] writers are obliged to situate their research in a larger narrative, and this is most obviously demonstrated through appropriate citation.
>
> (Hyland 2000, 20)

Dieser breitere fachliche Diskurs (»larger narrative«) wird durch das bereits bestehende Schrifttum von Fachkolleg/inn/en gebildet – ein Ausdruck der Tatsache, dass Wissenschaft trotz der Bedeutung der Einzelleistung ganz wesentlich ein kollektives Unterfangen ist. Um sich in den Diskurs einzureihen, muss man die Stimmen anderer Wissenschaftler/innen in den eigenen Text hereinholen: Das ist es, was Zitate leisten. Sie schaffen jene Polyphonie, welche die konstruktive wissenschaftliche Auseinandersetzung und letztlich auch den wissenschaftlichen Fortschritt erst ermöglicht.

Im Rahmen des Themas »Bewertung« (Kapitel 6) haben wir schon erwähnt, dass Autor/inn/en ihre eigenen wissenschaftlichen Positionen rechtfertigen und verteidigen müssen. Das Zitieren entspringt im Grunde ebenfalls der Verpflichtung, die eigenen Behauptungen dadurch quasi »auszuhandeln«, dass man in einem fiktiven Dialog mit den Leser/inne/n sowohl Pro- als auch Contraargumente gegeneinander abwägt. Hyland (2000, 20) spricht von »a delicate process of negotiation for a claim«.

Sowohl diese grundlegende Motivation für das Zitieren als auch die Stigmatisierung von Plagiaten ist der internationalen *Scientific Community* gemein. Universell ist ebenfalls die Notwendigkeit, sowohl qualitativ als auch quantitativ eine angemessene Balance zwischen zitiertem Material und eigenem Text herzustellen. Ein wissenschaftlicher Text ist nie nur ein »Patchwork« aus Zitaten, und die persönliche Stimme des Autors muss in jedem Fall durchdringen.

Food for Thought

Be informed by the literature, not constrained by it. Be guided by the prevailing or established voices but not enslaved by them. Listen carefully to the voices of others and read what they have written, but clear your throat, stretch your fingers, and prepare to talk and write yourself. No matter how much you conform to the conventions of your discipline, it is still possible for you to make your contribution with your own unique and original voice. (Murray & Moore 2006, 10)

Da die allgemeinen Normen nicht spezifisch für bestimmte Sprachen sind, werden wir sie hier nicht weiter behandeln. Selbst wenn man auf Englisch schreibt, kann man sich in Bezug auf diese Grundlagen auch getrost an deutschen Lehrbüchern orientieren (z.B. Gruber, Huemer & Rheindorf 2009, 142–165 und Kruse 2010, 112–119).

Zwischen den Disziplinen gibt es sehr wohl Unterschiede; auch sie betreffen aber nicht die »Basics« des Aushandelns und der integren Trennung zwischen Fremd- und Eigenleistung, sondern Details wie z.B. die Häufigkeit direkter Zitate, den Grad der Einbettung der Zitate in den Text oder die Verwendung bestimmter *reporting verbs* (Hyland 2000, 24–32). Wie schon im Rest des Buches können die Spezifika einzelner Disziplinen hier bestenfalls gestreift werden. Worauf wir uns im Folgenden konzentrieren werden, sind sprachliche Konventionen, die man als Autor/in beherrschen sollte – ganz gleich, in welchem Fach man arbeitet und schreibt.

7.2 Typen von Zitaten

Man unterscheidet zwischen direkten Zitaten, bei denen das Original Wort für Wort und zwischen Anführungszeichen wiedergegeben wird, und indirekten Zitaten, bei denen nur Gedanken übernommen und vom zitierenden Autor in eigene

Worte gefasst werden. Beide Typen von Zitaten müssen auf jeden Fall harmonisch in den Fließtext integriert werden. Das kann auf zwei Arten geschehen:

- Der Name des Autors wird im Text selbst erwähnt (»integral citations«) oder
- der Name des Autors erscheint nur im nachfolgenden Klammerausdruck oder einer Fußnote (»non-integral citations«; Hyland 2000, 22).

Der Unterschied zwischen *integral* und *non-integral*-Zitaten ist nicht nur rein formaler Natur, sondern hat auch Auswirkungen darauf, ob die zitierten Autor/inn/en oder die zitierten Informationen in den Vordergrund gerückt werden. Daher wird die *integral*-Variante auch als *author prominent* und die *non-integral*-Variante als *information prominent* bezeichnet (Cargill & O'Connor 2009, 46). Die folgende Matrix zeigt je ein Beispiel für die vier möglichen Kombinationen.

	Direktes Zitat Exakte wörtliche Übernahme; Anführungszeichen und Quellenangabe.	**Indirektes Zitat** Inhaltliche Übernahme, paraphrasiert; keine Anführungszeichen, nur Quellenangabe.
integral / author prominent	*Smith (2008, 24) refers to this approach as »strongly biased«.*	*Smith (2008, 24) criticizes this approach as having a strong bias.*
non-integral / information prominent	*This approach has been criticized as »strongly and indefensibly biased« (Smith 2008, 24).*	*This approach has been criticized as having a strong bias (Smith 2008, 24).*

Tabelle 7.1: Unterschiedliche Formen von Zitaten

In fast allen Wissenschaftsdisziplinen überwiegen Zitate der informationszentrierten Variante, also jener, bei der die zitierten Autoren nicht im Fließtext, sondern nur in Klammern oder Fußnoten vorkommen. Laut Hyland (2000, 24) gehören zum Beispiel in der Biologie 90,2 % der Zitate zu diesem Typus, in der Soziologie sind es immerhin noch 64,6 %. Lediglich in der Philosophie ist laut Hylands empirischer Evidenz das Verhältnis umgekehrt. Welche Balance der beiden Zitatformen für die eigene Disziplin angemessen ist, lernt man am besten durch aufmerksames Lesen der jeweils facheinschlägigen Literatur und aus Kommentaren von Gutachter/inne/n bzw. Betreuer/inne/n.

Über alle Disziplinen hinweg gilt aber, dass wörtliche Zitate nur dann verwendet werden, wenn es offensichtlich ist, dass die Formulierung als solche es wert ist, zitiert zu werden. Um ein direktes Zitat zu rechtfertigen, muss es also nicht nur bedeutsam sein, *was* ein Forscher gesagt hat, sondern auch, *wie* er es genau ausgedrückt hat. Die Bedeutung kann darin bestehen, dass es gerade eine bestimmte Formulierung ist, die man im eigenen Text diskutieren will (wie es zum Beispiel bei strittigen Definitionen oder Thesen der Fall wäre). Das wörtliche Zitieren kann aber auch deshalb eine gute Option sein, weil man den Eindruck hat, dass die zitierten Autor/inn/en tatsächlich mit ihrer eigenen Stimme zu Wort kommen sollten, vielleicht weil sie einen Sachverhalt oder eine Meinung besonders treffend formuliert haben. In diesen Fällen dient das direkte Zitat nicht zuletzt dazu, den eigenen Text ein Stück weit lebendiger und rhetorisch ansprechender zu machen. Beispiel 7.1 illustriert diesen Effekt. Es zeigt noch zwei weitere Dinge: erstens, wie direkte und indirekte Zitate gut gemischt werden können, und zweitens, dass direkte Zitate – insbesondere wenn sie so wie hier ganz am Beginn der Einleitung des *papers* positioniert sind – auch die Funktion von *attention getters* haben.

Beispiel 7.1

Direkte, indirekte, *integral*- und *non-integral*-Zitate in einer *Introduction*:

»Cheating in higher education is rampant … and students of business are among the most dishonest,« declared Levy and Rakovski (2006, p. 736) in an article summarizing the state of academic dishonesty in business schools. Within a business environment described as »a dynamic, turbulent, even chaotic world« (Cameron, 2003, p. 190), business schools are struggling to train their graduates to be both ethical (Boyle, 2004) and competent (Mintzberg, 2005). The problem of academic dishonesty is a worldwide problem, with Callahan (2004) calling American society »the cheating culture« and with high percentages of students admitting to cheating in countries other than the United States as well (Baty, 2007; DeLambert et al., 2005; Lin and Wen, 2007; Rawwas et al., 2007).
(Caldwell 2010, 1)

Wie Zitate in formaler Hinsicht auszuführen sind (ob in Klammern oder Fußnoten, mit welcher Zeichensetzung etc.), variiert je nach dem anzuwendenden *Style Manual* bzw. nach sonstigen Vorgaben der Verlage, Herausgeber oder Gutachter studentischer Qualifizierungsarbeiten. Zu den im angelsächsischen Raum am häufigsten verwendeten Richtlinien zählen der *APA Style* (nach dem *Publication*

Manual of the American Psychological Association), das *Chicago Manual of Style* sowie die Vorgaben der *Modern Language Association of America* (nach dem *MLA Handbook for Writers of Research Papers*). Allgemein gültig ist die Vorschrift, dass kürzere wörtliche Zitate in Anführungszeichen (*quotation marks*) gesetzt werden müssen. Bei längeren Zitaten erfolgt die Kennzeichnung als Zitate anders: Sie werden als *block quotations* vom Text abgesetzt, d.h. als separate Absätze mit einem deutlichen linken Einzug des gesamten Absatzes (nicht nur der ersten Zeile) formatiert. Was als »länger« gilt, variiert je nach *Style Manual*; meist sind drei Zeilen die Grenze. Zitate, die kürzer als die vorgegebene Maximallänge sind, verbleiben im Fließtext und stehen zwischen Anführungszeichen; jene, die länger sind, werden aus dem Fließtext herausgehoben. In beiden Fällen ist absolut eindeutig, welcher Text aus der Quelle stammt und welcher nicht.

Die Anführungszeichen oder das Absetzen vom Text zu »vergessen« führt de facto zu einem Plagiat, auch wenn nach der übernommenen Stelle eine genaue Quellenangabe folgt (und der Autor daher subjektiv meint, ohnehin ganz ehrlich gewesen zu sein).

Tipp

Direkte, d.h. wörtliche Zitate MÜSSEN zwischen Anführungszeichen stehen oder, wenn sie länger sind, als *block quotations*, d.h. als separate, eingerückte Absätze formatiert sein. Selbst penible Quellenangaben nach der zitierten Stelle schützen nicht vor dem Vorwurf, ein Plagiat begangen zu haben, wenn diese Markierungen fehlen. Mag sein, dass kein *Vorsatz* zum Diebstahl geistigen Eigentums vorhanden war und das Fehlen der Anführungszeichen oder das Nicht-Absetzen vom Fließtext nur auf Fahrlässigkeit oder die Unkenntnis der Regeln zurückzuführen ist: der *Effekt*, nämlich dass ein Plagiat begangen wurde, ist aus der Sicht der *Scientific Community* derselbe.

Indirekte Zitate, bei denen keine Anführungszeichen gesetzt werden und die im Fließtext verbleiben, müssen sich vom Original maßgeblich unterscheiden, also nicht nur durch ein paar »kosmetische« Veränderungen wie das Austauschen von Satzzeichen oder Füllwörtern.

Grundsätzlich wird erwartet – auch dies eine disziplinübergreifende Regel –, dass man Material, das man zitiert, selbst im Original gesehen hat. Nur in Ausnahmefällen sind sogenannte Sekundärzitate (*quotations from secondary sources*) zulässig; dann nämlich, wenn das Original auch mit einigem Bemühen nicht zugänglich war. Im Zeitalter elektronischer Datenbanken muss sich die Notlösung des Sekundärzitats auf unveröffentlichte Manuskripte und ältere noch nicht digitalisierte

Quellen (sofern diese nicht leicht auffindbare Klassiker sind!) beschränken. Wie man in formaler Hinsicht damit umgeht, entscheidet sich wiederum nach den Vorgaben des jeweiligen *Style Manual.* Die Standardformen sehen wie folgt aus:

Beispiele 7.2

Sekundärzitate:

▷ In a qualitative way, Walker (1910), **cited in** Kutzbach (1987), showed a parallel between decadal-scale variations of the Nile flood and Indian rainfall. (Camberlin 1997, 1386)

▷ Indeed, non-Mendelian and cytoplasmic maternal inheritance was first demonstrated by Correns (1909, **cited in** Grant 1975). (Galloway & Fenster 1999, 1734)

▷ I am tempted to begin my remarks with Crane Brinton's observation in *The Anatomy of Revolution* that »Man is unique in nature and among animals in being able to conceive a future« (1952, **quoted in** Frank 1999:302). (Stull 2004, 511)

7.3 Zitate einleiten: *reporting verbs* und andere Strukturen

Zur Wiedergabe von Zitaten braucht man sogenannte *reporting verbs,* also etwa *say, argue* oder *discuss.* Im Deutschen firmieren sie als »redewiedergebende Verben« (was insofern eigentlich eine zu enge Bezeichnung ist, als keineswegs immer »Rede« wiedergegeben wird). In Anlehnung an Thompson und Ye (1991) sowie Thomas und Hawes (1994) unterscheidet Hyland (2000, 27–28) zwischen drei Kategorien von *reporting verbs* (siehe Tabelle 7.2): jene, die sich auf die Forschungstätigkeit an sich beziehen (»research acts«, z. B. *discover*), jene, die kognitive Vorgänge beschreiben (»cognition acts«, z. B. *believe*) und jene, die Sprachhandlungen wiedergeben (»discourse acts«, z. B. *state*).

Abgesehen von den sachlichen Gründen, die man als Autor für die Verwendung eines Verbs der einen oder anderen Kategorie hat, ist das Variieren zwischen unterschiedlichen Verben auch ein Gebot des guten Stils (siehe Beispiele 7.3).

Reporting verbs		
Research acts	**Cognition acts**	**Discourse acts**
Zum Beispiel: *observe* *discover* *notice* *show*	Zum Beispiel: *believe* *conceptualize* *suspect* *view*	Zum Beispiel: *argue* *state* *discuss* *claim*

Tabelle 7.2: Kategorien von *reporting verbs* nach Hyland (2000, 27–28)

Beispiele 7.3

Unterschiedliche *reporting verbs*:

> ▷ The expansion and formalization of such initiatives and practices **has been noted** by a range of authors and **has been conceptualized** by Alvesson and Willmott (2002, 622) [...]. (Llewellyn & Harrison 2006, 586)

> ▷ Ashworty and Bannister (1997) **confirm** the importance of creating an integrated educational experience that communicates to students that they are part of a larger academic community and that emphasizes the obligations owed to society. Chapman et al. (2004) **noted** that creating cultural norms was achieved by a multi-faceted approach to academic integrity. Eastman et al. (2006) **emphasized** the importance of creating personal relationships between faculty and students at the departmental level while combining a well-reasoned approach to both educating students about the importance of ethical conduct and enforcing academic honesty standards. Caldwell and Jean (2007) **suggested** that business schools must clearly focus on their mission and purpose and integrate best practices of other successful programs if they are to change the culture of dishonesty that exists at many business schools.
> (Caldwell 2010, 4)

Abwechslung lässt sich auch dadurch erzielen, dass man die diversen *research acts, cognition acts* und *discourse acts* gar nicht durch Zeitwörter wiedergibt, sondern durch die jeweils passenden Hauptwörter: dass man also zum Beispiel von *Smith's claim* oder *Miller's observation* spricht, statt einen Satz mit *Smith claims that* oder *Miller observed that* einzuleiten (Beispiele 7.4). Um nicht in den klassischen deutschen »Hauptwortstil« zu verfallen (siehe Abschnitt 5.2.5), sollte diese Variante allerdings nicht allzu oft eingesetzt werden.

Beispiele 7.4

Reporting-Strukturen mit Hauptwörtern:

▷ Despite **Hall's** (1998, 4) **call** for scholars to examine subject positions ›as produced in specific historical and institutional sites within specific discursive formations and practices, by specific enunciative strategies‹, few have taken up the charge. (Kuhn 2009, 682)

▷ These results are consistent with Levine, Flory, and Ash's (1977) **conclusion that** self-assessment may be a skill that improves with experience and feedback. (Sitzmann et al. 2010, 173)

Schließlich gibt es die Möglichkeit, auf Formulierungen mit Präpositionen zurückzugreifen und den Literaturverweis zum Beispiel an *according to* oder *following* anzuschließen (Beispiele 7.5).

Beispiele 7.5

Reporting durch Formulierungen mit Präpositionen:

▷ **According to** Yee (2006), such cases are fairly common: 25% of players game with a romantic partner and 19% with a family member. (Steinkuehler & Williams 2006, 885)

▷ **Following** Ikenberry, Lake and Mastanduno [Fußnote mit Jahreszahl], we distinguish systemic, societal, and state-centric theories of foreign policy. (Barkdull & Harris 2002, 6)

▷ **Consistent with** the findings of previous researchers (e.g., Wansink 1996; Wansink and Cheney 2005), we find that unrestrained eaters tend to consume fewer calories when eating small foods in small packages. (Scott et al. 2008, 391–392)

Wenn man ein *reporting verb* verwendet, stellt sich die Frage, in welcher Zeit – im Sinne von *tense* – man es verwenden soll. Grundsätzlich gibt es drei Varianten:

- A. Die *Past Tense*:

▷ Inman and Shettleworth (1999) **found** the interesting null result that pigeons show no evidence of a metacognitive capacity. (Shields et al. 2005, 167)

▷ In his profoundly optimistic seminal essay, Mark Weiser (1991) **laid** out a vision of the field of ›ubiquitous computing‹. Weiser **predicted** ›a world in which computer interaction casually enhances every room‹ and facilitates an extremely wide range of social and work activities. (Keenoy & Seijo 2009, 180)

- B. Die *Present Perfect Tense*:

▷ Research by numerous scholars **has demonstrated** that adopting honor codes can be effective in reducing cheating within some academic settings (Trevino et al., 1998). (Caldwell 2009, 1)

▷ Critics such as Stone (1982) **have argued** that autobiographies represent a distinctly American ideology of rugged individualism and self-reliance.
(Dempsey & Sanders 2010, 441)

- C. Die *Present Tense*:

▷ Bar-On (2005) **conceptualizes** emotional intelligence as a set of personality traits and abilities that predict emotional and social adaptation within environments.
(Bulmer Smith, Profetto-McGrath & Cummings 2009, 1626)

▷ In particular, Wansink (2004) **shows** that increased effort tends to reduce consumption.
(Scott et al. 2008, 392)

Eine eindeutige Verteilung der Zeiten auf bestimmte Kontexte oder Sprachverwendungen gibt es nicht. Einige Tendenzen lassen sich aber herausfiltern (Swales & Feak 1994, 182–184). So ist die *Past Tense* (Variante A) typisch für die Beschreibung von einzelnen Studien (*Smith demonstrated that* …), während das *Present Perfect* (B) eher den Blick auf das gesamte Forschungsfeld richtet (*Several researchers have demonstrated that* …). A und B sind in geisteswissenschaftlichen Arbeiten am häufigsten und in den Natur- und Ingenieurwissenschaften am seltensten zu finden. Variante A betont den in der Vergangenheit lokalisierten Forschungs*prozess*, die Varianten B und C zielen mehr auf das Ergebnis und den aktuellen Forschungs*stand* ab. Variante C wird u. a. für Klassiker und sonstige kanonische Texte verwendet (Swales & Feak [1994, 184] nennen Plato, Konfuzius, die Bibel und die Verfassung als Beispiele). In der Abstufung von der *Past*-Variante A zur *Present*-Variante C spiegelt sich zumindest potenziell auch größere Nähe des zitierenden Autors zum Zitierten wieder. Wie es Swales und Feak formulieren:

> In general, a move from past to present perfect and then to present indicates that the research reported is increasingly *close* to the writer in some way: close to the writer's own opinion, close to the writer's own research, or close to the current state of knowledge. (Swales & Feak 1994, 184; Kursivschrift im Original)

Diese Abstufungen sind aber subtil und mehr eine Sache mitschwingender Obertöne als eines fundamentalen Bedeutungsunterschieds. Allfällige Nuancen und disziplinenspezifische Präferenzen werden außerdem immer dann nivelliert, wenn längere Literaturüberblicke viele Zitate in rascher Abfolge enthalten und das Bedürfnis nach *Variation* zur Priorität wird (Swales & Feak 1994, 183).

Die Entscheidung, welche *tense* man für das *reporting verb* verwendet, ist zwar für sich genommen nicht so bedeutsam, hat aber bei indirekten Zitaten, – also Umschreibungen des Originals, – Konsequenzen für die Grammatik. Grundsätzlich gilt, dass der Akt der »Redewiedergabe« (in unserem Fall: des Zitierens) die Anwendung der für die indirekte Rede relevanten Regeln auslöst (Mautner 2014, 164–176). Das heißt:

- Wenn das *reporting verb* in der *Present Tense* oder der *Present Perfect Tense* steht, bleiben die Zeiten im zitierten Teil, also dem meist mit *that* eingeleiteten abhängigen Satzteil, unverändert:

  ▷ Research by several scholars (Davis et al., 1992; McCabe et al., 2002) **suggests** that schools that formally adopt an honor code positively **impact** the behavior of both students and faculties on college campuses.
  (Caldwell 2010, 3. NB: *impact* wird hier als Verb verwendet, im Sinne von »einwirken auf«)

- Wenn das *reporting verb* in der *Past Tense* steht, dann sind die für die indirekte Rede relevanten Regeln anzuwenden (Mautner 2014, 164–176), insbesondere die Verschiebung der Zeiten um eine Zeitstufe nach hinten (*backshift*). Aus der *Present Tense* wird die *Past Tense*, aus der *Past Tense* die *Past Perfect Tense*, *will* wird zu *would* usw.:

  ▷ A later study by McCabe et al. (2006) **confirmed** peer perceptions **were** particularly important for graduate business students in the decision about whether to cheat.
  (Caldwell 2010, 3)

  ▷ Over a half century ago, Mills (1951) **argued that** a person's relationship with the ideologies promulgated by large corporations **had become** a defining feature of social and political life. (Kuhn 2009, 681)

Vereinzelt wird auf die Zeitenverschiebung verzichtet, auch wenn das *reporting verb* in der *Past Tense* steht – dann nämlich, wenn sich der zeitliche Bezugsrahmen nicht geändert hat und man betonen will, dass das Zitierte auch in der Gegenwart gültig ist:

▷ As Flugel (1940) **noted**, partial nakedness in women **is** culturally disrespectful [...]. (Griffiths 2009, 172)

Diese Abweichungen von den Grundregeln der indirekten Rede sind aber so selten, dass man sie in der eigenen Schreibpraxis nicht zur Norm erheben sollte.

7.4 Bewertung von zitierten Informationen

Zitieren ist im Grunde nie eine völlig »neutrale« Wiedergabe. Denn selbst bei größter Redlichkeit und Gewissenhaftigkeit des zitierenden Autors stellt allein schon die Auswahl einer bestimmten Stelle und ihre Einbettung in einen neuen Kontext eine gewisse Veränderung des Originals dar. Davon abgesehen lassen sich Zitate aber auch noch bewusst »färben«. Eine wichtige Rolle spielt dabei die Wahl des redewiedergebenden Zeitworts. Sie ist eine rhetorische Entscheidung (»a significant rhetorical choice«, Hyland 2000, 23). Denn viele dieser Verben beinhalten eine Wertung, (»evaluative potential«, Hyland 2000, 28), die Autor/inn/en gezielt nützen können. Nach Hyland (2000, 28) kann der evaluative Gehalt durch redewiedergebende Verben drei verschiedene Formen annehmen. Der zitierende Autor kann die zitierte Information als zutreffend akzeptieren (*writer acceptance*, z.B. *point out*), er kann sie als nicht zutreffend ablehnen (*writer disagreement*, z.B. *exaggerate*) oder sich neutral zu ihr stellen. Im letzten Fall kann er wiederum dem zitierten Autor einen Standpunkt unterstellen, der positiv (z.B. *argue*), neutral (z.B. *comment*), zögernd (z.B. *suggest*) oder kritisch (z.B. *attack*) sein kann. In 7.6 sehen wir dafür je ein Beispiel.

Beispiele 7.6

Den zitierten Autor/inn/en durch *reporting verbs* zugeschriebene Einstellungen:

Author positive:

▷ Starkey et al. (2004) **have argued for** a business school model that incorporates a thoughtful view of the impact of businesses on society and that recognizes the implicit values of business choices. (Caldwell 2010, 2)

Author neutral:

▷ Backer (1995, p. 21) **reported that** failure to analyze and deal with readiness issues can actually lead to »abortive organization development efforts«.
(Madsen, Cameron & Miller 2006, 96)

Author tentative:

▷ Caldwell and Jean (2007) **suggested that** business schools must clearly focus on their mission and purpose [...]. (Caldwell 2010, 4)

Author critical:

▷ These assertions **have been criticized as** exaggerated, unproven and unconvincing (Fineman, 2000; Jordan et al., 2006; Spector and Johnson, 2006).
(Bulmer Smith, Profetto-McGrath & Cummings 2009, 1627)

Wertungen können nicht nur durch *reporting verbs*, sondern auch durch andere sprachliche Mittel transportiert werden, zum Beispiel durch eingeschobene Adverbien (z.B. *convincingly, rightly*) oder Adjektiv-Hauptwort-Kombinationen (*a second important observation, a compelling argument, notable exceptions*), wie in 7.7 illustriert.

Beispiele 7.7

Bewertung eines Zitats durch Adverbien und Adjektive:

▷ The intersection of ideas and systemic theory has been explored from several angles. Waltz, [Fußnote] the most prominent advocate of neorealism, argues that the only truly structural variable in an international political system is the distribution of capabilities. Power therefore defines the structure of the system. Recently, Alexander Wendt [Fußnote] **has convincingly challenged** this proposition. The »constructivist« view Wendt advances agrees with neorealism that the theory of international politics should be structural and systemic. The point in contention is what belongs at the structural level. (Barkdull & Harris 2002, 72)

▷ Using gamma interferon (IFN-γ) release and extended cytotoxicity assays, Voo et al. (2004) were the first to report recognition of endogenously expressed EBNA1. **Significantly,** they reported a small increase in recognition if the Gar domain was removed. **They made a second important observation when they showed that** new protein synthesis was required for effective recognition of EBNA1. (Blake 2010, 834)

▷ Orlikowski (1992, 200; see also Orlikowski and Yates, 2002) has developed **a compelling argument** around how we enact these new technologies but, **with notable exceptions** (Czarniawska and Hernes, 2005; Sproull and Kiesler, 1991), the pervasive inscription of e-mail on work practices and as a device which facilitates the control and direction of behaviour has not attracted extensive interest from organization scientists. (Keenoy & Seijo 2009, 183)

7.5 *In a Nutshell*

- Durch Zitate zeigt man den Leser/inne/n, wo und wie man sich in den wissenschaftlichen Diskurs einreiht, »wes Geistes Kind« man ist, von welchen Vorarbeiten man sich distanziert und auf welchen man aufbaut.
- Damit Zitate diese Funktionen im wissenschaftlichen Text erfüllen können, müssen sie harmonisch in die eigene Argumentation integriert sein. Bloß wahllos aneinandergereihte Zitate, insbesondere wörtliche, ergeben noch keine Gedankenführung. In diesem Fall entsteht bestenfalls ein Stimmengewirr, aber keine geordnete und bereichernde Vielstimmigkeit.
- Zitate können *author prominent* sein – wenn der Name der zitierten Autor/inn/en im Fließtext erwähnt wird – oder *information prominent* – wenn der Name nur in einem Klammerausdruck oder einer Fußnote enthalten ist.
- Exakte Quellenangaben stellen sicher, dass man nicht in den Verdacht gerät, ein Plagiat zu begehen, und den Urheber/inne/n geistiger Leistung Gerechtigkeit angedeihen lässt. Andererseits helfen sie den Leser/inne/n, die zitierte Stelle im Original aufzufinden.
- Direkte Zitate sind wörtliche Übernahmen aus der Quelle, bei indirekten Zitaten gibt man Gedanken sinngemäß und in eigenen Worten wieder.
- Kurze direkte Zitate werden zwischen Anführungszeichen gesetzt, längere werden als links eingerückte, separate Absätze formatiert. Indirekte Zitate verbleiben im Fließtext und haben keine Anführungszeichen.
- Sowohl für direkte als auch indirekte Zitate werden meist redewiedergebende Verben (*reporting verbs*) eingesetzt. Diese Verben können die Forschungstätigkeit der zitierten Autoren beschreiben (*research acts*, z. B. *observe, discover*), geistige Tätigkeit (*cognition acts*, z. B. *believe, view*) und Sprachhandlungen (*discourse acts*, z. B. *argue, discuss, claim*).
- Alternativ dazu kann eine Quelle auch durch eine Präposition (z. B. *according to*) oder mithilfe eines Hauptworts eingeleitet werden (z. B. *their conclusion that* statt *they concluded that*).
- Die redewiedergebenden Verben können in der *Past Tense* (*Smith suggested that …*), in der *Present Perfect Tense* (*several researchers have claimed that …*) oder der *Present Tense* (*Smith claims that …*) stehen.
- Viele redewiedergebende Verben haben auch wertenden Gehalt. Sie signalisieren, ob der zitierende Autor dem zitierten Material gegenüber positiv, neutral oder kritisch eingestellt ist.

- Diese bewertende Funktion können auch Adverbien (z. B. *As Smith rightly says …*) und Adjektiv-Hauptwort-Kombinationen (z. B. *a powerful argument; an insightful account*) übernehmen.

8 Das Komma: Die Kunst des Atemholens

I was working on the proof of one of my poems all the morning, and took out a comma.
In the afternoon I put it back again.
Oscar Wilde
(Irischer Schriftsteller, 1854–1900)

8.1. Grundlagen zur Zeichensetzung
8.2 Das Komma
  8.2.1 Wo definitiv kein Komma gesetzt wird
  8.2.2 Wo ein Komma verwendet wird
8.3. Andere Satzzeichen
8.4. *In a Nutshell*

Auf dem Weg zum stilsicheren wissenschaftlichen Schreiben ist das Beherrschen der Zeichensetzung ein wichtiger Meilenstein: Denn Satzzeichen an der richtigen Stelle sorgen dafür, dass die Leser/innen auch komplexe Sätze noch gut verarbeiten können. Im Englischen reagiert die Zeichensetzung nicht nur auf die Satzstruktur, sondern auch auf semantische Bezüge zwischen Elementen. Im Kern des Kapitels stehen die Grundregeln für die Verwendung der Kommata, und hier wiederum jene Fälle, wo sich das Englische vom Deutschen unterscheidet.

8.1 Grundlagen zur Zeichensetzung

Es mag ein wenig verwundern, dass ein Buch zum stilsicheren wissenschaftlichen Schreiben mit einem Kapitel zur Zeichensetzung (Interpunktion, englisch *punctuation*) endet. Unser Fokus lag ja auf akademischer Rhetorik und leserzentrierter Argumentationsführung; formale Aspekte zur Manuskriptgestaltung blieben bisher ausgeklammert oder wurden nur durch einen Verweis auf gängige *style manuals* abgedeckt.

Dass wir uns im vorliegenden Kapitel nun doch mit Komma, Bindestrich und ähnlichen »Kleinigkeiten« befassen wollen, hat seinen guten Grund. Der kompetente Umgang mit der Zeichensetzung hat nämlich erhebliche Auswirkungen darauf, wie die Substanz wissenschaftlicher Texte verstanden wird. Ein Komma am richtigen Platz hilft den Leser/inne/n, die Struktur eines Satzes rasch zu erfassen, in langen Satzgefügen »Luft holen« zu können und ohne Barriere zum Inhalt durchzudringen; ein Komma am falschen Platz führt den Leser in die Irre, hält ihn auf und lenkt vom Inhalt ab – manchmal bis zum völligen Unverständnis des Textes. So betrachtet, gehört die Zeichensetzung nicht mehr zu den »Formalia« des wissenschaftlichen Schreibens, sondern ist ein Kernthema der schriftlichen Argumentation. Wie auch die Zitate im folgenden *Food-for-Thought*-Kasten nahelegen, lohnt es sich, der Zeichensetzung einige Aufmerksamkeit zu widmen.

Food for Thought

▷ Punctuation establishes the cadence of a sentence, telling the reader where to pause (comma, semicolon, and colon), stop (period and question mark), or take a detour (dash, parentheses, and brackets). Punctuation of a sentence usually denotes a pause in thought; different kinds of punctuation indicate different kinds and lengths of pauses.
(*Publication Manual of the American Psychological Association* [APA] 2007, 87)

▷ Learning to punctuate is about much more than rules. Punctuation, when skillfully deployed, provides you with considerable control over meaning and tone.
http://advice.writing.utoronto.ca/revising/punctuation/

▷ There are two dimensions to correct punctuation. First, an awareness of the rules of punctuation helps you say what you want to say, because it gives you control over your writing. You are, in effect, able to police the progress of each sentence. The second thing about correct punctuation is that, if you really know the rules, good punctuation can make your work sound weightier and more sophisticated.
(Peck & Coyle 2005, 64)

Die allgemeine Bedeutung der Zeichensetzung gilt für das Englische und das Deutsche gleichermaßen. Allerdings bestehen zwischen den beiden Sprachen recht massive Unterschiede sowohl in Bezug auf einige Grundlagen als auch auf die konkreten Regeln ihrer Anwendung. Details dazu werden wir insbesondere im Abschnitt über das Komma herausarbeiten. Was die Grundlagen betrifft, so kann es aus der Perspektive deutschsprachiger Autor/inn/en insbesondere ungewöhnlich wirken, dass

- die Zeichensetzung im Englischen nicht nur von der Satzstruktur gesteuert wird, sondern auch davon, zwischen welchen Elementen im Satz ein semantischer Bezug hergestellt werden soll;
- es öfter Wahlmöglichkeiten gibt, ob ein Satzzeichen verwendet wird oder nicht, und dass es daher auch so etwas wie einen persönlichen Stil in der Interpunktion geben kann (im Englischen kann man ein *heavy punctuator* oder ein *light punctuator* sein, während man im Deutschen die Zeichensetzung entweder »richtig« oder »falsch« macht);
- die Zeichensetzung in erster Linie den Leser/inne/n helfen soll, Texte leicht zu verstehen. Wie es im *Chicago Manual of Style* formuliert wird: »Punctuation should be governed by its function, which is to promote ease of reading« (2003, 240).

Im folgenden Abschnitt werden wir uns zunächst etwas genauer mit dem Komma befassen und dann mit einigen anderen wichtigen Satzzeichen.

8.2 Das Komma

→ Übung 10, S. 234

Die Verwendung der Kommata wird von dem Grundsatz gesteuert, den wir in 8.1 für die Zeichensetzung insgesamt konstatiert haben:

> Comma placement in English is mainly governed by an assessment of semantic and pragmatic relations, rather than by rules which relate strictly to grammatical structure (Siepmann et al. 2011, 194).

Was von der Bedeutung her zusammengehört, soll im Englischen nicht durch ein Komma getrennt werden; es gilt das »Prinzip der semantischen Einheit« (»principle of semantic unity«; Siepmann et al. 2011, 194). Die Kehrseite dieses Grundsatzes ist, dass das Komma ein Trennungssignal ist. Im Vergleich zu anderen Satzzeichen – etwa zum Gedankenstrich oder dem Strichpunkt – ist das Komma zwar ein eher schwaches Signal, das aber dennoch für die Gruppierung und »Portionierung« von Informationen im Satz sehr wichtig ist und auch den Satzrhythmus mitbestimmt. Beim lauten Vorlesen »hört« man Kommata als kurze Pausen und meist auch als Beginn einer neuen Einheit in der Intonation.

Aus der Perspektive der deutschen Sprache stellt sich – im Kontrast zum Englischen – folgendes Problem: Es gibt Fälle, in denen im Deutschen unbedingt ein Komma gesetzt werden muss, im Englischen aber definitiv nicht; und es gibt andererseits Fälle, in denen ein Komma im Deutschen definitiv ein Fehler wäre, im Englischen aber sehr natürlich klingt und von den meisten Autoren auch verwendet werden würde. In den folgenden beiden Abschnitten werden wir uns in erster Linie mit diesen beiden Typen von »Problemfällen« befassen. Es werden jeweils einfache, konstruierte Beispiele wie auch solche komplexerer, authentischer Natur aus der Literatur angeführt.

Gerade weil viele der Regeln für die englische Kommaverwendung eher »Kann«- als »Muss«-Bestimmungen sind, ist es für Autor/inn/en (im Übrigen auch viele *natives*) mitunter schwierig, sich zurechtzufinden. Wer von der deutschen Sprache her kommt, neigt eher dazu, im Englischen ein *heavy punctuator* zu sein. Das ist grundsätzlich in Ordnung, weil es eben oft Wahlmöglichkeiten gibt. Problematisch wird es jedoch dann, wenn *heavy* zu *too heavy* wird. Mit zu vielen Satzzeichen können Texte ebenso schwer lesbar sein als mit zu wenigen. Wenn sich diese Gefahr abzeichnet, sind Deutschsprachige gut beraten, als Gegengewicht die Faustregel »when in doubt, leave it out« zu beherzigen.

Food for Thought

Ein Tipp des *Writing Center* der Harvard University:

Your sentences shouldn't leave your reader hyperventilating from the constant shallow breaths that over-punctuation requires. Nor should they be gasping for breath at the end of a long, unpunctuated sentence. (Consider yourself responsible for your readers' cardiovascular health.)
(http://writingcenter.fas.harvard.edu/pages/tips-grammar-punctuation-and-style)

8.2.1 Wo definitiv kein Komma gesetzt wird

(1) Im Englischen werden **Nebensätze, die mit *that*, *what* und *whether* eingeleitet werden**, nicht durch Kommata abgetrennt.

Englisch	Deutsches Äquivalent
Reviewer A points out that the sample is too small.	*Gutachter A weist darauf hin, dass die Stichprobe zu klein ist.*
The problem is that the methods used do not fit the theory.	*Das Problem ist, dass die verwendeten Methoden nicht zur Theorie passen.*
The author does not explain what he means by this term.	*Der Autor erklärt nicht, was er unter diesem Begriff versteht.*
We should also ask whether ethical standards have been met.	*Wir sollten auch fragen, ob ethischen Standards entsprochen wurde.*
Whether the revision will remedy the paper's more fundamental flaws is a different matter.	*Ob die Überarbeitung die grundlegenden Mängel der Arbeit ausmerzen wird, ist eine andere Frage.*

Tabelle 8.1: Kommasetzung in Sätzen, die mit *that, what* und *whether* angeschlossen werden

Beispiele 8.1

Kein Komma vor *that*:

▷ It is easy to forget **that** just a few years ago micro-array technology was a cottage industry. (Gautier et al. 2004, 307)

▷ Our model **proposes that** restrained eaters encounter the same food-related information as unrestrained eaters **and that** restrained eaters perceive the characteristics of the food in the same way as unrestrained eaters. (Scott et al. 2008, 392)

Ebenso verhält es sich mit den sogenannten ***cleft*-Sätzen** (siehe Kapitel 5) und Subjektsätzen:

Englisch	Deutsches Äquivalent
It is the family carers that carry most of the emotional burden.	*Die pflegenden Angehörigen sind es, die den Großteil der emotionalen Last tragen.*
What the study also shows is the growing relevance of homecare.	*Was die Studie auch zeigt, ist die wachsende Relevanz der Heimpflege.*
Whoever controls the media can influence politics.	*Wer auch immer die Medien kontrolliert, kann die Politik beeinflussen.*

Tabelle 8.2: Kommasetzung in *cleft*-Sätzen und Subjektsätzen

Beispiel 8.2

Kein Komma in *cleft*-Sätzen:

▷ One can then also calculate the implied difference between actual and autarky factor prices; **it is this difference which** may be regarded as the effect of trade on factor prices. (Krugman 2000, 65)

(2) Relativsätze, die für die Bestimmung eines Hauptwortes essenzielle Information beisteuern (sogenannte *defining relative clauses* oder *restrictive relative clauses*), werden im Englischen nicht durch Kommata abgesetzt.

Englisch	Deutsches Äquivalent
Let us first comment on the tests that produced the most interesting results.	*Wenden wir uns vorerst jenen Tests zu, die die interessantesten Resultate lieferten.*

Tabelle 8.3: Kommasetzung in *defining relative clauses*

Beispiele 8.3

Kein Komma bei *defining relative clauses*:

▷ Articles were screened with an overall goal of finding a group of **articles that** focused specifically on emotional intelligence and nursing.
(Bulmer Smith, Profetto-McGrath & Cummings 2009, 1627)

▷ In all likelihood, many average **consumers who** use credit cards are actually business **entrepreneurs who** use the cards to finance small business.
(Castronova & Hagstrom 2004, 304)

▷ The task was a psychophysical density **discrimination in which** participants judged whether a 200- x 100-pixel rectangle on the screen (hereafter the Box) was sparsely or densely filled with illuminated pixels. (Shields et al. 2005, 169. Das Beispiel zeigt auch einen Objektsatz mit *whether*, ebenfalls ohne Komma.)

▷ In a **series whose elements** are all joined by conjunctions, no commas are needed unless the elements are long and pauses helpful.
(*The Chicago Manual of Style* 2003, 245. Das Beispiel zeigt auch einen nachgestellten Adverbialsatz [*unless* …] ohne Komma.)

▷ The second major strand of the research that is relevant to this discussion is that I conducted semi-structured interviews with 20 social scientists **whom** I knew to have employed mixed methods research at some point in their work. (Bryman 2008, 164)

Das gilt auch für Fälle, wo ein *defining*-Relativsatz in verkürzter Form mithilfe eines **-*ing*- oder -*ed*-Partizips** wiedergegeben wird:

Englisch	Deutsches Äquivalent
Scholars trying to save the world are likely to be disappointed.	*Wissenschaftler, die die Welt retten wollen, werden wahrscheinlich enttäuscht.*
The tests carried out in France produced similar results.	*Die Tests, die in Frankreich durchgeführt wurden, produzierten ähnliche Ergebnisse.* *Die in Frankreich durchgeführten Tests ....*

Tabelle 8.4: Kommasetzung bei Partizipialkonstruktionen, die Relativsätze ersetzen

Beispiele 8.4

Kein Komma bei nachgestellten Partizipien, die die Funktion von Relativsätzen erfüllen:

▷ Female performers **wishing** to be received for their performing merits must be aware that this may have a negative impact on the way they are judged physically. Also, women **wishing** to project a body-focused image should note that this may have a detrimental effect on perceptions of their musical ability.
(Griffiths 2009, 175. Das Beispiel zeigt auch zwei mit *that* eingeleitete Objektsätze, ebenfalls ohne Komma.)

▷ The path **chosen** here has therefore been to concentrate on a single influential work, Lefebvre's (1974; 1991) *La production de l'espace* (translated as *The production of space*) and to use it as a starting point from which to view some of the terrain of geographical research that it has influenced.
(Unwin 2000, 11. Das Beispiel zeigt zusätzlich noch zwei normale, mit *from which* und *that* angeschlossene Relativsätze des Typs *restrictive*, daher ebenfalls ohne Komma.)

8.2.2 Wo ein Komma verwendet wird

In diesem Abschnitt kommen wir nun zu all jenen Fällen, in denen ein Komma auch im Englischen gesetzt werden muss, und jenen, in denen man zwar nicht mit 100 %iger Sicherheit behaupten kann, ein Komma sei absolut zwingend, wo in der Praxis aber doch sehr häufig welche gesetzt werden.

(1) Wenn an Hauptwörter ergänzende Informationen angeschlossen werden – in sogenannten **»Appositionen«** –, werden sie im Englischen wie im Deutschen durch verpflichtende Kommata abgegrenzt:

Beispiel 8.5

Komma bei Appositionen:

> Most Western conceptions of law are based on the adversary system, **the simple notion that** parties in legal disputes argue vociferously both for their own case and against the other side.
> (Kuhn 2009, 685. Zur Erläuterung: *the simple notion that …* ist die Apposition zu *the adversary system*.)

Im Englischen gibt es auch die Variante, dass die Apposition vorangeht; auch in diesem Fall wird ein Komma gesetzt. Beispiel 8.6 enthält sowohl eine vorangestellte als auch eine nachgestellte Apposition:

Beispiel 8.6

Komma bei Appositionen:

> **A devout Quaker and teetotaler,** Hires wanted to develop a drink that would replace beer, **the typical beverage of hard-drinking Pennsylvania miners** (Funderburg, 2002).
> (Hiatt, Sine & Tolbert 2009, 646)

(2) Relativsätze, die nicht essenzielle Zusatzinformationen liefern – sogenannte *non-defining relative clauses* –, werden durch Kommata abgegrenzt. Eindeutige Fälle dieses Typs von Relativsätzen sind jene, die an Eigennamen von Personen oder Dingen anschließen:

Beispiele 8.7

Komma vor Relativsätzen des Typs *non-defining relative clause*:

> ▷ Much scholarly work on the viability of online communities has been influenced by the work of **Anderson (1991), who** suggests that geographic proximity itself is neither a necessary nor sufficient condition for the emergence and preservation of »community«. (Steinkuehler & Williams 2006, 900)
>
> ▷ By way of a kind of metaphorical explanation, **Hans Holbein the Younger's *The Ambassadors*, which was painted in 1533,** provides a convenient leitmotif for the

> kind of oblique strategy required for approaching this ontological issue of organizational discourse.
> (Chia 2000, 515; Kursivschrift im Original)

Auch Relativsätze, die sich nicht auf ein Hauptwort, sondern auf eine ganze Aussage rückbeziehen, haben davor ein Komma. (Zu beachten ist dabei auch, dass das korrekte Relativpronomen in Sätzen wie dem in 8.8 zitierten *which* ist und nicht *what.* Hier gibt es immer wieder Interferenzen mit dem Deutschen, da *which means* dem deutschen »was bedeutet« entspricht, und die Versuchung groß ist, in solchen Fällen *was* mit *what* zu übersetzen.)

Beispiel 8.8

Komma bei Relativsätzen mit *which*, die sich auf einen ganzen Satz beziehen:

> ▷ Meanings are ultimately produced in the interaction between writers and readers in specific social circumstances, **which means** that a general categorization of interactional features is unable to show how academic writers, through their disciplinary practices, construct and maintain relationships with their readers and thus with their communities.
> (Hyland 2005b, 175)

Konstruktionen mit Partizipien, die *non-defining*-Relativsätze ersetzen, haben ebenfalls Kommata:

Beispiel 8.9

Komma bei *non-defining*-Partizipialsätzen:

> ▷ Artificial mineral water, **created** by adding sodium bicarbonate to water, was first mass-produced in England in 1764 by Thomas Henry, a chemist and apothecary.
> (Hiatt, Sine & Tolbert 2009, 645. Beachten Sie auch die Apposition nach dem Eigennamen *Thomas Henry*.)

(3) Adverbialsätze, die Zeit, Ort, Bedingungen, Zweck usw. formulieren, sollten dann durch ein Komma abgegrenzt werden, wenn sie das Satzgefüge einleiten, also vor dem Hauptsatz stehen:

Beispiele 8.10

Komma nach einleitenden Adverbialsätzen:

▷ **When** children earn and reserve money for their own use in these communities, it is almost all spent on food purchases. (Brewis & Lee 2010, 60)

▷ **Although** the body of theoretical literature in nursing that explores concepts and ideas related to emotional intelligence is growing, scientific research about emotional intelligence and nursing is just beginning.
(Bulmer Smith, Profetto-McGrath & Cummings 2009, 1634)

▷ **To analyse** the responses and arrive at discursive resources, I employed a multi-stage inductive approach. (Kuhn 2009, 689)

▷ **To recap** our social entrepreneurship literature review, there are many separate strands but not a cohesive whole. (Zietlow 2001, 35)

▷ **If** further evidence is needed, one can point to any number of textbooks by influential authors in which the primacy of linguistic over social issues is vigorously asserted (Hudson 1980; Trudgill 1978 and 1983). (Cameron 1990, 83)

▷ **Because the work on evaluation and stance is relatively new,** much of it has tended to concentrate on mass audience texts, such as journalism, politics and media discourses, which are likely to yield the richest crop of explicitly evaluative examples. (Hyland 2005b, 175)

Wenn die gleichen Adverbialsätze *nach* dem Hauptsatz gereiht werden, wird meistens kein Komma gesetzt:

Beispiele 8.11

Kein Komma vor nachgestellten Adverbialsätzen:

▷ Past research (Kivetz and Keinan 2006; Kivetz and Simonson 2002) characterizes behavior as hyperopic **if** it involves the choice of a restrictive or necessity option over an indulgent but potentially life-enriching choice. (Haws & Poynor 2008, 681)

▷ Individual change cannot effectively occur **unless** employees are prepared and ready for it. (Madsen, John & Miller 2006, 94)

Das folgende Beispiel enthält sowohl einen vorangestellten (mit Komma) als auch einen nachgestellten Adverbialsatz (ohne Komma):

▷ **While** this assertion is speculation at this point, research from this literature sample shows that nurses use, consider and analyze emotional information extensively **when** they make practice decisions. (Bulmer Smith, Profetto-McGrath & Cummings 2009, 1630)

(4) Auch nach **einleitenden Partizipialsätzen** wird ein Komma verwendet, gleich ob mit vorangehender Präposition oder ohne:

Beispiele 8.12

Komma nach Partizipialsätzen, die am Beginn eines Satzgefüges stehen:

▷ **In testing** these hypotheses, we also considered how the children's gender and birth order might act to shape the adaptive contexts of their work.
(Brewis & Lee 2010, 61)

▷ **When interacting** with other learners and their instructor in interpersonal skills courses, learners receive natural feedback on their performance as they observe others' verbal and nonverbal reactions to it. (Sitzmann et al. 2010, 172)

(4) **Einschübe** (als *insertions* oder *interjections* bezeichnet) haben zu beiden Seiten Kommata. Hier liegt ein wesentlicher Unterschied zum Deutschen: Denn Adverbien wie *andererseits*, *jedoch* und *umgekehrt* werden in der Satzmitte nicht durch Komma abgehoben.

Beispiele 8.13

Komma bei Einschüben:

▷ This apparent contradiction may, **however**, reflect the difficulties with precisely defining onset of an SLL [stroke-like lesion]. [...] Therefore, its presence or, **conversely**, the absence of vasogenic edema, should not weaken the possibility of MELAS [mitochondrial encephalomyopathy, lactic acidosis, and stroke-like episode] in favor of ischemic stroke. [...] Furthermore, in contrast to acute ischemic infarcts that show little, **if any**, spatial progression, SLL tend to evolve and expand in size during the first few days to weeks after onset. (Tzoulis & Bindoff 2009, e17)

▷ If tones are processed in a similar way to verbal materials (Pechmann & Mohr, 1992; Salamé & Baddeley, 1989), then any factors that disrupt memory for verbal materials should also disrupt memory for tones. If, **on the other hand,** processing occurs in isolation, then we may expect a different pattern of disruption (Berz, 1995). (Williamson et al. 2010, 334–335)

▷ Clearly, such individuals have, **among other things,** access to a broader range of informational sources and tend to create more value for their organizations. (Dess & Shaw 2001, 450. Beachten Sie auch das satzeinleitende Adverb *clearly*, das ebenfalls durch ein Komma abgegrenzt wird.)

▷ We also encourage future research on the self-assessment process, **and more specifically,** how educators and trainers can build accurate self-assessments that promote lifelong learning. (Sitzmann et al. 2010, 184)

(5) Nach **einleitenden Adverbien und Phrasen mit Präpositionen** – die z. B. Zeit- und Ortsangaben machen oder die Meinung des Autors wiedergeben (*stance adverbials*, siehe Kapitel 6) – steht meist ein Komma. Auch hier unterscheidet sich der Gebrauch von den Regeln im Deutschen: Auf Phrasen wie »sechs Jahre später«, »trotz ihrer unterschiedlichen Standpunkte« oder »für den Haupttest« würde im Deutschen kein Komma folgen.

Beispiele 8.14

Komma nach Adverbien und Präpositionalgruppen am Satzanfang:

▷ **By 1884,** he began selling his root beer in kegs, which became very popular as drink dispensers. **Six years later,** the Charles E. Hires Company was incorporated. (Hiatt, Sine & Tolbert 2009, 646)

▷ **Historically,** genes defined by the phenotype of elevated mutation rate have been named *mut* for mutator. (Hall & Henderson-Begg 2006, 2507)

▷ **Unfortunately,** these interactions are difficult to simulate using *ab initio* methods. (Brown et al. 2006, 356)

▷ **For the main test,** each participant was randomly assigned to one of three groups to view the test material. (Griffiths 2009, 165)

▷ **Despite differing theoretical and methodological vantage points,** our conclusions are remarkably similar. (Steinkuehler & Williams 2006, 886)

▷ **According to some observers,** the past century ushered in an era of unprecedented individuation grounded in norms that reward the pursuit of economic self-reliance and success (Bella, Madsen, Sullivan, Swidler and Tipton 1986). (Handelman 2006, 108)

Wenn zwei Adverbien – oder ein Adverb und ein Nebensatz – zusammentreffen, werden ebenfalls Kommata gesetzt.

Beispiele 8.15

Komma beim Zusammentreffen von zwei Adverbien bzw. einem Adverb und einem Adverbialsatz am Satzanfang:

▷ **Finally, and crucially,** there is a change in the politics of the international monetary climate. (Kirshner 2008, 412)

▷ **However, and especially in retrospect**, it is much easier to argue that a huge chunk of ›American decline‹ in the early 1970s was not the consequence of sectoral trends and the inevitable tides of history, but to [sic] bad domestic policies (a lack of macroeconomic discipline) and worse luck (the oil shocks). (Kirshner 2008, 423)

▷ **Overall, however,** there is a dearth of research that compares short-term memory for verbal and tonal materials using parallel tests.
(Williamson et al. 2010, 343; *dearth* = »Mangel«)

▷ **Thus, although the relationship between self-assessments and actual performance was generally positive,** self-assessments were a weak and imperfect indicator of actual performance. (Sitzmann et al. 2010, 171)

(6) Bei **Aufzählungen**, deren letztes Element mit *and* angeschlossen wird, gibt es die Variante mit und ohne Komma. Jene mit Komma wird im amerikanischen Englisch bevorzugt (Peck & Coyle 2005, 27).

Beispiel 8.16

Komma vor *and* in Aufzählungen:

▷ We distinguish between self-assessments of knowledge, cognitive learning, **and** affective outcomes. (Sitzmann et al. 2010, 171)

8.3 Andere Satzzeichen

Die folgenden Anmerkungen beschränken sich auf einige ausgewählte Satzzeichen, zu denen es im Schreibtraining erfahrungsgemäß die häufigsten Fragen gibt.

(1) Der **Strichpunkt** (englisch *semi-colon*) ist ein wesentlich stärkeres Trennungssignal als das Komma, aber noch ein wenig schwächer als der Punkt (*full stop* im britischen Englisch, *period* im amerikanischen): »stronger than a comma but weaker than a period« ist die treffende Charakterisierung im *Chicago Manual of Style* (2003, 256). Während der Strichpunkt im Deutschen fast zu einer Rarität geworden zu sein scheint, ist er im Englischen nach wie vor ein gängiges Satzzeichen.

Meist steht der Strichpunkt zwischen zwei inhaltlich eng verknüpften Hauptsätzen, die nicht durch ein Bindewort verbunden sind (und die man nicht einfach nur durch ein Komma trennen dürfte):

Beispiele 8.17

Strichpunkt:

▷ Social capital (Coleman, 1988) works analogously to financial capital; it can be acquired and spent, but for social and personal gains rather than financial. (Steinkuehler & Williams 2006, 900)

▷ The effect of both stimuli must, therefore, be more complex; it might include changes in the size and relative numbers of young fibre and vessel cells, or in the extent of secondary thickening of their cell walls. (Smith & Ennos 2003, 848)

(2) **Gedankenstriche** (englisch *dashes*), die Satzteile von einander trennen, müssen optisch deutlich von **Bindestrichen** (english *hyphens*), die Teile von Wörtern trennen, unterschieden werden. Gedankenstriche sind länger und können davor und danach ein Leerzeichen haben; vor und nach Bindestrichen werden hingegen nie Leerzeichen eingefügt. Zum Vergleich:

Beispiele 8.18

Bindestriche:

▷ a **meta-analytic** uncorrected correlation of .39;
a longer and more reliable **31-item test** of factual knowledge;
self-assessed knowledge;

work-related courses;
face-to-face classroom instruction;
Web-based and classroom instruction (Sitzmann et al. 2010, 171–172)

▷ **design- and information-intensive** outputs;
strong and **sharp-edged** cultural images;
place-specific product design;
small- and medium-sized establishments;
income-enhancing effects
(Scott 1997, 326; 329; 333; 335)

Gedankenstriche:

▷ However, some researchers have suggested that self-assessments are more useful – **or are only useful** – when measured as part of a formative evaluation (e.g., Arthur, 1999; Fuhrmann & Weissburg, 1978).
(Sitzmann et al. 2010, 180)

▷ What few of the prevailing critics of mass society envisioned **– though whether or not they would have applauded it is altogether another matter –** was the major restructuring of capitalist social and economic relations that began some time in the early 1970s and the emergence of increasingly differentiated and fragmented consumer cultures. (Scott 1997, 326)

(3) Englische **Anführungszeichen** (*quotation marks*), und zwar sowohl einfache als auch doppelte, sind immer oben:

Beispiel 8.19

▷ In addition, Charles Darwin (1871) noted, "Ignorance more frequently begets confidence than does knowledge."
(Sitzmann et al. 2010, 169)

In einem in deutscher Sprache geschriebenen Text werden die deutschen „unten/oben“-Anführungszeichen beibehalten, auch wenn sie – im Fließtext – ein englisches Wort oder eine englische Phrase umfassen. Innerhalb von englischsprachigen Zitaten allerdings wird die englische Schreibweise beibehalten, auch wenn der umgebende Fließtext deutsch ist.

(4) In Manuskripten (und auf Powerpoint-Folien) können **Apostrophe** entweder gerade sein oder von links unten nach rechts oben verlaufen; auf keinen Fall dürfen

sie in die andere Richtung zeigen (in den nachfolgenden Beispielen wird auf die Kursivschrift verzichtet, weil sie den Unterschied zwischen geraden und schrägen Apostrophen aufheben würde).

korrekt:
▷ Smith’s theory
▷ Smith's theory

falsch:
▷ Smith‘s theory

Wenn Ihr Textverarbeitungs- oder Präsentationsprogramm darauf »besteht«, die Apostrophe umzudrehen, bleibt nur das Ausschalten der entsprechenden Autokorrektur-Funktion bzw. das manuelle Einfügen über das *Einfügen/Symbol*-Menü.

(5) Rufzeichen werden in englischen wissenschaftlichen Texten so gut wie nie verwendet. Dazu treffend Skern (2009, 20):

> Exclamation marks, expressing surprise or an order, are almost completely absent from scientific writing. You may need them in your emails, blogs and text messages, but you can forget about them in your thesis and your manuscripts.

8.4 *In a Nutshell*

- Die Zeichensetzung sollte man weniger als einen rein formalen, sondern als einen substanziellen Beitrag zum stilsicheren wissenschaftlichen Schreiben sehen. Wer mit Satzzeichen kompetent umgeht, hilft auch auf diese Weise den Leser/inne/n, möglichst wenig Mühe aufwenden zu müssen und die Bedeutung eines Texts rasch zu erfassen.
- Die Verwendung der Kommata im Englischen ist eines der Beispiele dafür, dass die englische Zeichensetzung nicht nur von syntaktischen, sondern auch von semantischen Kriterien gesteuert wird – also von dem Bedürfnis, Elemente, die in Hinblick auf ihre Bedeutung zusammengehören, nicht durch ein Komma zu trennen.
- Für deutschsprachige Autor/inn/en sind in der englischen Kommasetzung vor allem zwei Regeln wichtig, die sich deutlich vom Gebrauch im Deutschen unter-

scheiden: dass vor *that* und *whether* kein Komma gesetzt wird (vor *dass* und *ob* im Deutschen aber sehr wohl), und dass einleitende Adverbien (z. B. *however, surprisingly, later in this paper, at the beginning of the 19th century*) im Englischen vom Hauptsatz meist durch ein Komma abgegrenzt werden, im Deutschen aber nie.

- Besonders wichtig für die Klarheit und den Satzrhythmus ist das Komma vor und nach Einschüben (typischerweise bei Wörtern wie *however* und *on the other hand*).
- Für die Trennung von Teilsätzen und Hauptsätzen voneinander sind neben dem Komma noch der Strichpunkt und der Gedankenstrich von Bedeutung. Sie sind stärkere Trennungssignale als das Komma und schwächere als der Punkt.
- Der lange Gedankenstrich, der Satzteile oder Sätze voneinander trennt, muss sich optisch klar vom kurzen Bindestrich absetzen, der zwischen Teilen von Wörtern steht. Vor und nach dem kurzen Bindestrich darf kein Abstand stehen.
- Rufzeichen sollten in wissenschaftlichen Texten nicht verwendet werden!

Appendix: *Phrasebank*

Hinweise zum Gebrauch

Die folgende Aufstellung von englischen Wörtern und Phrasen, die für wissenschaftliche Texte nützliche Bausteine sind, hat die Stärken und Schwächen all solcher Listen. Zu den Stärken zählen der kompakte Überblick, die Anregung zur Variation und der für Leser/innen unmittelbar einsichtige praktische Gebrauchswert. Die Schwächen sind nicht minder offensichtlich: Es fehlt genau der sprachliche und außersprachliche Kontext, der häufig zwischen passender und unpassender Verwendung unterscheidet; Vollständigkeit ist nicht möglich, wird durch den Charakter von Listen aber unweigerlich suggeriert; und schließlich kann ein Angebot von »Versatzstücken« der Fehleinschätzung Vorschub leisten, *academic writing* sei in der Tat nichts weiter als ein Selbstbaumöbel aus vorgefertigen Teilen. Wie so oft, liegt die »Wahrheit« in der Mitte. Natürlich gibt es eine ganze Reihe von immer wiederkehrenden Sprachhandlungen, die für den Wissenschaftsdiskurs typisch sind, entweder weil sie an die Funktionen von konventionalisierten Textsorten und Teiltexten gekoppelt sind (einleiten, definieren, Beispiele anführen, zusammenfassen usw.) oder weil sie ganz allgemein eine wichtige Rolle beim Argumentieren spielen (Pro und Contra abwägen, vergleichen, betonen, abschwächen usw.). Andererseits darf man nicht aus den Augen verlieren, dass Kommunikation letztlich nicht über Wörter und Phrasen, sondern über zusammenhängende Texte funktioniert – und die lassen sich nicht als Fertigteile anbieten.

Um für die Schreibpraxis aus einer *phrasebank* wie der folgenden die Stärken zu ziehen, ohne von den Schwächen behindert zu werden, empfehlen sich folgende Begleitmaßnahmen:

- Parallel zum Studium der Wörter und Phrasen sollten Sie immer wieder zu den **authentischen Beispielsätzen im Hauptteil des Buches** zurückkehren. Auch diese bieten, notgedrungen, nur einen minimalen Kontext, sind aber zumindest immer ganze Sätze, oft sogar Satzsequenzen oder ganze Absätze. So werden einzelne Elemente in einem größeren Rahmen gezeigt und ihre Rolle im Textfluss wird klarer.

- Um die Auswahl zu vergrößern, ist es zweckmäßig, **verschiedene Phrasensammlungen** parallel zu verwenden. Jordan (1999) enthält sehr übersichtliche Flussdiagramme zum »Bauen« von Formulierungen; Hogue (2003, 370–397) bietet umfangreiche Wortlisten (z. B. von *connecting words* und *transition signals*) und Hyland (2005a, 218–224) ist eine gute Quelle für *metadiscourse items* (siehe Abschnitt 2.2.2). Von den Online-Angeboten ist insbesondere die *phrasebank* auf der Website der University of Manchester zu empfehlen (www.phrasebank.manchester.ac.uk).
- In Ihrer eigenen wissenschaftlichen **Lesepraxis** sollte fortan nicht nur die Rezeption von fachlichen Inhalten, sondern auch von sprachlichen Gestaltungsmitteln eine Rolle spielen. Es kostet wenig zusätzliche Zeit, nützliche Wörter und Phrasen zu markieren, gegebenenfalls auch zu notieren und in einer Datei zu sammeln. So kann man ganz zwanglos und nebenbei eine eigene Phrasensammlung anlegen, die den zusätzlichen Vorteil hat, kontextsensitiv und fachspezifisch zu sein.
- Die mangelnde Vollständigkeit von in Büchern publizierten Wortlisten lässt sich durch **Synonymwörterbücher** auffangen. Gute Online-Optionen sind www.thesaurus.com und die englische Version von http://synonyme.woxikon.de/.
- Den fehlenden sprachlichen Kontext kann man relativ leicht durch **Internet-Recherchen** ergänzen, z. B. durch eine Suche mithilfe von *google* oder des auf wissenschaftliche Texte spezialisierten *google scholar* (http://scholar.google.com/). Anführungszeichen und Asterisk ermöglichen die gezielte Suche nach Phrasen. Ein Beispiel für so einen »phrasentauglichen« Suchbefehl wäre etwa »*this paper * a project which*«, der uns eine Auswahl von möglichen Dingen zeigt, die ein *paper* mit einem Projekt tun kann: *describes, discusses* und *presents* sind offenbar die häufigsten Verben in dieser Konstellation, aber auch für *introduces, outlines, presents, reports on, examines* und *deals with* sind eine Reihe von Vorkommen im Internet dokumentiert. Der Vorteil der *google*-Recherche gegenüber einer *phrasebank* liegt auf der Hand: im Internet sehen wir längere und authentische Zusammenhänge und können (von den üblichen »404 File not Found«-Enttäuschungen einmal abgesehen) direkt zu den Originaldokumenten vordringen. Die rasche, meist undokumentierte Veränderlichkeit von Web-Inhalten – grundsätzlich ein Nachteil in der Forschung – wird bei sprachzentrierten Recherchen zum Vorteil, weil sie die Dynamik von Sprache in einer Weise abbildet, wie das kein gedrucktes, statisches Medium je tun kann.

Bei der Einschätzung der sprachlichen Qualität der Suchergebnisse ist natürlich Vorsicht geboten, denn im Netz steht auch viel Material, das in Hinblick auf

Korrektheit und idiomatische Adäquanz nicht als Vorbild geeignet ist. Bevor man eine Phrase, die eine *google*-Suche zu Tage gefördert hat, selbst verwendet, ist daher sorgfältige »Quellenkritik« vonnöten. Vorsicht ist bei Internetseiten von *.de*- und *.at*-Domänen geboten, die unter Umständen nur genau jene typisch deutschen Fehler reproduzieren, die man durch die *google*-Recherche eigentlich vermeiden wollte. Davon abgesehen bedarf es wie bei anderen Internetrecherchen auch einer sorgfältigen Einschätzung, wieviel sachliche und sprachliche Autorität man der jeweiligen Quelle zuschreiben kann: Stammt das Zitat aus einem Blog-Beitrag oder informellen Diskussionsforum, oder aus einem durch mehrfache Qualitätssicherungsmaßnahmen abgeschirmten Publikationsorgan?

Nun noch einige formale Gebrauchshinweise:

- Die nachfolgenden Listen sind nicht vollständig, sondern enthalten lediglich ausgewählte Beispiele für die Umsetzung bestimmter Sprachfunktionen.
- Tabellarisch dargestellt werden Sprachmuster; im einfachen Zeilenformat stehen etwas kreativere – meist authentischen Zitaten nachempfundene – Kombinationen von Wörtern und Phrasen.
- In den Phrasen bzw. Sätzen sind die Buchstaben X, Y und Z jeweils Platzhalter für Hauptwörter, und verschiedene Formen von *do* vertreten Zeitwörter.
- Die Rechtschreibung orientiert sich am britischen Englisch.
- Nach Formulierungen, die ganze Sätze darstellen, wird in jedem Fall ein Punkt gesetzt, auch wenn es in zusammenhängenden Texten u. U. wahrscheinlicher wäre, dass der jeweilige Satz in ein Satzgefüge eingebaut ist oder zumindest mit einem verbindenden Adverb (z. B. *however*, *as a result*, *in addition*) an den vorherigen Satz anschließt. Lassen Sie sich von den vielen kurzen Sätzen in den Listen also nicht verleiten, zu viele *choppy sentences* (siehe Abschnitt 5.1.5) zu schreiben, und bedenken Sie auch, dass sich die für den Argumentationsfluss so bedeutsame Kohäsion (siehe Kapitel 2, 4 und Abschnitt 5.1.4) in einer *phrasebank* nicht abbilden lässt.

Übersicht

1. Wissenschaftliche Texte einleiten
2. Auf die Bedeutung des Themas und auf fachliche Kontroversen hinweisen
3. Forschungslücken ansprechen
4. Struktur der Arbeit darlegen
5. Begriffe klären
6. Beispiele anführen
7. Methoden beschreiben
8. Zwischenergebnisse und Resultate zusammenfassen
9. Resultate interpretieren
10. Ergebnisse einschränken
11. Auf künftige Forschung verweisen
12. Auf Tabellen und Graphiken Bezug nehmen
13. Graphiken beschreiben
14. Querverweise im Text
15. Literatur zusammenfassen und Zitate »antexten«
16. *Reporting verbs*
17. Kritische Anmerkungen einleiten
18. Metadiskurs: die Leser/innen durch den Text führen
19. Auf Ähnlichkeiten und Unterschiede hinweisen
20. Ursache und Wirkung beschreiben
21. *Hedges*: Abschwächen, Zweifel signalisieren
22. *Boosters*: Betonen, Sicherheit signalisieren
23. *Attitude markers*
24. Konnektoren

1. Wissenschaftliche Texte einleiten

<table>
<tr><td>The</td><td>aim
intention
objective
purpose</td><td>of this paper is to</td><td>analyse …
describe …
determine whether …
discuss …
(critically) examine …
explore …
focus on …
highlight …
make a case for …
outline the development of …
present …
show …</td></tr>
<tr><td colspan="3">In this paper, we/I will

[Zum Gebrauch von I und we siehe Abschnitt 6.4.1]</td><td>analyse, describe, focus on etc.
[Verben siehe oben]</td></tr>
<tr><td colspan="3">This paper/thesis/study/book
The present paper/thesis/study/book
[present = hier: »vorliegend«]</td><td>analyses, describes, focuses on etc.
[Verben siehe oben]</td></tr>
</table>

2. Auf die Bedeutung des Themas und auf fachliche Kontroversen hinweisen

Recently, there has been growing interest in …
The study of X has attracted considerable attention in recent years.
In recent years, there has been a great deal of interest in …
X has attracted widespread attention.
X has been studied extensively.
Many recent studies have focused on …
A key issue, therefore, is whether …
A central question that needs to be addressed in this context is …
There has been some disagreement about …
Researchers seem to disagree on …

<table>
<tr><td rowspan="3">The</td><td>cause
effect
origin
potential
role
relevance
use</td><td>of X</td><td rowspan="4">has been widely debated
has been extensively studied
has received considerable attention</td></tr>
<tr><td>rationale</td><td>for X</td></tr>
<tr><td>link</td><td>between X and Y</td></tr>
<tr><td>Whether</td><td colspan="2">X does Y
X has an influence on Y</td></tr>
</table>

3. Forschungslücken ansprechen

<table>
<tr><td rowspan="2">So far</td><td colspan="2">little attention has been paid to …
little effort has been devoted to …
few studies have looked at …</td></tr>
<tr><td>comparatively few attempts have been made to</td><td>establish a relationship between X and Y
explore X
integrate X, Y and Z
link X with Y
measure X</td></tr>
<tr><td colspan="2">Previous research has
Most prior research has
Traditional approaches have</td><td>been limited to …
concentrated on …
disregarded …
overestimated …
overlooked …
underestimated …</td></tr>
</table>

<table>
<tr><td>Previous research</td><td>has failed to
has neglected to</td><td>address the issue of …
adequately consider …
consistently define …
develop effective techniques for …
differentiate empirically between …
find evidence of …
identify a relationship between X and Y …
provide a clear account of …
provide solid support for the hypothesis that …
provide sufficient insight into …</td></tr>
</table>

4. Struktur der Arbeit darlegen

The	*chapter* *paper* *thesis*	*has been divided into* *is divided into* *has*	*three sections.* *three parts.*
The paper begins by			*briefly reviewing …* *clarifying …* *describing …* *discussing …*

Section 2 then moves on to consider …
Section 3 goes on to discuss …
In Section 4, we assess …
Section 5 provides a critical assessment of …
Finally, Section 6 offers some recommendations for …
In the concluding section, we also outline how …

5. Begriffe klären

X is defined as …
We define X as follows: …
By X we mean …
We propose the following definition: …
Our definition attempts to capture the essence of …
This definition allows us to distinguish …
We use the term more broadly to refer to …
The term X is generally taken to mean …
The term Y tends to be used to refer to …
In this paper, the term Z will be used to refer to …

6. Beispiele anführen

For example, …
For instance, …
X would be a good example of Y.
X is best exemplified by Y.
X and Y are good examples of Z.
If we take X as an example, …

Take X, for example.
X is determined by several factors, such as …
Consider X, for example.
Another example of X is …
Several factors have been identified, including …

As the following examples	*demonstrate, …* *illustrate, …* *indicate, …* *show, …* *suggest, …*

7. Methoden beschreiben

An experiment *This procedure*	*was*	*carried out* *conducted*	*to see what effect X might have on …* *to determine whether …* *to investigate X* *to test hypotheses concerning X* *with a view to observing differences in …*
Several tests *Interviews*	*were*		
A (random) sample *The sample*	*was*	*drawn* *obtained* *selected*	*from the electoral register.* *from households in two cities.* *by sending a questionnaire to …*

A case study approach was used to explore …
A number of methods were used, including …
The methods used included individual and focus group interviews.
The questionnaire was designed to elicit the following information: …
The subjects were selected on the basis of …
Data were gathered in the period from … to …
Data were collected using a semi-structured, interviewer-administered questionnaire.
Ethical clearance for the study was given by ... / was obtained from …

8. Zwischenergebnisse und Resultate zusammenfassen

As we have seen, …
On this basis, it can/may be concluded that …
To conclude, …
To recap, …
To sum up, …
To summarise, …
The results may be summarised as follows: …
Our findings can be summarised as follows: …
On balance, the overall impression is that …
A tentative conclusion at this point would be that ….
Thus, a preliminary conclusion might be that …
Our results (so far) seem to suggest …
In conclusion, it can be noted that …

9. Resultate interpretieren

The results may be interpreted	*as follows: …* *to indicate …* *to mean …* *to suggest …*
Our findings	*appear to be relevant for …* *strongly support the view that …* *also suggest that …* *seem to contradict those of Smith (2009).*
In interpreting these findings,	*we have to take into account that …* *we need to consider that …* *we should, however, remember that …*

10. Ergebnisse einschränken

These results *Our findings*	*must be* *ought to be* *should be* *need to be*	*interpreted with caution.* *treated as tentative until more research is conducted to identify …*

Our study has several limitations. First, … Second, … Third, …
On the evidence presented, we cannot be certain whether …

Although exploratory, the findings indicate that …
While our conclusions remain tentative, the data reveal …
We must be careful not to overgeneralise the significance of …

11. Auf künftige Forschung verweisen

<table>
<tr><td>Additional research
More research
Considerably more work
A more detailed analysis
A more systematic approach</td><td>is
would be</td><td rowspan="2">necessary
needed
required
useful</td><td rowspan="2">to assess …
to confirm …
to establish …
to fully understand …</td></tr>
<tr><td>More sophisticated methods</td><td>are
would be</td></tr>
<tr><td>Future research</td><td>might
should</td><td colspan="2">attempt to clarify …
concentrate on …
explore …
try to determine whether …
try to ascertain why …</td></tr>
</table>

12. Auf Tabellen und Graphiken Bezug nehmen

Table 2.1 *Figure 2.1*	*shows …* *illustrates …* *indicates …*
As Table 2.1 *As Figure 2.1*	*shows, …* *illustrates, …* *indicates, …*
As can be seen from	*Table 2.1, …* *the table, …* *the figure, …* *the pie chart* [»Kuchendiagramm«], … *the bar chart* [»Balkendiagramm«], … *the line graph, …* *the scatter graph/scatterplot, …*
It can be seen from	*the table/figure* etc. *that …*

<table>
<tr><td>From the data in Table 1</td><td>it can be concluded that …
it follows that …
it is apparent that …</td></tr>
<tr><td>A number of patterns
Important trends
Two main points</td><td>emerge from the data in Table 1.</td></tr>
<tr><td>Several conclusions</td><td>may be drawn from the data in Figure 2.
can be drawn from the graph.</td></tr>
</table>

13. Graphiken beschreiben

The horizontal axis / x axis [Achtung: »x« wird als [eks] nicht [iks] ausgesprochen];
The vertical axis / y axis [Achtung: »y« ist im Englischen [waɪ] nicht »Ypsilon«]

<table>
<tr><td>The graph shows / indicates</td><td>a</td><td>gradual
sharp
slight
slow
steady
steep
sudden</td><td>decline
drop
fall
increase
rise</td></tr>
</table>

14. Querverweise im Text

<table>
<tr><td>See Section 5.2 for</td><td colspan="2">a more detailed discussion of …
a definition of …
a brief review of …</td></tr>
<tr><td>As we</td><td>argued
explained
indicated
noted
saw
showed</td><td>in Section 5.2, …</td></tr>
<tr><td>As</td><td>was argued
was noted
was pointed out</td><td>in Section 5.2, …</td></tr>
<tr><td>As Section 5.2</td><td colspan="2">explains, …
shows, …</td></tr>
</table>

More details will be given below.
Further arguments will be presented in the following section.
Later, we will briefly discuss …
In later sections, we will show how …

15. Literatur zusammenfassen und Zitate »antexten«

There is a	*large* *substantial*	*amount of research that …* *body of literature on …*
A number of *Several* *Many*	*authors* *researchers* *scholars* *studies*	*have argued that …* *have demonstrated that …* *have reported that …* *have shown that …* *have suggested that …*
Previous research		*has demonstrated that …* *has documented that …* *has established that …* *has found that …* *has indicated that …* *has shown that …* *has suggested that …*

In a recent study, Smith (2009)	*demonstrated that …* *examined X …* *found that …* *investigated X …*
Smith (2009)	*emphasises the role of …* *lists three reasons why …* *develops a new approach to doing X …* *draws our attention to …* *identifies the key characteristics of …* *offers a typology of …* *proposes a framework which …* *suggests how one might account for …*

According to Smith (2009), *As Smith (2009) has noted,*	*a key question is whether …* *there are three types of …* *the main advantage of X is that …* *these problems result from …*
Drawing on earlier work by Smith (2009), *Following Smith (2009),* *Replicating and extending previous work by Smith & Jones (2010),*	*this article discusses…* *I argue that …* *we distinguish (between) X, Y and Z.* *we focus on …* *we propose an alternative solution to …*

16. *Reporting verbs*

Zu Begriffsklärungen und Details der Verwendung siehe Abschnitt 7.3.

Research acts
demonstrate, develop, discover, find, hypothesise, identify, notice, observe, show, study, theorise

Cognition acts
assume, believe, conceptualise, consider, doubt, regard, suspect, think

Discourse acts
acknowledge, add, admit, assert, argue, claim, conclude, declare, deny, emphasise, explain, imply, indicate, maintain, point out, remark, report, say, state, suggest, write

Smith (2009) identifies several conditions which must be satisfied in order to obtain accurate results.
… as has been hypothesised previously (Smith 2009; Jones & Miller 2010).
As Evans has pointed out in several papers (2006, 2008a, 2009), there is a systematic trend towards …
It has been suggested by a number of researchers that … (Jones 2008; Miller 2009; Evans & Brown 2010).
Smith (2009) believes that …, while Jones & Miller (2010) doubt whether ….
Smith (2009) is clearly right in saying that …
As Jones (2008) rightly observes: »The problem is analytically and morally intractable.«

17. Kritische Anmerkungen einleiten

A word of warning is in order about drawing conclusions based on …
The notion that … appears misguided.
This assumption is highly questionable.
It is very doubtful whether a meaningful comparison can be made between X and Y.
Some doubts may be raised as to whether X is sufficient.
We should not jump to conclusions about the causes of …
When examined critically, this approach turns out to be too limited.
The key problem with this approach is that …
What these accounts fail to capture is …
Traditional approaches tend to ignore the impact that X has on …
The main weakness of their study was that …

18. Metadiskurs: die Leser/innen durch den Text führen

First, *Next,*	*let us* *we will*	*consider …* *define …* *look at …* *turn to …*
At this point	*it is*	*appropriate to raise the issue of …* *important to consider …* *necessary to discuss …* *useful to introduce …*

We now turn to …
We would now like to propose a theoretical framework that …
In what follows, we will concentrate on …
Below, we will present evidence to suggest that …

19. Auf Ähnlichkeiten und Unterschiede hinweisen

X is	*almost* *exactly* *nearly* *practically*	*the same as Y*
X and Y are		*similar* *identical*

X is not	*exactly* *precisely*	*as … as* [z. B. *as good as*] *Y* *equivalent to Y*

X and Y are not	*exactly* *precisely* *really*	*at the same level* *identical* *similar*
	exact	*equivalents*

X	*is*	*different*	*from Y*
	differs	*considerably* *significantly*	

X and Y are	*completely* *totally*	*different* *dissimilar*

X and Y	*share*	*few* *hardly any*	*characteristics* *features* *properties*
		no	

X and Y	*have*	*hardly anything* *little* *nothing*	*in common*
	differ	*significantly*	

There is	*a*	*big* *considerable* *distinct* *large* *major* *marked* *minor* *significant* *slight* *small* *striking* *substantial* *subtle*	*difference between X and Y*
There are			*differences between X and Y*

Our analysis revealed both similarities and differences between X and Y.
X seems to share a number of features with Y.
It can be inferred that X closely resembles Y.
These results show a notable parallel between X and Y.
Our data reveal a striking resemblance between X and Y.
These characteristics are not shared by …
A totally different pattern was found in …
The concept of … is diametrically opposed to …
X is comparable in size and complexity to Y.

20. Ursache und Wirkung beschreiben

X	*affects* *causes* *gives rise to* *has an impact on* *has an influence on* *influences* *leads to* *results in*	*Y*

The	*cause of* *reason for*	*X*	*is* *was* *may be* *might be* *appears to be* *seems to be*	*Y*

Wenn ein eher vager, nicht im strengen Sinne kausaler Zusammenhang nur impliziert werden soll:

X	*appears to involve* *has been associated with* *may be associated with* *is a key factor in* *is connected to* *is linked to* *may be attributed to*	*Y*

21. *Hedges:* Abschwächen, Zweifel signalisieren (siehe Abschnitt 6.3.1)

Verben
may, might, could, should; *appear to, seem to, tend to*

Adjektive
apparent, certain [→ a certain amount, to a certain extent, at a certain level], doubtful, incomplete, inconclusive, plausible, possible, probable

Adverbien
arguably, apparently, mainly, not necessarily, perhaps, possibly, presumably, supposedly, technically, typically, usually; *almost, approximately, broadly, essentially, generally, partly, practically, probably, rather, relatively, roughly, somewhat, virtually*

Mehrteilige Phrasen
by and large, from our perspective, generally speaking, in general, in most cases, in most instances, on the whole, under certain circumstances

The introduction of X is arguably the most important contribution to Y in the past 20 years.
In most cases, there appear to be no differences between X and Y.
X might roughly be described in terms of …
From a sociological perspective, what tends to be missing from these models is …
X is typically the norm rather than the exception.
There might, under certain conditions, be a slight tendency for X to do Y.

22. *Boosters:* Betonen, Sicherheit signalisieren (siehe Abschnitt 6.3.2)

Verben
must, will; *believe, demonstrate, find, know, support*

Adjektive
certain, clear, definite, evident, precise, unambiguous

Adverbien
always, certainly, clearly, definitely, doubtless, evidently, incontrovertibly, indeed, never, obviously, precisely, really, unambiguously, undeniably, undoubtedly

Mehrteilige Phrasen
in fact, of course, beyond any doubt, to be sure, without doubt

X has been incontrovertibly shown to predict …
X can indisputably be attributed to Y.
Our data further support the idea that …
Without doubt, these findings have important implications for …
It is now beyond any doubt that …
In fact, it is precisely that type of behaviour which cannot be explained by …
Although it is undeniably important to do X, it can be absolutely crucial/vital to do Y.

23. *Attitude markers* (siehe Abschnitt 6.3.3)

Adjektive
desirable, disappointing, essential, helpful, misguided, questionable, remarkable, striking, unconvincing, unsatisfactory

Adverbien
astonishingly, interestingly, remarkably, surprisingly, understandably, unfortunately

Astonishingly, there is no evidence of …
Strangely enough, there are no reports in the literature to explain why …
Our pretest results indicated unacceptably low intercoder reliability.
Not surprisingly, our findings support the view that …
Interestingly, one conclusion that can be drawn from this survey is that …
A more striking and disappointing finding was that …

24. Konnektoren

→ Übung 2, S. 216

Hinzufügen

and; both X and Y; not only X but also Y;
also, besides, furthermore, in addition, moreover;
likewise, similarly

Beispiele, Erklärungen

for example, for instance;
in other words, that is;
put differently

Spezifizierung

in particular, specifically, indeed, in fact, to be precise

Gegensätze

whereas, while;
alternatively, at the same time, but, by contrast, however, nevertheless, nonetheless, on the contrary, on the other hand, still, yet

Ursachen und Konsequenzen

because, as, since;
due to, for this reason, owing to, thanks to;
as a result, consequently, therefore, thus

Zeitliche Abfolge

afterwards, finally, first (second, third etc.), in the meantime, meanwhile, next, now, then, subsequently

Rangordnung

above all, first of all, most importantly, most significantly

Schlüsse ziehen, Argumentationsschritte abrunden

all in all, for all these reasons, hence, to conclude

Übungen

Übung 1: »Metadiskurs« und Konnektoren

Markieren Sie in den folgenden Texten

(1) zentrale Inhaltswörter, die sich als »roter Faden« durch den Text ziehen; sei es, dass sie in identischer oder leicht abgewandelter Form wiederholt werden (z. B. *research, researcher*), oder dass sie durch semantisch verwandte Wörter wiederaufgenommen werden (z. B. *funding, finance, expenditure*).
Um die Übung überschaubar zu halten, fokussieren wir die zu markierende Auswahl auf die folgenden Wortfamilien und Wortfelder:

Text a: *game, play*
Text b: *sample*
Text c: *gender*
Text d: *education, teacher, pupil, student, school*

(2) Konnektoren (»linkers«), d. h. Adverbien und Konjunktionen (also z. B. *nevertheless* oder *although*), die Kohäsion herstellen;
(3) Beispiele für Metadiskurs – d. h. Phrasen und/oder Satzteile, die den Text bzw die Argumentation selbst zum Gegenstand haben.

a.

Given this vast diversity in video games, a single definition may not be useful. In fact, top scholars in the field have declared, "One can no more say what the effects of video games are, than one can say what the effects of food are" (Bavelier et al., 2011, p. 763). Thus, rather than define video games according to a convenient generality, we will be specific in defining the genre of games to which we are referring when we can and whether they are single- or multiplayer games, played cooperatively or competitively, and so on. When we refer to gamers, we mean individuals who play video games regularly, more than one hour every day. We now turn to the literature on the benefits of gaming.

(Granic, Lobel and Engels 2014)

b.

CONCLUSIONS

We should begin our conclusion by reiterating that, since the GBCS [Great British Class Survey] is not a representative sample, we are not in a position to establish definitive and causal relationships about the relation between geography and social class. Nonetheless, we have shown patterns which we are satisfied are highly revealing. In fact, the very geography of the sample skew is itself a fascinating indicator of how the GBCS plays into an elite sensibility. We also hope to have shown that, because of its large sample size and granularity, the spatial analysis of the GBCS can suggest striking features of contemporary elite formation which are not readily discernible from other data sources.

(Cunningham and Savage 2015)

c.

Abstract

Efforts to understand gender segregation within and among science disciplines have focused on both supply- and demand-side explanations. Yet we know little about how academic scientists themselves view the sources of such segregation. Utilizing data from a survey of scientists at thirty top U. S. graduate programs in physics and biology (n = 2,503) and semistructured interviews with 150 of them, this article examines the reasons academic scientists provide for differences in the distribution of women in biology and physics. In quantitative analyses, gender is more salient than discipline in determining the reasons scientists provide for gender disparities between disciplines, suggesting that gender may act as a "master status," shaping the experiences of scientists regardless of the gender composition of the discipline. Qualitative interviews confirm this interpretation and reveal that scientists also perceive mentoring, natural differences, discrimination, and the history of the disciplines to be important factors. Results contribute to research on the relationship between emotional labor and occupational gender segregation conducted in professions such as law and nursing.

(Ecklund, Lincoln and Tansey 2012)

d.

As in many areas of social scientific research (…) there does not exist a consensus as to whether or not readily observable measures of teacher quality — years of experience and the possession of an advanced degree — reliably lead to higher student scores on standardized tests. What we do know, however, is that education and experience are attributes that are positively valued by labor markets in general, and that there is every reason to believe that they count for a great deal in the market for teachers as well. For this reason the percentage of teachers in a school district who have attained an advanced degree or who have more years of experience should be a valid measure of the quality of education that the district supplies, and thus useful in determining if educational finance reform has produced significant movement toward fiscal neutrality — even if these measures are not linked to higher test scores.

At this point it is useful to summarize the main findings of previous research. State supreme court decisions that overturn public school funding systems appear to lead to a reduction in the level of inequality in crossdistrict per pupil expenditures, but estimates of the magnitude of this effect vary considerably. These decisions also appear to produce some leveling up increase in per pupil expenditures, but again, estimates of this effect range from widespread and substantial (Murray et al. 1998) to modest and highly variable (Manwaring and Sheffrin 1997). Whether equity-based decisions have had a more significant impact than adequacy-based decisions upon patterns of public school finance remains an open question. Finally, the few previous studies in this area that have examined the matter of fiscal neutrality, albeit indirectly, tell us that expenditure equalization reforms have so far not led to equalization in educational outcomes.

(Hill and Kiewiet 2015)

Übung 2: Konnektoren

Schließen Sie die Lücken in den nachfolgenden Absätzen, indem Sie aus den angegebenen *linkers* ein passendes Wort bzw. eine passende Phrase auswählen. Beachten Sie bei Ihrer Wahl die im Text vorgegebene Zeichensetzung, die Stellung des Konnektors im Satz und seine Bedeutung. Die zur Wahl stehenden Elemente sind alle mit kleinem Anfangsbuchstaben geschrieben, um keine Rückschlüsse auf ihre Position im Satz zu erlauben; die Orthographie muss im Einzelfall daher entsprechend angepasst werden. Es kann auch vorkommen, dass eines der angegebenen Wörter im Text zweimal zum Einsatz kommt.

a.

Discussion

(…) We hypothesized that any associations between neighbourhood disadvantage and diet may be explained by variations in nutrition environments. ...., not all environmental features indicated unhealthy diets would be more likely in high-disadvantaged neighbourhoods, particularly in relation to the price of fruits and vegetables and fast-food restaurant access. .... while bivariate associa-

tions revealed aspects of the nutrition environments that were associated with diet, others were not, and not all were in the expected direction. Most notably, women exposed to higher prices ate more fruits and vegetables, and women with reduced neighbourhood exposure to fast-food stores ate fast food more often. These findings could reflect the higher individual SEP [socio-economic position] of women living in neighbourhoods where prices were higher and fast-food store access greater, ... high individual SEP is associated with a range of factors that predict healthier diets such as greater nutrition knowledge and health considerations applied to purchasing (Ball et al., 2006). ...., higher fruit and vegetable price may reflect better quality, which may relate to consumption.

(Thornton, Crawford and Ball 2010)

but	*although*	*however*	*despite*	*if*	*as*	*when*	*similarly*
alternatively	*while*	*whereas*	*yet*	*further*		*next*	

b.

The historical relationship between women and volunteering is well-known, exemplified by Gold's declaration at the height of the feminist movement that, "until recently 'volunteer' was synonymous with 'woman'" (1971, p. 385). As historical divisions between the sexes have blurred, ..., the relationship between gender and volunteering has become more complex. .... the evidence persists that women volunteer more frequently than men (U. S. Bureau of Labor Statistics 2013; Mesch et al. 2006), the difference weakens when specific activities are examined and when factors such as employment and family status are included (Hayghe 1991; Hook 2004). The strength of personal networks and motivations for volunteering .... contribute to gender differences in both frequency and type of volunteering (Wilson 2000). .... researchers have begun to tease out the interactive effects of gender, employment status, and family status, much remains unclear.

(Fyall and Gazley 2015)

however	*nevertheless*	*yet*	*because*	*as well*	*also*
because	*although*	*while*	*in spite of that*		

c.

Musical pitch-based (melodic) and time-based (temporal) relations traditionally are treated separately, both empirically and theoretically (Justus & Bharucha 2002, Krumhansl 2000). Their processing independence has been questioned, ... For example, Jones & Boltz (1989) have argued that perception, attention, and memory for pitch relations are inherently rhythmical. By this view, listeners treat melody and rhythm as a unified dimension. ...., the neuropsychological literature is more consistent with the traditional view, by which melodic and temporal structures are processed independently. Brain damage can interfere with the discrimination of pitch relations .... sparing the accurate interpretation of time relations (Ayotte et al. 2000, Liégeois-Chauvel et al. 1998, Peretz 1990, Peretz & Kolinsky 1993, Piccirilli et al. 2000, Vignolo 2003).

................................, rhythmic discrimination of musical events can be impaired while extraction of pitch content is spared (Di Pietro et al. 2004, Peretz 1990). This double dissociation between melodic and temporal processing has also been observed in singing and sight-reading (see

below). ...., the evidence suggests that these two dimensions involve the operation of separable neural subsystems. To our knowledge, neuroimaging techniques have not yet corroborated this dissociation. ...., Griffiths et al. (1999) obtained similar activation patterns for pitch and time discrimination tasks. ...., similarity of activation does not entail that the underlying operations are similar, or that the recruited brain areas are critical to performing a given task. This general point always must be taken into account in integrating lesion and neuroimaging findings.

(Peretz and Zatorre 2005)

whereas	*while*	*conversely*	*on the contrary*	*as*	*but*	*however*
nevertheless	*though*	*hence*	*hereby*	*therefore*		*by contrast*

Übung 3: Absatzgliederung

In den folgenden Ausschnitten aus Zeitschriftenartikeln wurde die Absatzgliederung entfernt. Versuchen Sie, diese wiederherzustellen. Wenn Sie die Absätze – im Original sind es bei Beispiel (a) drei, bei Beispiel (b) vier und bei Beispiel (c) sechs – identifiziert haben und Ihre Variante mit jener im Lösungsteil vergleichen, dann beachten Sie auch, wie stark allein schon der optische Unterschied zwischen dem jeweiligen Original und der hier absichtlich »entstellten« Fassung ist: Ohne Absatzgliederung ist man als Leser quasi einem »Wortschwall« ausgeliefert, während man mit Absatzgliederung auf den ersten Blick erkennt, dass strukturiert, Schritt für Schritt, ein Argument entwickelt wird.

a.

This article focuses on the banking crisis that peaked in 2008 in the US and UK. It argues that the interaction between bankers and the institutional and structural contexts they helped create is central to explaining both the origins and the scale of the crisis. To explore such interactions between agents and context we use historical institutional (HI) theory. Recent versions of such theory explain how agents' behaviour is shaped (i. e., constrained or enabled) by the contexts in which they operate. The core explanatory dynamic in this approach is to explore how agents and wider contexts mutually shape one another over time. We highlight two arguments. First, we use a comparative approach to show that a key set of institutional pressures as well as specific profit opportunities embodied in nationally specific banking markets were central in shaping banker behaviour: either producing or not producing strong pressures on banks to engage in highly leveraged mortgage-backed securities trading. In the US and UK, financial markets imposed strong competitive pressures and placed bankers under intense pressure to reengineer their balance sheets in the search for additional profits. The main opportunities here were in highly leveraged mortgage-backed securities trading. It was the collapse of these markets that triggered the banking crisis. We show that such pressures were strong in the US and UK, but weak in the Australian and Canadian markets, a key factor that explains the very different banking outcomes in these countries. National market conditions in banking thus emerge as a core variable that explains the origins or the trigger of the crisis. Second, we argue that institutional theory needs to move beyond a narrow focus on institutions and explicitly include structures as a key context that can shape behaviour. Empirically, we show that structural forces embodied in so-called 'systemic risk' within financial markets were central in driving the scale of the banking and credit crisis. Furthermore, we show how institutional theory can be extended to explore power dynamics as a particular outcome of agent-structure interaction in this case. We show how agents interacting amidst structural pressures created a form of 'ecosystem power', which agents collectively exerted over each other, forcing sub-optimal collective outcomes: namely, the collapse of banking and credit markets.

(Bell and Hindmoor 2015)

b.

CONCLUSIONS

The work presented in this review constitutes a selection of what currently is known (and is not known) about how musical functions are organized in the brain. As pointed out, a number of musical processes have not yet been considered in neuropsychology. Yet, we trust that the accumulated knowledge on how and where short musical phrases are perceived, recognized, imagined, appreciated, and sung will provide the building blocks of a broader and more complete neurofunctional account of music processing. One such fundamental principle concerns the distinction between pitch-based and time-based mechanisms. As seen in both perception and performance, the musical processing of pitch and rhythm appears to result from the operation of largely distinct neural mechanisms. Extraction of musical pitch relations seems to depend on a series of operations that predominantly involve the right auditory cortex, whereas extraction of musical time relations recruits more widespread and bilateral neural networks. Obviously, music processing cannot be ascribed wholly to one cerebral hemisphere. However, as we have argued elsewhere (Peretz & Hyde 2003, Zatorre et al. 2002), it might be the case that right-sided neural mechanisms play a determinant role. Pitch-based mechanisms might be rooted in the specialization of the right auditory cortex for spectral resolution (Zatorre et al. 2002) and be instrumental in the normal development of musical competence (Peretz et al. 2002). These conclusions also assume that music processing is mapped onto the human brain with a certain consistency. If there were no consistency, understanding the relations between music and its neural correlates would be impossible. However, as discussed above, people differ in their musical training or experience, and perhaps also in aptitude or talent; these differences manifest themselves at various levels, and understanding the interplay between brain processes, environmental inputs, innate factors, and development will be one of the major challenges for our field. It should also be considered that the mapping between processing components and neural networks might not be one-to-one. The fact that the processing framework can account for the musical disorders exhibited by brain-damaged patients suggests that this mapping is feasible. Indeed, it is conceivable that some music processing components lack neuroanatomical separability. In that case, the neural substrates of the components would be intermingled with the neural systems devoted to the processing of other complex patterns. If so, brain damage could never affect just one processing component while sparing all other aspects. If the process under study possesses the property of neural separability, as we have described here for most processing components, then we expect to find corresponding isolable neural areas in the brain. Thus, we believe that the evidence is solid enough to envisage a proper mapping between processes and neural networks. Above all, we believe that convergence between lesion and neuroimaging data is the optimal strategy to build a sound model of how the brain processes music.

(Peretz and Zatorre 2005)

c.

Public lawyers in the United Kingdom are used to living through interesting times. Indeed, ever since the big-bang reforms of the first Blair government in the late 1990s, the British constitution — in a way that perhaps only an unwritten, unentrenched, easy-to-amend constitution like the UK's can — has found itself in an almost-constant state of change. Today, the outcome of the

2014 Scottish independence referendum is a particularly obvious engine of ongoing constitutional reform, the trend — or, as perhaps more accurately describes the British way, drift — towards a more-federalized model being increasingly hard to dispute. The prospect of radical constitutional reform is not, however, confined to internal institutional redesign in a post-devolution era. The UK's external relationships are also on the table in a way and to an extent that they have not been for several decades. This is most clearly evident in relation to membership of the European Union (EU), the wisdom of an in-out referendum having been a major issue in the 2015 general-election campaign. Meanwhile, repeal of the Human Rights Act 1998 (HRA) and the enactment of a 'British Bill of Rights' was proposed by the Conservative Party in its 2015 manifesto. Indeed, in a paper published in 2014 the Party went further still, advocating reforms that were acknowledged to be capable of triggering the UK's withdrawal from the European Convention on Human Rights (ECHR) on account of their incompatibility with Britain's obligations under that treaty. Although such radical changes remain unlikely — if not, any longer, unthinkable — engaging in the constitutional futurology invited by these possibilities is both useful and valuable. This article therefore evaluates the state of domestic human-rights law by way of comparing it with the forms and degrees of protection of human rights that are presently available thanks to the presence on the statute book of the HRA and the UK's being a party to the ECHR. More particularly, the article considers the extent to which the doctrine of common-law constitutional rights is, or has the demonstrable potential to develop into, a substitute for the existing system of rights protection rooted in the HRA and the ECHR. This analysis serves two useful purposes. First, it enables us to understand what (this aspect of) our domestic constitutional order looks like, so as (for instance) to be able better to appreciate the nature of its relationship with relevant European influences for as long as the latter persist. Second, considering elements of the constitution that are inherent — rather than, to some extent, grafted on by operation of potentially transitory statutory or external influences — serves to identify the terrain upon which any debate about further constitutional reform must take place. It is, for example, likely that even if a scorched-earth policy were pursued by means of HRA-repeal and ECHR-withdrawal, this would be followed by some form of domestic bill of rights. Yet the extent to which the framers of such legislation would have the luxury of painting upon a blank canvas necessarily turns, to some degree at least, upon the nature and extent of the common law's innate commitment to rights. In order to realize the objectives sketched above, the article will examine and compare common-law and HRA-ECHR rights protection with respect to three vectors by reference to which the nature and potency of a juridical human-rights regime can be plotted. The first such vector concerns the normative reach of common-law and HRA-ECHR rights. Are the two bodies of rights co-extensive, or is the former but a pale shadow of the latter? The second vector relates to the protective rigour evidenced at common law and under the HRA-ECHR scheme respectively. Even if it were the case that the common law acknowledged all — or most or some — of the rights enshrined in the Convention, would courts upholding exclusively common-law rights have at their disposal adequate protective instruments? The third vector concerns the notion of constitutional resilience. Convention rights — by virtue of their binding effect upon the UK in international law — are invested with a particular form of legal bite. As a result, the constitutional capacity of Parliament to reverse interpretations rendered under section 3 of the HRA and to ignore declarations issued under section 4 is marginalized if not rendered largely notional. However, as domestic constructs, common-law rights inevitably lack the international-law purchase that Convention rights have, raising questions about the extent, if any, to which they might be considered resilient in the face of adverse legislation. It will be argued that the three vectors sit in relationship with one another, and that it is by understanding the nature of the interactions between them that we can come to appreciate the potential of common-law rights. In particular, while there may exist a normative core of such rights that are singled out for particular recognition, the common law's commitment to rights diminishes as we shift from the core to the normative penumbra. That commitment is evidenced by the protective lengths to which the common law is prepared to go in relation to particular rights, such lengths being notably greater in relation to rights lying at or close to the normative core. In turn, such protective endeavours inform the extent of a given right's constitutional resilience, certain (core) rights being especially resistant to legislative or administrative infraction. It will be contended that, analysed thus, the common law constitutes a potentially potent vehicle for the enforcement of fundamental rights, but that it is essential that points of distinction — as well as points of commonality — between the HRA-ECHR and common-law regimes be acknowledged. Two extreme analyses must therefore be resisted. It would be unrealistic to argue that domestic law in this area is so extensive, rigorous and resilient as to render the HRA-ECHR essentially redundant, such that (for instance) repeal of the former and withdrawal from the latter are prospects that can be met with utter equanimity. However, it would be equally mistaken to suppose that the common-law and HRA-ECHR regimes are so radically different that the absence of the former would transform judicial protection of human rights in the UK beyond all recognition. The true position, it will be argued, is more subtle and more complex than either of these bald analyses allows.

(Elliott 2015)

Übung 4: Argumentationsmuster

Ein für den akademischen Diskurs sehr häufiges Argumentationsmuster (in der englischen Fachliteratur meist als *discourse move* bezeichnet) ist die »Ja-Aber«-Konstruktion. Der/die Autor/in präsentiert ein Argument, verwirft es dann aber gleich wieder und stärkt somit seine/ihre eigene Position. Im imaginären Dialog mit den Leser/inne/n gesteht der/die Autor/in also etwas zu, bewertet es aber sogleich dadurch als weniger wichtig, dass ein schlagkräftigeres Argument nachfolgt. Diese konzessive, also »zugestehende«, Struktur kann innerhalb eines Satzes realisiert werden, wie in Beispiel (1), oder sie kann über ein längeres Textstück hinweg entwickelt werden, wie in Beispiel (2). Die Wörter bzw. Phrasen, die an der Textoberfläche dazu beitragen, diesen Typ von *move* zu gestalten, sind hier fett markiert.

Beispiel (1):

Of course, there may *be visible differences between playing music professionally or for leisure,* ***but*** *finding those differences is predicated by finding that music is being played in the first place, and that finding is enabled through the very practices of making music together.*

(Button 2012)

Beispiel (2):

Certainly*, there are plenty of examples where "doing good" does indeed lead to "doing well." Companies have often discovered that by reducing their emission of pollutants or by recycling waste products they increase their profits while improving the environment at the same time. Or they may find that paying a living wage and offering adequate benefits will improve morale, reduce turnover, and increase productivity, thereby helping shareholders, employees, and their communities simultaneously. These are happy and most welcome alignments,* ***but*** *corporate social responsibility, as properly understood, requires more. There are circumstances that call for a firm to look beyond profit maximization, go beyond mere compliance with existing* *laws and regulations, and pursue a course of action because it is "the right thing to do".*

(Davidson 2009)

Die folgenden drei Passagen enthalten jeweils ein Vorkommen dieses Argumentationsmusters. Markieren Sie die Wörter und Phrasen, die maßgeblich an seiner sprachlichen Umsetzung beteiligt sind.

a.

Bacterial genomes do not contain arbitrary assortments of acquired genes, and the plethora of documented transfer events has provided an abundance of information about the origins and functions of the acquired sequences. Naturally, these studies are biased towards identifying genes that impart both new and consequential functions upon the recipient organism; however, they illustrate both the unprecedented range of mechanisms by which traits are disseminated among bacteria and the impact of lateral gene transfer on bacterial evolution.

(Ochman, Lawrence and Groisman 2000)

b.

Discussion

There are several reasons why H. pylori infection and stomach cancer should not be explained using a transition-based model. Ideas of "transition" often assume that Indigenous peoples are assimilating into the dominant culture and socio-economic context. While it is true that the more economically prosperous families in Aklavik display fewer H. pylori infections, it is wrong to assume that they represent more assimilated (i. e., less "Indigenous" or less "traditional") segments of the community. Rather, my ethnographic research shows that the more economically well-off families in Aklavik have better access to both Western and traditional Indigenous resources and ways of living. Although residents have "transitioned" to living permanently in a settlement, my analysis of household composition and genealogies shows that Aklavik's Indigenous families are organized into larger extended kin networks, in which a single household often benefits from the contributions of kin from several households. Consequently, it is inappropriate to use the household – a classic unit of epidemiological analysis – as the focus for understanding the distribution of H. pylori in Aklavik. "Indigenous ethnicity", "low income" and "household membership" are not discrete risk factors but belong to a constellation of social realities produced by historical interactions between local Indigenous peoples and non-Indigenous Canadians.

(Carraher 2013)

c.

The main concern of international investors seems to be the risk that Spanish public debt will become unsustainable, forcing a Greek-style haircut that could trigger a collapse of the euro. Admittedly, it is virtually impossible to predict what will happen in the future because debt sustainability depends on a broad range of factors, such as growth, interest rates, inflation and confidence. However, it should be noted that, despite the recent increase in financing costs, the average interest rate of Spain's outstanding debt is below 4.5 percent. Moreover, if the euro does not disappear, total debt is still at manageable levels and, as a percentage of GDP, it is significantly lower than the debt of Italy, Japan or the UK. This means that it is clearly premature to label it as unsustainable; as William Cline, a senior fellow at the Peterson Institute for International Economics, has argued in a recent paper, under reasonable assumptions both Spanish and Italian public debts are sustainable.

(Powell and Steinberg 2012)

Übung 5: Cleft sentences

Wandeln Sie die folgenden Sätze mit Hilfe von *cleft*-Konstruktionen so um, dass das fett gedruckte Element stärker betont wird. Die Satzanfänge der jeweils angepeilten Musterlösung sind in Klammern angegeben.

Eine Übung wie diese – mit einfachen, isolierten Sätzen und zum Selbststudium geeignet – kann nur die »Mechanik« der Satzbildung trainieren, nicht aber die rhetorisch sinnvolle Einbettung in einen größeren Zusammenhang. Damit *cleft*-Sätze wie die folgenden in einem umfassenderen Sinne »richtig« sind, müssen sie also nicht nur grammatikalisch korrekt gebildet, sondern auch ein gut platziertes Glied in einer Argumentationskette sein.

a. **The editor** rejected the paper, not the reviewers. (⇨ It …)

b. These data can help us understand the present situation, but we cannot infer **future developments** from them. (⇨ What …)

c. Although she had published widely in several journals, **her article in** *Nature* kick-started her international career. (⇨ It …)

d. We have a pretty good idea of which industries our graduates end up in; however, their **precise career prospects** cannot be predicted. (⇨ What …)

e. *The role of the lecturer in supporting and developing the critical thinking and research appraisal skills of students is well documented, and it is widely acknowledged that nursing degrees should prepare nurses for implementing EBN [evidence-based nursing] (Salminen, Stolt, Saarikoski et al, 2010). The concept of implementing a journal club was developed* ***through this supportive role.*** (Whiting 2015) (⇨ It …)

Übung 6: Vermeidung von schwerfälligem Hauptwortstil

Formulieren Sie die folgenden Sätze so um, dass der Sinn in groben Zügen erhalten bleibt, jedoch die fett markierten Hauptwörter – wohl aber mit ihnen verwandte Zeit- und Eigenschaftswörter – nicht mehr darin vorkommen.

Der Vollständigkeit halber sei nochmals betont, dass es bei dieser Übung – wie bei Abschnitt 5.2.5 generell – natürlich nicht darum geht, den Hauptwortstil (und erst recht nicht Hauptwörter im Allgemeinen) pauschal zu verdammen (siehe dazu die detaillierteren Ausführungen in 5.2.5). Wie schließlich auch die Überschrift signalisiert, sollen nur Fälle vermieden werden, wo Hauptwörter schwerfällig oder sogar schwer verständlich wirken. Es geht hier also lediglich um eine »Fingerübung« im Umformulieren – weg vom Hauptwort, hin zum Zeit- und Eigenschaftswort.

a. **Comprehensibility** of the text was low.

b. Because of the emerging **difficulties** with the **application** of Theory X, a **decision** was taken to use Theory Y instead.

c. The successful applicant's responsibilities include the **development** of a survey design, the **collection** of data and the **drafting** of reports.

d. The paper begins with an **explanation** of key terms and the research design, then proceeds to a **presentation** of the results and finally moves on to a **discussion** of their practical implications.

e. In spite of the **development** of an exciting new method by Smith and Jones, traditional approaches still have both **relevance** and **popularity**.

Übung 7: Vermeidung von *I* und *we*

Wie in 6.4.1 ausgeführt, sind *I* und *we* im *academic writing* nicht mehr grundsätzlich tabu. Dennoch bestehen – insbesondere bei *I* und den anderen Pronomina der ersten Person (*my, mine, me*) – nach wie vor stilistische Vorbehalte gegen *self-mention.* Autor/inn/en sehen sich beim Schreiben daher häufig mit Situationen konfrontiert, wo sie doch Alternativen bevorzugen. Formulieren Sie die nachfolgenden Sätze so um, dass die jeweiligen Pronomina der ersten Person nicht mehr vorkommen.

a. In this article, I raise a number of methodological questions.

b. My study replicates one I carried out ten years ago.

c. As I pointed out in Section 2, I had selected the subjects I wanted to interview by random sampling.

d. After we had piloted the experiment, we adapted several stimuli.

e. I do not doubt that Smith's work is highly original.

Übung 8: *Hedges*

Formulieren Sie die folgenden Sätze so um, dass darin statt der fett markierten *hedging*-Ausdrücke die in Klammern angegebenen (ggf. in verneinter Form) vorkommen.

a. The economic downturn, **it seems**, has had little effect on house prices. (*appear to*)

b. According to our results, **it is possible** that Treatment B is more effective than Treatment A.
(*suggest; might*)

c. The decrease in average life expectancy in the area was **perhaps** due to toxic waste in local landfill sites.
(*may*)

d. **On the whole**, children from poorer families have less access to healthcare.
(*tend*)

e. **It is doubtful whether** our results are applicable to other scenarios. (*not necessarily; need*)

Übung 9: *Boosters*

Ersetzen Sie in den folgenden Sätzen *very, much* und *a lot* durch einen der *boosters* in der Klammer. Die Ausgangssätze sind zwar keineswegs falsch, aber die Verwendung einer größeren Bandbreite von verstärkenden Adverbien erhöht die stilistische Qualität. Dafür, welche *boosters* zu welchen Verben und Adverbien passen, gibt es keine Regeln im engeren Sinne, sondern nur Regelmäßigkeiten, die man durch die Beobachtung großer Datenmengen – etwa über *google scholar* – sowie durch bewusstes Lesen und Zuhören kompetenter Autor/inn/en und Sprecher/innen lernen kann.

a. For an accurate diagnosis, we would need **much** more sensitive magnetic resonance imaging.
(*considerably / vitally / well*)

b. Her early papers turned out to be **very** influential.
(*utterly / highly / thoroughly*)

c. Catalysts that contain precious metals are **very** expensive – so expensive, that is, that we can't use them.
(*considerably / thoroughly / prohibitively*)

d. Video recordings are **a lot** more complex to analyse than written texts.
(*infinitely / greatly / incredibly*)

e. *We also demonstrate that without an experiment, using industry-standard methods based on endogenous cross-sectional variation in advertising exposure, we would have obtained a **very** inaccurate estimate of advertising effectiveness.*
(Lewis and Reiley 2011)

widely / considerably / wildly

f. *Phrases were recognised **much** more accurately than single words.*
(Brewin, Huntley and Whalley 2012)

(significantly / extremely / greatly)

g. *The social structure of democratic societies depends **a lot** on the policy-making process, which in turn depends on the policy preferences and political participation of citizens.*
(McCall 2015)

(remarkably / crucially / eminently)

Übung 10: Zeichensetzung

In den nachfolgenden Sätzen aus Originalquellen wurden Fehler in der Interpunktion eingefügt (z. B. falsche Kommata hinzugefügt und richtige entfernt). Korrigieren Sie die Zeichensetzung.

a. *Before proceeding it will be helpful to clarify the sometimes-confusing terminology around corporate responsibility and be clear about the way, in which we are using terms.*
(Waddock and Googings 2014, 24).

b. *Reputation which is one of a firm's intangible assets became a key ingredient of corporate success during the 1990s and early 2000s.*
(Waddock and Googings, 2014, p. 28)

c. *One thing is clear though, and that is that intangibles like reputation can be valuable assets.*
(Waddock and Googings, 2014, p. 29)

d. *In addition to the tough accountability and transparency demands the prevalence of social networking media make [sic] companies visible in ways that might not previously have even been imagined creating rising stakeholder demands and expectations for disclosure about the company's responsibility practices (Holder-Webb et al., 2009).*
(Waddock and Googings 2014, p. 33)

e. *As a result of these shifts what used to be relatively simple has now been considerably complicated.*
(Waddock and Googings, 2014, p. 33)

f. *For good or for ill, suppliers and distributors whether they are legally part of the company or not, are often perceived as being so by external, particularly critical observers like NGOs.*
(Waddock and Googings, 2014, p. 35)

g. *A final yet important strand of normative CSR research focuses on shared national norms for CSR and how they compare internationally.*
(May 2014, p. 94)

h. *While some have suggested that CSR represents a constructive alternative to "business as usual" (Vogel, 2005) a number of critical organizational scholars have questioned the very idea of CSR.*
(May 2015, p. 96)

i. *Some scholars have wondered, whether CSR will be the next in a long line of corporate fads, but the proliferation of CSR-related research, trade and professional publications, and reporting mechanisms and indexes suggest that CSR is here to stay.*
(May 2014, p. 103)

j. *Calls for greater CSR have grown out of and are inextricably bound up in the conditions of contemporary global capitalism and what is seen as the weakening of the traditional governing capacities of the nation-state.*
(Dempsey 2014, p. 449)

k. *Although NGOs tend to be thought of as providing a counterbalancing force to corporate influence they introduce their own ethical concerns and responsibilities. By their very nature NGOs experience complex ambiguities related to their accountability (Dempsey, 2007). Businesses are legally beholden to those who have invested capital in the organization, and the nation-state is ostensibly bound to its citizens.*
(Dempsey 2014, p. 457)

l. *An additional area of future research includes understanding how NGOs are utilizing new communication technologies in their efforts, and how these technologies potentially impact the efficacy of their campaigns. (...) The extent, to which NGOs are able to take advantage of social media, promises to be of interest to future research. In the rush to explore these relationships, however, there remains a need to consider how existing digital divides and local political opportunities structure NGO access to technologies.*
(Dempsey 2014, p. 462)

Lösungen[1]

Lösung zu Übung 1: Metadiskurs und Konnektoren

→ S. 30

- Zentrale kohäsionsstiftende Inhaltswörter wurden hier unterstrichen.
- Konnektoren: grau hinterlegt
- Metadiskurs: gepunktet unterstrichen

Beachten Sie in Satz d auch die *cleft*-Konstruktion (*What we do know, however, is that …*); siehe Abschnitt 5.2.3 und Übung 5).

a.

Given this vast diversity in video games, a single definition may not be useful. In fact, top scholars in the field have declared, "One can no more say what the effects of video games are, than one can say what the effects of food are" (Bavelier et al., 2011, p. 763). Thus, rather than define video games according to a convenient generality, we will be specific in defining the genre of games to which we are referring when we can and whether they are single- or multiplayer games, played cooperatively or competitively, and so on. When we refer to gamers, we mean individuals who play video games regularly, more than one hour every day. We now turn to the literature on the benefits of gaming.

b.

CONCLUSIONS

We should begin our conclusion by reiterating that, since the GBCS is not a representative sample, we are not in a position to establish definitive and causal relationships about the relation between geography and social class. Nonetheless, we have shown patterns which we are satisfied are highly revealing. In fact, the very geography of the sample skew is itself a fascinating indicator of how the GBCS plays into an elite sensibility. We also hope to have shown that, because of its large sample size and granularity, the spatial analysis of the GBCS can suggest striking features of contemporary elite formation which are not readily discernible from other data sources.

1 Die Quellenangaben zu den Originalzitaten sind im Angabenteil enthalten.

c.

Abstract

Efforts to understand gender segregation within and among science disciplines have focused on both supply- and demand-side explanations. Yet we know little about how academic scientists themselves view the sources of such segregation. Utilizing data from a survey of scientists at thirty top U. S. graduate programs in physics and biology (n = 2,503) and semistructured interviews with 150 of them, this article examines the reasons academic scientists provide for differences in the distribution of women in biology and physics. In quantitative analyses, gender is more salient than discipline in determining the reasons scientists provide for gender disparities between disciplines, suggesting that gender may act as a "master status," shaping the experiences of scientists regardless of the gender composition of the discipline. Qualitative interviews confirm this interpretation and reveal that scientists also perceive mentoring, natural differences, discrimination, and the history of the disciplines to be important factors. Results contribute to research on the relationship between emotional labor and occupational gender segregation conducted in professions such as law and nursing.

d.

As in many areas of social scientific research (...) there does not exist a consensus as to whether or not readily observable measures of teacher quality — years of experience and the possession of an advanced degree — reliably lead to higher student scores on standardized tests. What we do know, however, is that education and experience are attributes that are positively valued by labor markets in general, and that there is every reason to believe that they count for a great deal in the market for teachers as well. For this reason the percentage of teachers in a school district who have attained an advanced degree or who have more years of experience should be a valid measure of the quality of education that the district supplies, and thus useful in determining if educational finance reform has produced significant movement toward fiscal neutrality — even if these measures are not linked to higher test scores. At this point it is useful to summarize the main findings of previous research. State supreme court decisions that overturn public school funding systems appear to lead to a reduction in the level of inequality in crossdistrict per pupil expenditures, but estimates of the magnitude of this effect vary considerably. These decisions also appear to produce some leveling up increase in per pupil expenditures, but again, estimates of this effect range from widespread and substantial (Murray et al. 1998) to modest and highly variable (Manwaring and Sheffrin 1997). Whether equity-based decisions have had a more significant impact than adequacy-based decisions upon patterns of public school finance remains an open question. Finally, the few previous studies in this area that have examined the matter of fiscal neutrality, albeit indirectly, tell us that expenditure equalization reforms have so far not led to equalization in educational outcomes.

Lösung zu Übung 2: Konnektoren

→ S. 32, 211

a.

Discussion

(...) We hypothesized that any associations between neighbourhood disadvantage and diet may be explained by variations in nutrition environments. ***However,*** *not all environmental features indicated unhealthy diets would be more likely in high-disadvantaged neighbourhoods, particularly in relation to the price of fruits and vegetables and fast-food restaurant access.* ***Similarly****, while bivariate associations revealed aspects of the nutrition environments that were associated with diet, others were not, and not all were in the expected direction. Most notably, women exposed to higher prices ate more fruits and vegetables, and women with reduced neighbourhood exposure to fast-food stores ate fast food more often. These findings could reflect the higher individual SEP of women living in neighbourhoods where prices were higher and fast-food store access greater,* ***as*** *high individual SEP is associated with a range of factors that predict healthier diets such as greater nutrition knowledge and health considerations applied to purchasing (Ball et al., 2006).* ***Further****, higher fruit and vegetable price may reflect better quality, which may relate to consumption.*

b.

The historical relationship between women and volunteering is well-known, exemplified by Gold's declaration at the height of the feminist movement that, "until recently 'volunteer' was synonymous with 'woman'" (1971, p. 385). As historical divisions between the sexes have blurred, ***however****, the relationship between gender and volunteering has become more complex.* ***Although*** *the evidence persists that women volunteer more frequently than men (U.S. Bureau of Labor Statistics 2013; Mesch et al. 2006), the difference weakens when specific activities are examined and when factors such as employment and family status are included (Hayghe 1991; Hook 2004). The strength of personal networks and motivations for volunteering* ***also*** *contribute to gender differences in both frequency and type of volunteering (Wilson 2000).* ***While*** *researchers have begun to tease out the interactive effects of gender, employment status, and family status, much remains unclear.*

c.

Musical pitch-based (melodic) and time-based (temporal) relations traditionally are treated separately, both empirically and theoretically (Justus & Bharucha 2002, Krumhansl 2000). Their processing independence has been questioned, ***however****. For example, Jones & Boltz (1989) have argued that perception, attention, and memory for pitch relations are inherently rhythmical. By this view, listeners treat melody and rhythm as a unified dimension.*

By contrast / Nevertheless*,*[2] *the neuropsychological literature is more consistent with the traditional view, by which melodic and temporal structures are processed independently. Brain damage can interfere with the discrimination of pitch relations* ***while*** *sparing the accurate interpretation of time relations (Ayotte et al. 2000, Liégeois-Chauvel et al. 1998, Peretz 1990, Peretz & Kolinsky 1993, Piccirilli et al. 2000, Vignolo 2003).* ***Conversely****, rhythmic discrimination of musical events can be impaired while extraction of pitch content is spared (Di Pietro et al. 2004, Peretz 1990). This double dissociation between melodic and temporal processing has also been observed in singing and sight-reading (see below).* ***Hence****, the evidence suggests that these two dimensions involve the operation of separable neural subsystems. To our knowledge, neuroimaging techniques have not yet corroborated this dissociation.* ***On the contrary****, Griffiths et al. (1999) obtained similar activation patterns for pitch and time discrimination tasks.* ***However****, similarity of activation does not entail that the underlying operations are similar, or that the recruited brain areas are critical to performing a given task. This general point always must be taken into account in integrating lesion and neuroimaging findings.*

Lösung zu Übung 3: Absatzgliederung → S. 73

a.

This article focuses on the banking crisis that peaked in 2008 in the US and UK. It argues that the interaction between bankers and the institutional and structural contexts they helped create is central to explaining both the origins and the scale of the crisis. To explore such interactions between agents and context we use historical institutional (HI) theory. Recent versions of such theory explain how agents' behaviour is shaped (i.e., constrained or enabled) by the contexts in which they operate. The core explanatory dynamic in this approach is to explore how agents and wider contexts mutually shape one another over time.

---

2 *Nevertheless* ist die im Original verwendete Variante.

We highlight two arguments. First, we use a comparative approach to show that a key set of institutional pressures as well as specific profit opportunities embodied in nationally specific banking markets were central in shaping banker behaviour: either producing or not producing strong pressures on banks to engage in highly leveraged mortgage-backed securities trading. In the US and UK, financial markets imposed strong competitive pressures and placed bankers under intense pressure to reengineer their balance sheets in the search for additional profits. The main opportunities here were in highly leveraged mortgage-backed securities trading. It was the collapse of these markets that triggered the banking crisis. We show that such pressures were strong in the US and UK, but weak in the Australian and Canadian markets, a key factor that explains the very different banking outcomes in these countries. National market conditions in banking thus emerge as a core variable that explains the origins or the trigger of the crisis.

Second, we argue that institutional theory needs to move beyond a narrow focus on institutions and explicitly include structures as a key context that can shape behaviour. Empirically, we show that structural forces embodied in so-called 'systemic risk' within financial markets were central in driving the scale of the banking and credit crisis. Furthermore, we show how institutional theory can be extended to explore power dynamics as a particular outcome of agent-structure interaction in this case. We show how agents interacting amidst structural pressures created a form of 'ecosystem power', which agents collectively exerted over each other, forcing sub-optimal collective outcomes: namely, the collapse of banking and credit markets.

b.

CONCLUSIONS

The work presented in this review constitutes a selection of what currently is known (and is not known) about how musical functions are organized in the brain. As pointed out, a number of musical processes have not yet been considered in neuropsychology. Yet, we trust that the accumulated knowledge on how and where short musical phrases are perceived, recognized, imagined, appreciated, and sung will provide the building blocks of a broader and more complete neurofunctional account of music processing.

One such fundamental principle concerns the distinction between pitch-based and time-based mechanisms. As seen in both perception and performance, the musical processing of pitch and rhythm appears to result from the operation of largely distinct neural mechanisms. Extraction of musical pitch relations seems to depend on a series of operations that predominantly involve the right auditory cortex, whereas extraction of musical time relations recruits more widespread and bilateral neural networks. Obviously, music processing cannot be ascribed wholly to one cerebral hemisphere. However, as we have argued elsewhere (Peretz & Hyde 2003, Zatorre et al. 2002), it might be the case that right-sided neural mechanisms play a determinant role. Pitch-based mechanisms might be rooted in the specialization of the right auditory cortex for spectral resolution (Zatorre et al. 2002) and be instrumental in the normal development of musical competence (Peretz et al. 2002).

These conclusions also assume that music processing is mapped onto the human brain with a certain consistency. If there were no consistency, understanding the relations between music and its neural correlates would be impossible. However, as discussed above, people differ in their musical training or experience, and perhaps also in aptitude or talent; these differences manifest themselves at various levels, and understanding the interplay between brain processes, environmental inputs, innate factors, and development will be one of the major challenges for our field.

It should also be considered that the mapping between processing components and neural networks might not be one-to-one. The fact that the processing framework can account for the musical disorders exhibited by brain-damaged patients suggests that this mapping is feasible. Indeed, it is conceivable that some music processing components lack neuroanatomical separability. In that case, the neural substrates of the components would be intermingled with the neural systems devoted to the processing of other complex patterns. If so, brain damage could never affect just one processing component while sparing all other aspects. If the process under study possesses the property of neural separability, as we have described here for most processing components, then we expect to find corresponding isolable neural areas in the brain. Thus, we believe that the evidence is solid enough to envisage a proper mapping between processes and neural networks. Above all, we believe that convergence between lesion and neuroimaging data is the optimal strategy to build a sound model of how the brain processes music.

c.

Public lawyers in the United Kingdom are used to living through interesting times. Indeed, ever since the big-bang reforms of the first Blair government in the late 1990s, the British constitution — in a way that perhaps only an unwritten, unentrenched, easy-to-amend constitution like the UK's can — has found itself in an almost-constant state of change. Today, the outcome of the 2014 Scottish independence referendum is a particularly obvious engine of ongoing constitutional reform, the trend — or, as perhaps more accurately describes the British way, drift — towards a more-federalized model being increasingly hard to dispute.[3]

3 An dieser Stelle bietet es sich an, einen neuen Absatz zu beginnen (obwohl dies im Original nicht der Fall ist), da die ersten drei Sätze eine Art »Aufhänger« darstellen – fest gemacht am Beispiel Schott-

The prospect of radical constitutional reform is not, however, confined to internal institutional redesign in a post-devolution era. The UK's external relationships are also on the table in a way and to an extent that they have not been for several decades. This is most clearly evident in relation to membership of the European Union (EU), the wisdom of an in-out referendum having been a major issue in the 2015 general-election campaign. Meanwhile, repeal of the Human Rights Act 1998 (HRA) and the enactment of a 'British Bill of Rights' was proposed by the Conservative Party in its 2015 manifesto. Indeed, in a paper published in 2014 the Party went further still, advocating reforms that were acknowledged to be capable of triggering the UK's withdrawal from the European Convention on Human Rights (ECHR) on account of their incompatibility with Britain's obligations under that treaty.

Although such radical changes remain unlikely — if not, any longer, unthinkable — engaging in the constitutional futurology invited by these possibilities is both useful and valuable. This article therefore evaluates the state of domestic human-rights law by way of comparing it with the forms and degrees of protection of human rights that are presently available thanks to the presence on the statute book of the HRA and the UK's being a party to the ECHR. More particularly, the article considers the extent to which the doctrine of common-law constitutional rights is, or has the demonstrable potential to develop into, a substitute for the existing system of rights protection rooted in the HRA and the ECHR.

This analysis serves two useful purposes. First, it enables us to understand what (this aspect of) our domestic constitutional order looks like, so as (for instance) to be able better to appreciate the nature of its relationship with relevant European influences for as long as the latter persist. Second, considering elements of the constitution that are inherent — rather than, to some extent, grafted on by operation of potentially transitory statutory or external influences — serves to identify the terrain upon which any debate about further constitutional reform must take place. It is, for example, likely that even if a scorched-earth policy were pursued by means of HRA-repeal and ECHR-withdrawal, this would be followed by some form of domestic bill of rights. Yet the extent to which the framers of such legislation would have the luxury of painting upon a blank canvas necessarily turns, to some degree at least, upon the nature and extent of the common law's innate commitment to rights.

In order to realize the objectives sketched above, the article will examine and compare common-law and HRA-ECHR rights protection with respect to three vectors by reference to which the nature and potency of a juridical human-rights regime can be plotted. The first such vector concerns the normative reach of common-law and HRA-ECHR rights. Are the two bodies of rights co-extensive, or is the former but a

land – während mit dem vierten Satz (*The prospect of radical constitutional reform is not, however …*) der Text in das allgemeinere Kernthema (*human rights and the common law*) einsteigt.

pale shadow of the latter? The second vector relates to the protective rigour evidenced at common law and under the HRA-ECHR scheme respectively. Even if it were the case that the common law acknowledged all — or most or some — of the rights enshrined in the Convention, would courts upholding exclusively common-law rights have at their disposal adequate protective instruments? The third vector concerns the notion of constitutional resilience. Convention rights — by virtue of their binding effect upon the UK in international law — are invested with a particular form of legal bite. As a result, the constitutional capacity of Parliament to reverse interpretations rendered under section 3 of the HRA and to ignore declarations issued under section 4 is marginalized if not rendered largely notional. However, as domestic constructs, common-law rights inevitably lack the international-law purchase that Convention rights have, raising questions about the extent, if any, to which they might be considered resilient in the face of adverse legislation.

It will be argued that the three vectors sit in relationship with one another, and that it is by understanding the nature of the interactions between them that we can come to appreciate the potential of common-law rights. In particular, while there may exist a normative core of such rights that are singled out for particular recognition, the common law's commitment to rights diminishes as we shift from the core to the normative penumbra. That commitment is evidenced by the protective lengths to which the common law is prepared to go in relation to particular rights, such lengths being notably greater in relation to rights lying at or close to the normative core. In turn, such protective endeavours inform the extent of a given right's constitutional resilience, certain (core) rights being especially resistant to legislative or administrative infraction.

It will be contended that, analysed thus, the common law constitutes a potentially potent vehicle for the enforcement of fundamental rights, but that it is essential that points of distinction — as well as points of commonality — between the HRA-ECHR and common-law regimes be acknowledged. Two extreme analyses must therefore be resisted. It would be unrealistic to argue that domestic law in this area is so extensive, rigorous and resilient as to render the HRA-ECHR essentially redundant, such that (for instance) repeal of the former and withdrawal from the latter are prospects that can be met with utter equanimity. However, it would be equally mistaken to suppose that the common-law and HRA-ECHR regimes are so radically different that the absence of the former would transform judicial protection of human rights in the UK beyond all recognition. The true position, it will be argued, is more subtle and more complex than either of these bald analyses allows.

Lösung zu Übung 4: Argumentationsmuster

→ S. 142

a.

Bacterial genomes do not contain arbitrary assortments of acquired genes, and the plethora of documented transfer events has provided an abundance of information about the origins and functions of the acquired sequences. ***Naturally****, these studies are biased towards identifying genes that impart both new and consequential functions upon the recipient organism;* ***however****, they illustrate both the unprecedented range of mechanisms by which traits are disseminated among bacteria and the impact of lateral gene transfer on bacterial evolution.*

b.

Discussion

There are several reasons why H. pylori infection and stomach cancer should not be explained using a transition-based model. Ideas of "transition" often assume that Indigenous peoples are assimilating into the dominant culture and socio-economic context. ***While it is true that*** the more economically *prosperous families in Aklavik display fewer H. pylori infections,* ***it is wrong to assume that*** *they represent more assimilated (i. e. less "Indigenous" or less "traditional") segments of the community.* ***Rather****, my ethnographic research shows that the more economically well-off families in Aklavik have better access to both Western and traditional Indigenous resources and ways of living. Although residents have "transitioned" to living permanently in a settlement, my analysis of household composition and genealogies shows that Aklavik's Indigenous families are organized into larger extended kin networks, in which a single household often benefits from the contributions of kin from several households. Consequently, it is inappropriate to use the household – a classic unit of epidemiological analysis – as the focus for understanding the distribution of H. pylori in Aklavik. "Indigenous ethnicity", "low income" and "household membership" are not discrete risk factors but belong to a constellation of social realities produced by historical interactions between local Indigenous peoples and non-Indigenous Canadians.*

c.

The main concern of international investors seems to be the risk that Spanish public debt will become unsustainable, forcing a Greek-style haircut that could trigger a collapse of the euro. ***Admittedly****, it is virtually impossible to predict what will happen in the future because debt sustainability depends on a broad range of factors, such* *as growth, interest rates, inflation and confidence.* ***However****, it should be noted that, despite the recent increase in financing costs, the average interest rate of Spain's outstanding debt is below 4.5 percent. Moreover, if the euro does not disappear, total debt is still at manageable levels and, as a percentage of GDP, it is significantly lower than the debt of Italy, Japan or the UK. This means that it is clearly premature to label it as unsustainable; as William Cline, a senior fellow at the Peterson Institute for International Economics, has argued in a recent paper, under reasonable assumptions both Spanish and Italian public debts are sustainable.*

Lösung zu Übung 5: *Cleft sentences*

→ S. 124

a. **It was the editor who** rejected the paper, not the reviewers.

b. These data can help us understand the present situation, but **what we cannot infer** from them are future developments.

c. Although she had published widely in several journals, **it was her article in *Nature* that** kick-started her international career.

d. We have a pretty good idea of which industries our graduates end up in; **what cannot be predicted,** however, are their precise career prospects.

e. *The role of the lecturer in supporting and developing the critical thinking and research appraisal skills of students is well documented, and it is widely acknowledged that nursing degrees should prepare nurses for implementing EBN [evidence-based nursing] (Salminen, Stolt, Saarikoski et al, 2010*)**. *It was through this supportive role that*** *the concept of implementing a journal club was developed.*

Lösung zu Übung 6: Vermeidung von schwerfälligem Hauptwortstil

→ S. 131

a. The text was difficult to comprehend/understand.

b. Because Theory X proved to be difficult to apply, it was decided / we decided to use Theory Y instead.

c. The successful applicant will be responsible for developing a survey design, collecting data and drafting reports.

d. The paper begins by explaining key terms and the research design, then proceeds to present the results and finally moves on to discuss their practical implications.

e. Even though / Although Smith and Jones have developed an exciting new method, traditional approaches are still / continue to be both relevant and popular.

Lösung zu Übung 7: Vermeidung von *I* und *we* → S. 151

a. This article raises a number of methodological questions.

b. The present study replicates one carried out ten years ago.

c. As pointed out in Section 2, the subjects to be interviewed had been selected by random sampling.

d. After piloting the experiment, several stimuli were adapted.

e. There can be no doubt that Smith's work is highly original.

Lösung zu Übung 8: *Hedges*

→ S. 148

a. The economic downturn appears to have had little effect on house prices.

b. Our results suggest that Treatment B might be more effective than Treatment A.

c. Average life expectancy in the area may have decreased due to toxic waste in local landfill sites.

d. Children from poorer families tend to have less access to healthcare.

e. Our results need not necessarily be applicable to other scenarios.

Lösung zu Übung 9: *Boosters*

→ S. 148

a. For an accurate diagnosis, we would need **considerably** more sensitive magnetic resonance imaging.

b. Her early papers turned out to be **highly** influential.

c. Catalysts that contain precious metals are **prohibitively** expensive – so expensive, that is, that we can't use them.

d. Video recordings are **infinitely** more complex to analyse than written texts.

e. We also demonstrate that without an experiment, using industry-standard methods based on endogenous cross-sectional variation in advertising exposure, we would have obtained a **wildly** inaccurate estimate of advertising effectiveness.

f. Phrases were recognised **significantly** more accurately than single words.

g. The social structure of democratic societies depends **crucially** on the policy-making process, which in turn depends on the policy preferences and political participation of citizens.

Lösung zu Übung 10: Zeichensetzung

→ S. 177

a. *Before proceeding, it will be helpful to clarify the sometimes-confusing terminology around corporate responsibility and be clear about the way in which we are using terms.*

b. *Reputation, which is one of a firm's intangible assets, became a key ingredient of corporate success during the 1990s and early 2000s.*

c. *One thing is clear, though, and that is that intangibles like reputation can be valuable assets.*

d. *In addition to the tough accountability and transparency demands, the prevalence of social networking media make [sic] companies visible in ways that might not previously have even been imagined, creating rising stakeholder demands and expectations for disclosure about the company's responsibility practices (Holder-Webb et al., 2009).*

e. *As a result of these shifts, what used to be relatively simple has now been considerably complicated.*

f. *For good or for ill, suppliers and distributors, whether they are legally part of the company or not, are often perceived as being so by external, particularly critical observers like NGOs.*

g. *A final, yet important, strand of normative CSR research focuses on shared national norms for CSR and how they compare internationally.*

h. *While some have suggested that CSR represents a constructive alternative to "business as usual," (Vogel, 2005), a number of critical organizational scholars have questioned the very idea of CSR.*

i. *Some scholars have wondered whether CSR will be the next in a long line of corporate fads, but the proliferation of CSR-related research, trade and professional publications, and reporting mechanisms and indexes suggest that CSR is here to stay.*

j. *Calls for greater CSR have grown out of, and are inextricably bound up in, the conditions of contemporary global capitalism and what is seen as the weakening of the traditional governing capacities of the nation-state.*

k. *Although NGOs tend to be thought of as providing a counterbalancing force to corporate influence, they introduce their own ethical concerns and responsibilities. By their very nature, NGOs experience complex ambiguities related to their accountability (Dempsey, 2007). Businesses are legally beholden to those who have invested capital in the organization, and the nation-state is ostensibly bound to its citizens.*

l. *An additional area of future research includes understanding how NGOs are utilizing new communication technologies in their efforts, and how these technologies potentially impact the efficacy of their campaigns. (...) The extent to which NGOs are able to take advantage of social media promises to be of interest to future research. In the rush to explore these relationships, however, there remains a need to consider how existing digital divides and local political opportunities structure NGO access to technologies.*

Literatur

1 Quellen von im Text zitierten Beispielen

Anderson, Jennifer, Chan, Kit Wa, Walsh, Cathy & London, Mervyn (2010): Methadone prescribing in the general hospital. In: *Clinical Governance. An International Journal* 15(1), 12–18.

Barkdull, John & Harris, Paul G. (2002): Environmental change and foreign policy: A survey of theory. In: *Global Environmental Politics* 2(2), 63–91.

Barr, Tavis (2009): With friends like these: Endogenous labor market segregation with homogeneous, nonprejudiced agents. In: *American Journal of Economics & Sociology* 68(3), 703–746.

Bell, Jeannine (2004): The police and policing. In: Sarat, Austin (Hg.), *The Blackwell Companion to Law and Society.* Oxford: Blackwell, 131–145.

Bell, Stephen & Hindmoor, Andrew (2015): Masters of the universe but slaves of the market: Bankers and the great financial meltdown. In: *The British Journal of Politics & International Relations* 17(1), 1–22.

Blake, Neil (2010): Immune evasion by gammaherpesvirus genome maintenance proteins. In: *Journal of General Virology* 91, 829–846.

Brewin, Chris R., Huntley, Zoe & Whalley, Matthew G. (2012): Source memory errors associated with reports of posttraumatic flashbacks: A proof of concept study. In: *Cognition* 124(2), 234–238.

Brewis, Alexandra & Lee, Sarah (2010): Children's work, earnings, and nutrition in urban Mexican shantytowns. In: *American Journal of Human Biology* 22, 60–68.

Brown, W. Michael, Martin, Shawn, Chabarek, Joseph P., Strauss, Charlie & Faulon, Jean-Loup (2006): Prediction of β-strand packing interactions using the signature product. In: *Journal of Molecular Modeling* 12(3), 355–361.

Bryman, Alan (2008): Of methods and methodology. In: *Qualitative Research in Organizations and Management* 3(2), 159–168.

Bulmer Smith, Karen, Profetto-McGrath, Joanne & Cummings, Greta G. (2009): Emotional intelligence and nursing: An integrative literature review. In: *International Journal of Nursing Studies* 46, 1624–1636.

Button, Graham (2012): What does ›work‹ mean in ›ethnomethodological studies of work‹?: Its ubiquitous relevance for systems of design to support action and interaction. In: *Design Studies* 33(6), 673–684.

Caldwell, Cam (2010): A ten-step model for academic integrity: A positive approach for business schools. In: *Journal of Business Ethics* 92, 1–13.

Camberlin, Pierre (1997): Rainfall anomalies in the source region of the Nile and their connection with the Indian summer monsoon. In: *Journal of Climate* 10, 1380–1392.

Cameron, Deborah (1990): Demythologizing sociolinguistics. Why language does not reflect society. In: Joseph, John E & Taylor, Talbot J. (Hg.): *Ideologies of Language.* London & New York: Routledge, 79–93.

Carraher, Sally (2013): Problems with the epidemiologic transition model: Structural inequality, H. pylori bacteria and stomach diseases in Aklavik, NWT. In: *International Journal of Circumpolar Health* 72, 742–3.

Carrell, Michael R., Mann, Everett E. & Sigler, Tracey Honeycutt (2006): Defining workforce diversity programs and practices in organizations: A longitudinal study. In: *Labor Law Journal* 57(1), 5–12.

Castronova, Edward & Hagstrom, Paul (2004): The demand for credit cards: Evidence from the survey of consumer finances. In: *Economic Inquiry* 24(2), 304–318.

Chambers, J. K. (2003): *Sociolinguistic Theory. Linguistic Variation and Its Social Significance.* 2. Aufl. Oxford u. a.: Blackwell.

Chia, Robert (2000): Discourse analysis as organizational analysis. In: *Organization* 7(3), 513–518.

Chilton, Paul (2009): Text linguistics. In: Culpeper, Jonathan u. a. (Hg.): *English Language. Description, Variation and Context.* Basingstoke: Palgrave Macmillan, 170–185.

Costa, Rui M., Cohen, Dana & Nicolelis, Miguel A. L. (2004): Differential corticostriatal plasticity during fast and slow motor learning in mice. In: *Current Biology* 14, 1124–1134.

Cronin, J. Joseph & Taylor, Steven A. (1992): Measuring service quality: A reexamination and extension. In: *Journal of Marketing* 56(3), 55–68.

Cunningham, Niall & Savage, Mike (2015): The secret garden? Elite metropolitan geographies in the contemporary UK. In: *The Sociological Review* 63, 321–348.

Curtis, Lorenzo J. (2009): Einstein's contributions to atomic physics. In: *Physica Scripta* 79(5), 1–10.

Davidson, Kirk (2009): Ethical concerns at the bottom of the pyramid: Where CSR meets BOP. In: *Journal of International Business Ethics* 2(1): 22–32.

Deetz, Stanley A. (1992): *Democracy in an Age of Corporate Colonization: Developments in Communication and the Politics of Everyday Life.* Albany: State University of New York Press.

Dempsey, Sarah E. & Sanders, Matthew L. (2010): Meaningful work? Nonprofit marketization and work/life imbalance in popular autobiographies of social entrepreneurship. In: *Organization* 17(4), 437–459.

Dempsey, Sarah E. (2014): NGOs as Communicative Actors within corporate social responsibility efforts. In: Øyvind Ihlen, Jennifer L. Bartlett & Steve May (Hg.), *The Handbook of Corporate Social Responsibility.* Malden, MA and Oxford, UK: Wiley Blackwell, 445–466.

Dess, Gregory G. & Shaw, Jason D. (2001): Voluntary turnover, social capital, and organizational performance. In: *The Academy of Management Review* 26(3), 446–457.

Ecklund, Elaine Howard, Lincoln, Anne E. & Tansey, Cassandra (2012): Gender segretation in elite academic science. In: *Gender & Society* 2012(26): 693–71.

Elliott, Mark (2015): Beyond the European Convention: Human rights and the common law. *University of Cambridge Faculty of Law Research Paper* No 19/2015. http://papers.ssrn.com/sol3/Papers.cfm?abstract_id=2598071.

Freedman, M. & Osicka, T. (2008): Heat maps: An aid for data analysis and understanding of ROC CAD Experiments. In: *Academic Radiology* 15(2), 249–259.

Fyall, Rachel & Beth Gazley. 2015. Applying Social Role Theory to gender and volunteering in professional associations. In: *Voluntas* 26(1), 288–314.

Galloway, Laura F. & Fenster, Charles B. (1999): The effect of nuclear and cytoplasmic genes on fitness and local adaptation in an annual legume, *chamaecrista fasciculata.* In: *Evolution* 53(6), 1734–1743.

Gautier, Laurent, Cope, Leslie, Bolstand, Benjamin M. & Irizarry, Rafael A. (2004): *affy* – analysis of Affymetrix GeneChip data at the probe level. In: *Bioinformatics* 20(3), 307–315.

Giddens, Anthony (1991): *Modernity and Self-Identity. Self and Society in the Late Modern Age.* Cambridge: Polity Press.

Granic, I., Lobel, A. & Engels, R.C.M.E. (2014): The benefits of playing video games. In: *American Psychologist* 69(1), 66–78.

Griffiths, Noola (2009): ›Posh music should equal posh dress‹: An investigation into the concert dress and physical appearance of female soloists. In: *Psychology of Music* 38: 158–177.

Hadley, Craig, Brewis, Alexandra & Pike, Ivy (2009): Does less autonomy erode women's health? Yes. No. Maybe. In: *American Journal of Human Biology* 22(1), 103–110.

Hales, Stephen & Craig, Alistair (2010): Britain catches up in holding company stakes. In: *International Tax Review* 21(3), 50–52.

Hall, Lucinda M. & Henderson-Begg, Stephanie K. (2006): Hypermutable bacteria isolated from humans – a critical analysis. In: *Microbiology* 152, 2505–2514.

Halliday, Timothy J. (2008): Heterogeneity, state dependence and health. In: *Econometrics Journal* 11, 499–516.

Handelman, Jay M. (2006): Corporate identity and the societal constituent. In: *Journal of the Academy of Marketing Science* 34(2), 107–114.

Haws, Kelly L. & Poynor, Cait (2008): Seize the day! Encouraging indulgence for the hyperopic consumer. In: *Journal of Consumer Research* 35(4), 680–691.

Hiatt, Shon R., Sine, Wesley D. & Tolbert, Pamela S. (2009): From Pabst to Pepsi: The deinstitutionalization of social practices and the creation of entrepreneurial opportunities. In: *Administrative Science Quarterly* 54, 635–667.

Hill, Sarah A. & Kiewiet, D. Roderick (2015): The Impact of State Supreme Court Decisions on Public School Finance. In: *The Journal of Law, Economics & Organization* 31(1): 61–92.

Husted, Bryan & Folger, Robert (2004): Fairness and transaction costs. The contribution of organizational justice theory to an integrative model of economic organization. In: *Organization Science* 15(6), 719–729.

Hyland, Ken (2005b): Stance and engagement: A model of interaction in academic discourse. In: *Discourse Studies* 7(2), 173–192.

Keenoy, Tom & Seijo, Gustavo (2009): Re-imagining E-mail. Academics in *The Castle*. In: *Organization* 17, 177–198.

Kirshner, Jonathan (2008): Dollar primacy and American power. What's at stake? In: *Review of International Political Economy* 15(3), 418–438.

Klopchin, Jeanette L., Stewart Jill R., Webster, Laura F. & Sandifer, Paul A. (2008): Assessment of environmental impacts of a colony of free-ranging rhesus monkey (*Macca mulatta*) on Morgan Island, South Carolina. In: *Environmental Monitoring and Assessment* 137(1–3), 301–313.

Krishna, Aradhna & Ahluwalia, Rohini (2008): Language choice in advertising to bilinguals: Asymmetric effects for multinationals versus local firms. In: *Journal of Consumer Research* 35(4), 692–705.

Krugman, Paul R. (2000): Technology, trade and factor prices. In: *Journal of International Economics* 50, 51–71.

Kuhn, Timothy (2009): Positioning lawyers: Discursive resources, professional ethics and identification. In: *Organization* 16 (5), 681–704.

Law, John (2004): *After Method. Mess in Social Science Research.* London & New York: Routledge.

Leana, Carrie, Appelbaum, Eileen & Shevchuk, Iryna (2009): Work process and quality of care in early childhood education. The role of job crafting. In: *Academy of Management Journal* 52(6), 1169–1192.

Lewis, Randall A. & David H. Reiley (2011): Does retail advertising work? Measuring the effects of advertising on sales via a controlled experiment on Yahoo! http://www.davidreiley.com/papers/DoesRetailAdvertisingWork.pdf.

Liu, Kayuet, Zerubavel, Noam & Bearman, Peter (2010): Social demographic change and autism. In: *Demography* 47(2), 327–343.

Llewellyn, Nick & Harrison, Alan (2006): Resisting corporate communications: Insights into folk linguistics. In: *Human Relations* 59(4), 567–596.

MacCormick, Neil (2005): *Rhetoric and the Rule of Law. A Theory of Legal Reasoning.* Oxford u. a.: Oxford University Press.

Madsen, Susan R., Cameron, R. John & Miller, Duane (2006): Influential factors in individual readiness for change. In: *Journal of Business and Management* 12(2), 93–110.

May, Steve (2014): Organizational communication and corporate social responsibility. In: Øyvind Ihlen, Jennifer L. Bartlett & Steve May (Hg.), *The Handbook of Corporate Social Responsibility.* Malden, MA and Oxford, UK: Wiley Blackwell, 87–109.

McCall, Leslie (2015): Review of *Making Sense of Public Opinion: American Discourses About Immigration and Social Programs* by Claudia Strauss. In: *Contemporary Sociology* 44(1), 121–123.

Ochman, Howard, Lawrence, Jeffrey G. & Groisman, Eduardo A. (2000): Lateral gene transfer and the nature of bacterial innovation. In: *Nature* 405, 299–304.

Parker, M. (2002): *Against Management: Organization in the Age of Managerialism.* Cambridge: Polity Press.

Peretz, Isabell & Zatorre, Robert J. (2005): Organization for music processing. In: *Annual Review of Psychology* 56(1), 89–114.

Ponder, Daniel E. (2005): Presidential leadership in a fractured state. Capacity, autonomy and the American state. In: *International Journal of Public Administration* 28(5–6), 531–546.

Powell, Charles & Steinberg, Federico (2012): The pain in Spain: Light at the end of the tunnel? In: *The International Spectator: Italian Journal of International Affairs* 47(4), 57–63.

Sarvotham, Shriram, Baron, Dror & Baraniuk, Richard G. (2006): Measurements vs. bits: Compressed sensing meets information theory. Forty-Fourth Annual Allerton Conference, University of Illinois at Urbana Champaign, 27–29 Sept. 2006. Verfügbar unter http://dsp.rice.edu/sites/dsp.rice.edu/files/cs/allerton2006SBB.pdf, Zugriff 14. Mai 2016.

Scott, Allen (1997): The cultural economy of cities. In: *International Journal of Urban and Regional Research* 21(2), 323–339. Zitiert nach https://onlinelibrary.wiley.com/doi/epdf/10.1111/1468-2427.00075, Zugriff 16. August 2018.

Scott, Maura, Nowlis, Stephen M., Mandel, Naomi & Morales, Andrea C. (2008): The effects of reduced food size and package size on the consumption behavior of restrained and unrestrained eaters. In: *Journal of Consumer Research* 35, 391–405.

Shields, Wendy E., Smith, J. David, Guttmannova, Katarina & Washburn, David A. (2005): Confidence judgments by humans and rhesus monkeys. In: *The Journal of General Psychology* 132(2), 165–186.

Sitzmann, Traci, Ely, Katherine, Brown, Kenneth G. & Bauer, Kristina N. (2010): Self-assessment of knowledge: A cognitive learning or affective measure? In: *Academy of Management Learning & Education* 9(2), 169–191.

Smith, Adam (1986 [1776]): *The Wealth of Nations.* New York u. a.: Penguin Books. Online verfügbar unter http://www.econlib.org/library/Smith/smWN1.html.

Smith, V. C. & Ennos, A. R. (2003): The effects of air flow and stem flexure on the mechanical and hydraulic properties of the stems of sunflowers Helianthus annuus L. In: *Journal of Experimental Botany* 54(383), 845–849.

Steinkuehler, Constance A. & Williams, Dmitri (2006): Where everybody knows your (screen) name: Online games as »third places«. In: *Journal of Computer-Mediated Communication* 11, 885–909.

Stull, Donald D. (2004): The future lies ahead, or does it? In: *Human Organization* 63(4), 511–512.

Sutch, Richard (1991): All things reconsidered: The life-cycle perspective and the third task of economic history. In: *The Journal of Economic History* 51(2), 271–288.

Tennert, John R. (2006): Administrative law as pragmatics. In: *International Journal of Public Administration* 29, 1339–1361.

Thornton, L.E., Crawford, D.A. & Ball, K. (2010): Neighbourhood-socioeconomic variation in women's diet: the role of nutrition environments. In: *European Journal of Clinical Nutrition* (2010) 64, 1423–1432.

Treviño, A. Javier (2008): *The Sociology of Law. Classical and Contemporary Perspectives.* 2. Aufl. New Brunswick & London: Transaction Publishers.

Tzoulis, Charalampos & Bindoff, Laurence A. (2009): Serial diffusion imaging in a case of mitochondrial encephalomyopathy, lactic acidosis, and stroke-like episodes. In: *Stroke* 40(2), e15–e17.

Twining, William & Miers, David (1999): *How To Do Things With Rules.* 4. Aufl. London, Edinburgh & Dublin: Butterworths.

Unwin, Tim (2000): A waste of space? Towards a critique of the social production of space… In: *Transactions of the Institute of British Geographers* 25(1), 11–29.

Waddock, S. & Googins, B.K. (2014): The paradoxes of communicating corporate social responsibility. In: Øyvind Ihlen, Jennifer L. Bartlett and Steve May (Hg.), *The Handbook of Corporate Social Responsibility.* Malden, MA and Oxford, UK: Wiley Blackwell, 23–43.

Westjohn, Stanford A., Arnold, Mark J., Magnusson, Peter, Zdravkovic, Srdan & Xin Zhou, Joyce (2009): Technology readiness and usage: a global-identity perspective. In: *Journal of the Academy of Marketing Science* 37(3), 250–265.

White, Robert W. (2010): Structural Identity Theory and the post-recruitment activism of Irish Republicans: Persistence, disengagement, splits, and dissidents in social movement organizations. In: *Social Problems* 57(3), 341–370.

Whiting, Dean (2015): Fostering confidence in critical thinking and research appraisal skills through journal-club participation: An action research study. In: *Journal of Pedagogic Development* 5(2), 8–16.

Williamson, Victoria J., Mitchell, Tom, Hitch, Graham J. & Baddeley, Alan D. (2010): Musicians' memory for verbal and tonal materials under conditions of irrelevant sound. In: *Psychology of Music* 38(3), 331–350.

Zietlow, John T. (2001): Social entrepreneurship. Managerial, finance and marketing aspects. In: *Journal of Nonprofit & Public Sector Marketing* 9(1–2), 19–43.

2 Ratgeber und wissenschaftliche Literatur zum *academic writing*

Titel, die einen praktischen und didaktischen Ansatz vertreten und sich – insbesondere für Nicht-Anglist/inn/en – zum Selbststudium oder als Nachschlagewerke eignen, sind mit ◊ markiert.

◊ Bailey, Stephen (2018): *Academic Writing: A Handbook for International Students.* 5. Aufl., New York: Routledge.

◊ Belcher, Wendy Laura (2009): *Writing Your Journal Article in 12 Weeks.* London etc.: Sage.

Biber, Douglas, Johansson, Stig, Leech, Geoffrey, Conrad, Susan & Finegan, Edward (1999): *Longman Grammar of Spoken and Written English.* Harlow: Longman.

◊ Booth, Wayne C.; Colomb, Gregory G. & Williams, Joseph M., Bizup, Joseph & Fitzgerald, William T. (2016): *The Craft of Research.* 4. Aufl., Chicago & London: The University of Chicago Press.

◊ Cargill, Margaret & O'Connor, Patrick (2009): *Writing Scientific Research Articles. Strategy and Steps.* Oxford etc.: Wiley-Blackwell.

◊ *The Chicago Manual of Style. The Essential Guide for Writers, Editors, and Publishers* (2003). 15. Aufl. Chicago: The University of Chicago Press.

Clyne, Michael (1987): Cultural differences in the organization of academic texts. In: *Journal of Pragmatics* 11(2), 211–247.

◊ Esselborn-Krumbiegel, Helga (2008): *Von der Idee zum Text. Eine Anleitung zum wissenschaftlichen Schreiben* (= UTB 2334). 3. Aufl. Paderborn: Schöningh.

◊ Gruber, Helmut, Huemer, Birgit & Rheindorf, Markus (2009): *Wissenschaftliches Schreiben. Ein Praxisbuch für Studierende der Geistes- und Sozialwissenschaften* (= UTB 3286). Wien, Köln & Weimar: Böhlau.

Haigh, Rupert (2009): *Legal English.* 2. Aufl. London & New York: Routledge.

Hewings, Ann & Hewings, Martin (2005): *Grammar and Context. An Advanced Resource Book.* London & New York: Routledge.

◊ Hogue, Ann (2003): *The Essentials of English. A Writer's Handbook.* New York: Pearson Longman.

◊ Huntley, Helen (2006): *Essential Academic Vocabulary. Mastering the Complete Academic Word List.* Boston, Mass.: Houghton Mifflin.

Hyland, Ken (2000): *Disciplinary Discourses. Social Interactions in Academic Writing.* Harlow, etc.: Longman.

Hyland, Ken (2005a): *Metadiscourse. Exploring Interaction in Writing.* London & New York: Continuum.

Hyland, Ken (2005b): Stance and engagement: A model of interaction in academic discourse. In: *Discourse Studies* 7(2), 173–192.

Hyland, Ken (2009): Corpus informed discourse analysis: The case of academic engagement. In: Charles, Maggie, Pecorari, Diane & Hunston, Susan (Hg.): *Academic Writing. At the Interface of Corpus and Discourse.* London and New York: Continuum, 110–128.

◊ Jordan, Robert R. (1999): *Academic Writing Course. Study Skills in English.* 3. Aufl. Harlow: Longman.

◊ Kornmeier, Martin (2010): *Wissenschaftlich schreiben leicht gemacht. Für Bachelor, Master und Dissertation* (= UTB 3154). 3. Aufl., Bern etc.: Haupt.

◊ Kruse, Otto (2010): *Lesen und schreiben. Der richtige Umgang mit Texten im Studium* (= UTB 3355). Wien: Huter & Roth.

◊ Leonhard, Barbara Harris (2002): *Discoveries in Academic Writing.* Boston, MA: Heinle.

◊ Macgilchrist, Felicitas (2014): *Academic Writing.* (= UTB 4087). Paderborn: Schöningh.

McKercher, Bob, Law, Rob, Weber, Karin, Song, Haiyan & Hus, Cathy (2007): Why referees reject manuscripts. In: *Journal of Hospitality & Tourism Research* 31(4), 455–470.

◊ McCarthy, Michael & O'Dell, Felicity (2008): *Academic Vocabulary in Use. 50 Units of Academic Vocabulary Reference and Practice.* Cambridge etc.: Cambridge University Press.

◊ Mautner, Gerlinde (2014): *Englische Grammatik für die Wirtschaftskommunikation.* 3., aktualisierte und erweiterte Auflage. Wien: Linde Verlag.

◊ *MLA Handbook for Writers of Research Papers.* 7. Aufl. 2009. New York: Modern Language Association of America.

◊ Murphy, Raymond (2010): *English Grammar in Use. Intermediate to Upper Intermediate: A Self-Study Reference and Practice Book for Intermediate Students of English. With Answers.* 3. Aufl. Stuttgart: Klett.

◊ Murray, Rowena (2008): *Writing for Academic Journals.* Maidenhead: Open University Press.

◊ Murray, Rowena & Moore, Sarah (2006): *The Handbook of Academic Writing. A Fresh Approach.* Maidenhead: Open University Press.

◊ Oshima, Alice & Hogue, Ann (2006): *Writing Academic English.* 4. Aufl., White Plains, NY: Pearson Longman.

◊ Peck, John & Coyle, Martin (2005): *The Student's Guide to Writing. Grammar, Punctuation and Spelling.* 2. Aufl. Basingstoke: Palgrave Macmillan.

◇ *Publication Manual of the American Psychological Association* [APA] (2007). 5. Aufl., Washington, D.C.: American Psychological Association.

◇ Punch, Keith F. (2016): *Developing Effective Research Proposals.* 3. Aufl., London etc.: Sage.

Savigny, Eike von (1976): *Argumentation in der Literaturwissenschaft. Wissenschaftstheoretische Untersuchungen zu Lyrikinterpretationen.* München: C.H. Beck.

Siepmann, Dirk (2006): Academic writing and culture: An overview of differences between English, French and German. In: *Meta: journal des traducteurs / Meta: Translators' Journal* 51(1), 131–150. Verfügbar unter http://www.erudit.org/revue/META/2006/v51/n1/012998ar.html (Zugriff 8. Juli 2010).

◇ Siepmann, Dirk, Gallagher, John D., Hannay, Mike & Mackenzie, J. Lachlan (2011): *Writing in English: A Guide for Advanced Learners* (= UTB 3124). 2. Auflage. Tübingen & Basel: A. Francke.

Sinclair, J.M. (1987): *Mirror for a Text.* Unveröffentlichtes Manuskript, University of Birmingham.

◇ Skern, Tim (2009): *Writing Scientific English. A Workbook* (= UTB 3112). Wien: facultas.

◇ Swales, John M. & Feak, Christine B. (1994): *Academic Writing for Graduate Students. A Course for Nonnative Speakers of English.* Ann Arbor: The University of Michigan Press.

◇ Sword, Helen (2012): *Stylish Academic Writing.* Cambridge, Mass.: Harvard University Press.

◇ Sword, Helen (2016): *Writer's Diet: A Guide to Fit Prose.* Chicago: The University of Chicago Press.

◇ Sword, Helen (2017): *Air & Light & Time & Space. How Successful Academics Write.* Cambridge, Mass.: Harvard University Press.

Thomas, Sarah & Hawes, Thomas P. (1994): Reporting verbs in medical journal articles. In: *English for Specific Purposes* 13(2), 129–148.

Thompson, Geoff & Hunston, Susan (2000): Evaluation. An introduction. In: Hunston, Susan & Thompson, Geoff (Hg.): *Evaluation in Text. Authorial Stance and the Construction of Discourse.* Oxford etc.: Oxford University Press, 1–27.

Thompson, Geoff & Ye, Yiyun (1991): Evaluation of the reporting verbs used in academic papers. In: *Applied Linguistics* 12(4), 365–382.

◇ Vonnegut, Kurt (1981): How to write with style. In: *IEEE Transactions on Professional Communication, Vol.* PC-24, 66–67 (1981) Verfügbar u.a. unter http://kmh-lanl.hansonhub.com/techwriting.html.

Sachregister

A
Absatz 25–26, 69–98
– *elaboration* 70, 74, 79, 85–86, 89
– Kernbegriffe im 90, 93
– Konnektoren 79, 83–84, 88–89, 95
– Länge 75–76
– Layout 70
– Schlusssatz 80–81
– Struktur 74, 81–85
– Themensatz 70, 74, 97, 114, 141
– *transitioning* zwischen Absätzen 95–97
Abstract 46–54
– Bedeutung und Funktion 46–47
– Einsatz von Konnektoren 52
– erster Satz des Abstracts 50–51
– Kohäsion 51–52
– Partizipialsätze 52
– *structured abstract* 49–50, 52
– Struktur 47–50
– Zitate und Literaturangaben 53–54
advance organisers: Siehe Metadiskurs
Adverbialsatz*: Siehe* Satz
agens 60–61, 101, 127, 129
AIMRaD-Formel 44–46
Aktiv 60–61, 127–131
American Psychological Association: *Siehe APA Publication Manual*
Anführungszeichen 161–162, 164, 189
Anglisierung 12, 38
APA Publication Manual 18, 43, 45, 163–164
Apostroph 189–190
Apposition 181–182
Argumentationsketten 23, 25, 111
Argumentationsmuster im Absatz
– Chronologie 86–89
– Gegenüberstellung 92–95
– Spezifizierung/Vertiefung 89–92
Argumentationsschritt 30, 100, 146
attitude markers: Siehe Metadiskurs
Aufforderungssatz: *Siehe* Satz

B
backgrounding 104, 143–144
backshift: Siehe reporting verbs
Begriffsklärung 27–30, 58, 92, 199
Bewertung 137–157
– *attitude markers* 150–151
– auf verschiedenen sprachlichen Ebenen 144
– *boosters* 148–150
– *hedges* 148
– von zitierten Informationen 170–171
Bindestrich 188–189
Bindewort 32–33, 51, 79, 104, 106, 108, 120, 134, 188
boosters: Siehe Metadiskurs
boundary point im Diskurs 146

C
chart: Siehe Graphik
Chicago Manual of Style 18, 164
Chronologie: *Siehe* Argumentationsmuster
cleft sentences 124–126
– als *climax sentence* eines Absatzes 126
– *it*-cleft 124–125
– Kommasetzung 179–180
– *wh*-cleft 124–125, 145
climax sentence: Siehe Absatz: Schlusssatz
compound sentences: Siehe Satz: aneinandergereihte Sätze
connector: Siehe Konnektor
concluding sentence: Siehe Schlusssatz
conjunction: Siehe Bindewort

D
dangling participle: Siehe Partizip
dash: Siehe Gedankenstrich
Definition: *Siehe* Begriffsklärung
directives: Siehe Aufforderungen
direkte Zitate*: Siehe* Zitate
Diskussion: 63–66
– als Bindeglied zu *Introduction* und *Results* 64
– *hedges* in 148
Disziplin*: Siehe* Wissenschaftsdisziplin

E
-ed-Partizip: *Siehe* Partizip
Einleitung 45, 54–59, 197
– Begriffsklärungen in 27, 58
– Bezug zum *Results*-Abschnitt 61
– Zitate als *attention getters* 163
Einschübe 119–120
– Kommasetzung 185–186
elaboration: Siehe Absatz
end focus 112, 115, 121–124
end weight 122–123, 130
engagement markers: Siehe Metadiskurs
Englisch als internationale Verkehrssprache: 12, 43
Ergebnisse 40, 55, 61–62, 201–202
– zurückhaltende Präsentation von 65–66
evaluation: Siehe Bewertung
exclamation mark: Siehe Rufzeichen
Exkurs 23, 25

F
Fachtermini 27
– Wiederholung von 33
findings: Siehe Ergebnisse
focus signalling 122–123
foregrounding 104, 143–144
Fragesatz*: Siehe* Satz
Führen des Lesers 32, 70, 95–97, 206

G
gatekeepers 22, 38, 100
Gedankenstrich 114, 120, 178, 188–189
Gegenüberstellung: *Siehe* Argumentationsmuster im Absatz

Genre 41–44
Gliederungsmuster: *Siehe* Argumentationsmuster m Absatz
Google 153, 194–195
Graphik 61, 202–203
Gutachter/innen 22–23, 38, 44, 47, 100, 162–163

H

Hauptsatz: *Siehe* Satz
Hauptwortstil 52, 131–133
hedges: *Siehe* Metadiskurs
hyphen: *Siehe* Bindestrich
Hypothesen 57–59, 61–62

I

I: *Siehe self mention*
IMRaD-Formel: *Siehe* AIMRaD
indirekte Zitate: *Siehe* Zitate
Informationsstruktur 110–114
-ing-Partizip: *Siehe* Partizip
insertions: *Siehe* Einschübe
Interaktivität durch direkte Fragen 96, 154–156
interjections: *Siehe* Einschübe
Internationalisierung 39
Internetrecherchen für die Schreibpraxis 194–195
Interpunktion: *Siehe* Zeichensetzung
interruptions: *Siehe* Unterbrechungen
Introduction: *Siehe* Einleitung

K

Kernsatz: *Siehe* Satz
Kohärenz 32
Kohäsion 32–34, 82–83, 78, 89, 94
– absatzübergreifend 78, 88–89, 95–97
– abschnittübergreifend 89
– *cohesive chains* 82
– lexikalische 82, 96
– und Informationsstruktur 110–114
– und Wortwiederholung 82
Komma 177–187
– bei Appositionen 181–182
– bei Einschüben 185–186
– bei *non-defining* Partizipialsätzen 183
– bei *non-defining relative clauses* 182–183
– bei vorangestellten Adverbialsätzen 183–184
– kein Komma bei *cleft*-Sätzen 179–180
– kein Komma bei *defining* Partizipialsätzen 181
– kein Komma bei *defining relative clauses* 180
– kein Komma bei nachgestellten Adverbialsätzen 184
– kein Komma in mit *that*, *what* und *whether* eingeleiteten Nebensätzen 178–179
– nach einleitenden Adverbien und Phrasen mit Präpositionen 186–187
– nach einleitenden Partizipialsätzen 185
– vor *and* 187
Konjunktion: *Siehe* Bindewort
Konjunktionaladverb 33
Konnektor 33–34, 58, 78–80, 83–84, 88–89, 95
– in Abstracts 52
Konvention 12–15, 38
– in der Textstruktur 40–41
– und Kreativität 14

L

Layout von Absätzen 70
Leserfreundlichkeit 26, 85, 100, 111, 122
Linearität der Argumentation 24–26
Literaturangaben in Abstracts 53–54
Literaturverweise 53–54, 131, 153–154, 204
– auf eigene Arbeiten des Autors/der Autorin 153–154
– in Abstracts 53–54
– mit Hilfe des Passiv 131

M

main clause: *Siehe* Satz: Hauptsatz
Makrostruktur 44–46, 73
Metadiskurs
– *advance organisers* 31
– *attitude markers* 150–151, 210
– *boosters* 148–150, 209–210
– *engagement markers* 151, 154–156
– *hedges* 148–150, 209
– *interactional / interpersonal* 147
– *self mention* 151–154
– und Transparenz 30
Methoden 59–61, 200
misrelated participle: Siehe Partizip
MLA: *Siehe* Modern Language Association
Modern Language Association 164
Monographie 15, 42

N

Nebensatz: *Siehe* Satz

O

Objektivität 13, 138–140
organisers: Siehe Metadiskurs

P

papers 43–44
– *conceptual/ theoretical* 44
– *empirical* 44–45, 57, 61, 89
paragraph: Siehe Absatz
paragraphing 26, 70–73, 75–76
Partizip 51–52, 106–108, 181
– *dangling/misrelated* 107
Partizipialsatz: *Siehe* Satz
Passiv 127–131
– in *Methods*-Abschnitten 59–61
– Konstruktionen mit *it* 130–131
– mit Verben des Sagens und Glaubens 131
Past Tense
– in chronologisch aufgebauten Absätzen 89
– in *Methods*-Abschnitten 59–60
– in *reporting*-Strukturen 167–169
patiens 110
Perspektive 101, 138, 146
phrases for academic writing
– *attitude markers* 210
– auf Ähnlichkeiten und Unterschiede hinweisen 206–208
– auf die Bedeutung des Themas und auf fachliche Kontroversen hinweisen 197–198
– auf künftige Forschung verweisen 202
– auf Tabellen und Graphiken Bezug nehmen 202–203
– Begriffe klären 199

- Beispiele anführen 199–200
- *boosters* 209–210
- Ergebnisse einschränken 201–202
- Forschungslücken ansprechen 198
- Graphiken beschreiben 203
- *hedges* 209
- Konnektoren 211
- kritische Anmerkungen einleiten 206
- Literatur zusammenfassen und Zitate »antexten« 204–205
- Metadiskurs 206
- Methoden beschreiben 200
- Querverweise im Text 203–204
- *reporting verbs* 205
- Resultate interpretieren 201
- Struktur der Arbeit darlegen 199
- Ursache und Wirkung beschreiben 208
- wissenschaftliche Texte einleiten 197
- Zwischenergebnisse und Resultate zusammenfassen 201

pity the readers: Siehe Verantwortung des Autors
Plagiat 54, 160–161, 164
point of departure im Satz 111
Present Perfect Tense in *reporting*-Strukturen 168–169
Present Tense 60
- in *reporting*-Strukturen 168–169

Publication Manual of the American Psychological Association: Siehe APA *Publication Manual*
Publizieren als »Aufforderung zum Angriff« 39, 63, 139
punctuation: Siehe Zeichensetzung

Q

Quellenangaben: *Siehe* Literaturverweise
quotation marks: Siehe Anführungszeichen

R

rankings: Siehe Zeitschriftenrankings
redewiedergebende Verben: *Siehe reporting verbs*
Redundanz als Mittel der Verständnissicherung 23, 65
Relativsatz 105–106
- *defining* 180
- Ersatz durch Partizipialkonstruktionen 107
- Kommasetzung 180, 182
- Mit Bezug zu einer ganzen Aussage 183
- *non-defining* 182

reporting verbs 161, 165–170
- *backshift* 169

reporting-Strukturen
- durch Formulierungen mit Präpositionen 167
- mit Hauptwörtern 166–167

research article 42–43
- Makrostruktur 44–66

research space 56, 138
Results: Siehe Ergebnisse
reviewers: Siehe Gutachter/innen
Rhetorik 12, 56, 126
Rufzeichen 190

S

Satz 99–136
- Adverbialsatz 108–109, 183–185
- aneinandergereihte Sätze 104
- Aufforderungssatz 155–156
- Fragesatz 109–110
- Hauptsatz 104, 106–108, 141, 143–145, 150–151, 183–184, 188
- Kernsatz 102–103
- Länge 114–116
- Nebensatz 143–144
- Objektsatz 105, 180–181
- Partizipialsatz 51–52, 106–108, 133, 181, 183, 185
- Relativsatz 105–107, 180–183
- Subjektsatz 179
- Variation der Länge 115–116
- Variation der Satzanfänge 117–118

Schlusssatz: *Siehe* Absatz
Scientific Community 12, 38, 43, 138–139, 161, 164
Sekundärzitate: *Siehe* Zitate
self mention 151–154
semi-colon: Siehe Strichpunkt
Sequenzierung: *Siehe* Linearität
simple sentence: Siehe Satz: Kernsatz
Spannung 25, 39–40, 74, 93, 95, 125
Spezifizierung: *Siehe* Argumentationsmuster
stance adverbials 55, 83, 103, 150, 186
Strichpunkt 83, 104, 114, 178, 188
structured abstract: Siehe Abstract
Strukturprinzipien zur Absatzgliederung: *Siehe* Argumentationsmuster
Subjektsatz: *Siehe* Satz
subordinate clause: Siehe Satz: Nebensatz
supporting sentences: Siehe Absatz: *elaboration*
SVC (*Subject-Verb-Complement*) 103
SVO (*Subject-Verb-Object*) 102–103, 127
Synonymwörterbücher 194

T

Textgenre: *Siehe* Genre
Textgliederung
- und an die Leser gerichtete Aufforderungen 155–156
- und Bewertung 142, 146
- und Transparenzgebot 40–42

Textkohäsion: *Siehe* Kohäsion
Textsorte: *Siehe* Genre
Themensatz: *Siehe* Absatz
topic sentence: Siehe Absatz: Themensatz
Transparenz 27
- und Metadiskurs 30
- und Textgliederung 40–42

U

Unterbrechungen 119–120
Untersuchungsdesign 40, 63
- Einsatz des Passivs zur Beschreibung von 61

V

Verantwortung des Autors 23–24
Verständlichkeit 27
Vorsicht, wissenschaftliche 65–66, 148

W

we: Siehe self mention
Wissenschaftsdisziplinen 13–14, 41–42, 44, 49, 59, 161–163, 168

Wissenschaftskommunikation 12, 138, 140
- Leitprinzipien 22
Wissenschaftskulturen 13
wörtliche Zitate: *Siehe* Zitate
Wortwiederholung 33, 82, 93

Z

Zeichensetzung 176–177; *siehe* auch Anführungszeichen, Bindestrich, Gedankenstrich, Komma, Rufzeichen, Strichpunkt
- und Satzlänge 114

Zeitenverschiebung: *Siehe reporting verbs: backshift*
Zeitschriftenrankings 43
Zitate
- direkte (= wörtliche) 53–54
- in Abstracts 53–54
- indirekte 160–164, 169
- *integral (author prominent)* 162
- *non-integral (information prominent)* 162
- Sekundärzitate 164–165
- wörtliche (= direkte) 53–54

Zurückhaltung bei der Interpretation von Forschungsergebnissen 65–66